새는 왜 노래하는가?

새는 왜 노래하는가?

새 노래의 미스터리를 찾아 떠나는 여행

데이비드 로텐버그 지음 | 신두석 옮김

Science Books

Why Birds Sing: A Journey through the Mystery of Bird Song
Copyright ®œ 2005 David Rothenberg
Korean Translation Copyright ®œ 2007 by Pumyang Publisher

First published in the United States by Basic Books,
a emeber of The Perseus Books Group.

Korean edition is published by arrangement
with The Perseus Books Group, Cambridge
through Duran Kim Agency, Seoul.

이 책의 한국어판 저작권은 듀란킴 에이전시를 통한
The Perseus Books Group와의 독점계약으로 범양사에 있습니다.
저작권법에 의하여 한국 내에서 보호를 받는 저작물이므로
무단전재와 무단복제를 금합니다.

아버지께 이 책을 드립니다.

목차

서문

chapter 1. 당신이 있으니 가슴이 떨려요 _019

chapter 2. 소리 음미하기 _038

chapter 3. 그대가 좋아하니까 _067

chapter 4. 노래분석기 _105

chapter 5. 네 노래? 내 노래? _157

chapter 6. 리듬과 세부내용 _192

chapter 7. 카나리아의 새로운 뇌 _238

chapter 8. 흉내지빠귀와 함께 귀 기울이기 _273

chapter 9. 시간과 대립하다 _301

chapter 10. 새가 되기 _332

감사의 말 _367

더 읽을 거리 _370

주 _379

주체 못할 만큼 기쁨이 커질 때까지
새는 더없는 행복에 노래한다.
이 기쁨의 소리는 먼 곳에선 들리지 않지만
가까이 다가간다면 그것에 굴복하게 되리라.

−렙 나흐만 Reb Nachman

서문

2000년은 내가 새와 더불어 라이브로 음악을 연주하기 시작한 해다. 우연히 만난 흰웃는지빠귀white-crested laughing thrush, Garrulax leucolophus 한 마리는 자연에서 음악이 탄생하는 방식에 관한 내 생각을 바꿔 놓았고 이 종異種 간에도 아름다운 선율이 오갈 수 있다는 사실을 일깨웠다. "새는 왜 노래하는가?"라는 흥미진진한 물음에 대한 답을 찾는 여행은 바로 이 만남이 계기가 되었다. 그리고 그 결과물이 바로 이 책이다.

새는 왜 노래하는가? 일부 독자에게 이 물음은 대답하기 어렵지 않은 문제일 것이다. 노래를 부를 줄 아니까 노래 부르는 기쁨 그 자체를 누리기 위해 운다고 말이다. 물론 철저히 과학적인 시각으로 접근할 독자도 있을 줄 안다. 과학은 새의 수컷이 노래를 부르는 이유를 크게 두 가지로 설명한다. 첫째, 암컷을 유인하기 위해서다. 비르투오조virtuoso(예술적 기량이 뛰어난 명인 또는 거장을 뜻하며 특히 탁월한 기량을 지닌 연주자를 가리킬 때 사용하는 용어이다. 이 책에선 명금류를 비롯하여 아름다운 노래를 부르는 새를 가리키는 말로 쓰이고 있다. - 옮긴이)의 노래 실력으로는 무리다 싶을 정도로 과도한 과시행동을 통해 자신의 유전적 적응도를 과시함으로써 짝을 유인한다는 것이다('유전적 적응도'란 유전적으로 구별되는 어떤 생물이 같은 집단에 속한 유전적으로 다른 생물들에 대해 다음 세대에 기여하는 공헌도를 가리키는 말이다. 암컷의 입장에선, 유전적 적응도가 높은 수컷과 짝을 지음으로써 생존율이 높고 번식능력이 강한 2세를 기대할 수 있다. - 옮긴이). 둘째, 세력권을 지키기 위해서다. 화가 난 듯한 소리를 무섭게 내질러 적을 세력권 밖으로 쫓아내는 것이다. 새소리가 그토록 아름다운 이유를 자연선택론과 완벽하게 조화될 수 있도록 고상하고 알기 쉽게 설명하는 길이 정말로 있을까?

   새의 노랫소리에는 자연선택의 원리보다 훨씬 심오한 신비가 숨어 있다. 새는 왜 노래하는가? 이 단순한 물음 하나가 우리로 하여금 음악이 무엇이고 어디서 생겼는가, 동물이 생각할 줄 안다면 그건 어떤 유형의 생각인가, 그리고 우리 인간은 동물과 어느 정도까지 의사소통이 가능한가 따위의 질문을 다시금 생각하게 만든다. 인간이 지닌 능력 가운데 다른 종의 마음을 파고들기에 가장 적당한 것은 무엇인가? 우리는 노래 부르는 기쁨이 인간과 새가 공유하는 그 무언가일 가능성을 결코 배제해서는 안 될 것이다.

   '새는 왜 노래하는가?'라는 물음에 대한 답을 향해 뻗어 있는 길을 따라 이동하다 보면 다양한 새소리를 만날 수 있다. 벨기에에서 잠비아로, 그리고 다시 벨기에로 이어지는 작은 늪개개비의 이동경로를 따라 가다 보면 이 새가 도중에 주워들은 노래를 듣게 된다. 짧은 단음 하나만으로 이루어진 노래에서부터 30분이나 계속되는 아리아까지 다채롭다. 내가 찾아본 이들 새에 관한 과학 자료는 참으로 방대했다. 겨우 세 종류의 소리만으로 구성된 숲타이란트새eastern wood pewee, Contopus virens 혹은 Myiochanes virens의 노래를 다룬 논문이 2백 쪽에 달할 정도였다. 찬미나 조롱이 목적이 아니라 노랫소리를 공정하게 듣는 법과 거기에 동참하는 법을 터득할 의도로, 흉내지빠귀northern mockingbird, Mimus polyglottos와 나이팅게일nightingale, Luscinia megarhynchos의 차이점을 알아보기도 했다.(흉내지빠귀를 의미하는 영어단어 'mockingbird'의 'mocking'에는 '흉내 내는'이란 뜻 외에 '조롱하는 듯한, 비웃는'이란 뜻도 있다 – 옮긴이) 결코 인간이 듣기 쉽도록 설계되지 않은, 금세 사라져버리는 소리에서 리듬과 의미를 찾은 시를 만나고 새의 세계에서 얻은 영감으로 가득한 다양한 인류 문화의 음악을 접하는 이 여정의 최종 목적지는 오스트레일리아의 열대우림이다. 나는 거기서 세상에서 가장 소심한 새이지만 가장 출중한 가수이기도 한 알버트거문고새Albert's lyrebird, Menura alberti와 함께 연주를 벌이며 여정의 대미를 장식했다.

전미오두본협회(미국의 환경보호단체로 특히 조류와 야생동물의 보호에 힘쓰고 있다. – 옮긴이)에 따르면, 자신을 들새관찰자라고 여기는 미국인의 수는 7천만이다.(주1) 미국 전체 인구의 4분의 1에 해당하는 엄청난 수치다. 그렇지만 대부분의 사람들은 새의 소리에 이끌려 지저귐의 세계로 빠져들었다가도 눈에 보이지 않는 물체가 나무 사이로 푸드득 날아오르는 것을 확인하는 순간 더 이상 귀기울이지 않곤 한다. 이 책은 새소리를 좀 더 깊이 있게 듣고 싶어 하는 사람들을 위해 만들어졌다. 실제 속도보다 느리게 하여 새소리를 들어보라. 곡의 뉘앙스와 구조가 좀 더 잘 이해될 것이다. 그 새소리를 용지에 출력하면 복잡하면서 리드미컬한 이미지가 나타난다. 과학계와 예술계에선 소수의 헌신적인 연구자들이 새의 정신세계를 이해하기 위한 노력의 일환으로 이런 새소리를 면밀히 분석하고 있다.

　나는 두 가지 측면에서 이 프로젝트에 다가갔다. 첫째, 늘 실제로 정확히 무엇을 의미하는지도 모른 채 무작정 자연세계에 귀를 기울이고 거기서 무언가를 익히며 작품의 발전을 꾀한 음악인의 한 사람으로서, 실현하기 어려운 일이란 건 알지만 새의 노래만큼 자연스러우면서도 정확한 음악을 추구하고 싶었다. 그동안은 악기로 자연을 흉내 내는 방식, 자연음이 녹음된 테이프를 틀어놓고 그 소리에 맞춰 연주하는 방식을 취했지만 이제부턴 노래하는 새와 직접적인 교감을 나누려 한다.

　둘째, 철학자로서 난 인류가 자연에서 안식을 찾으려면 어떻게 해야 하는가 하는 문제로 오랫동안 고심했는데, 새의 노래라는 주제는 겉보기엔 단순한 듯해도 이를 통해 우리가 자연의 세계를 전체적으로 파악하려면 다양한 자연의 모습을 결합할 필요가 있음을 알게 되었다. 이 책에선 지나치게 많은 이야기를 풀어놓느라 정작 엄밀한 철학적 논거는 제시하지 못할지 모른다. 그렇지만 그런 현상은 내가 애초에 정답을 얻어내고 싶어서라기보다 꼬리를 물고 고개를 드는 의문들 그 자체가 좋아서 덤볐던 분야의 특성에 부합한다.

　그처럼 결코 풀리지 않는 의문 중 하나는 아름다움에 관한 것이다. 과연 아름다움을 만족스럽게 설명하는 것이 가능한 일인가? 우리는 수 세대에 걸친 느린 변화를 통해 새소리가 어떻게 지금처럼 아름다운 소리로 발전했는지 알아냈지만, 그런 지식을 갖고 있지 않다고 해서 우리의 기쁨이 줄어들지는 않는다. 어떤 이론을 내세워도 자연의 음악이 기쁨을 준다는 사실에는 변함이 없다. 우리가 자연에 대한 지식의 정도가 많든 적든 자연은 늘 우리에겐 경탄의 대상이다.

내가 이 의문에 특히 매료된 것은 이 질문 자체가 사람마다 어떤 대상에 대한 인식이나 이해의 방식에 차이가 있다는 점을 분명하게 드러내고 있기 때문이다. 사실 정보는 경험에 필적하지 못한다. 멋진 음악 한 곡이 알려주는 실제적인 정보는 없다. 분명 새는 사랑을 구하거나 집을 찾기 위해 노래하는 것일 테지만 이런 합리적인 목적으로 노래 부르는 기쁨이 완전히 부정되지는 않는다. 과학이 그런 기쁨을 이해하려면 음악가와 시인이 지닌 재능, 즉 자연세계에 담긴 의미를 찾아내는데 특출난 사람들의 능력을 활용해야 한다.

이종異種 간의 의사소통을 보여주는 예는 새와 인간의 협연만이 아니다. 걸음마 수준의 연구이긴 하지만, 여러 분야의 협력이 이루어진 선구적인 모험의 또 다른 예를 고래의 울음소리에 관한 연구에서 찾아볼 수 있다. 미셸 안드레Michel André와 세스 카민가Cees Kamminga는 카나리아 제도(아프리카 대륙 북서안에 있는 에스파냐령 제도 – 옮긴이) 앞바다에서 수년 간 향유고래sperm whale, Physeter macrocephalus의 리드미컬한 울음소리를 연구하다 어느 날 한 가지 문제에 봉착했다. 두 과학자 모두 모스 부호와 유사하게 딸깍거리는 고래의 울음소리를 녹음한 테이프를 들으며 개개의 고래를 식별할 수 없었던 것이다. 들리는 거라곤 딸깍거리는 음뿐이었다. 리듬이 너무 많이 겹쳤잖아! 서아프리카 출신의 고수鼓手, drummer들이 촘촘히 배치되어 대규모 합주를 펼치는 공연장을 생전 처음 찾은 서양인은 그 합주곡을 접하고 낭패감을 맛본다. 패턴과 박자가 복잡하게 뒤섞인 연주에서 각 고수는 대체 어떻게 자기 고유의 리듬을 유지하는 걸까? 안드레와 카민가는 세네갈 출신의 명연주자 아로나 느다예 로즈Arona N' Daye Rose에게 도움을 청하기로 했다.

로즈는 고도로 단련된 귀로 잡음 속에 섞인 선율을 하나하나 가려들으며 그 빠른 박자의 난리판에서 고래 특유의 리듬을 구분해냈다. 그는 수많은 딸깍거리는 음이 단 하나의 두드러진 박자를 중심으로 조직화되어 있다고 결론지었다. 이 음악가의 도움으로 두 과학자는 고래 개체마다 독특한 딸깍거리는 연속 리듬이 있다는 결론에 이르렀다.(주2) 이전의 어떤 연구에서도 밝혀진 적이 없는 새로운 사실이었다.

음악가가 고래의 울음소리를 연구하는 데 도움을 줄 수 있다면 새의 노랫소리를 연구하는 데도 일조할 수 있을 것이다. 흉내지빠귀, 나이팅게일, 알버트거문고새를 비롯해 수많은 새의 복잡한 노래는 조직화의 형식에서부터 음계와 프레이징(선율을 자연스러운 프레이즈로 나눠 곡을 만드는 작업 – 옮긴이)에 이르기까지 인간의 음악과 많은 구조를 공유한다. 그러한 '설계'에 관한 역사 및 이유는 자연과학 분야보다 음악 분야에 잘 기록되어 있다. 게다가 과학과 음악이 취하는 길은 서로 다르다는 것이 통념이다. 하나는 객관적인 길로 나아가고 다른 하나는 주관적인 길로 나아간다는 식이다. 하지만 과학과 음악이 서로 상대가 취하는 방식의 가치를 인정한다면 두 길이 중도에 만날 기회는 많아진다. 이 책은 새소리 분석 도구로서 음악을 활용하려는 극소수의 과학자들을 소개하는 것 이상의 그 무엇을 해낼 수 있을 것이다. 더 많은 과학자와 음악가가 이 책에서 영감을 받아 자연과 교감을 갖는 일에 동참하길 바란다.

나는 지저귀는 새들로 둘러싸인 마을에서 돌집 하나를 구해 거기서 이 책의 대부분을 집필했다. 가끔 장시간 듣고 난 새소리를 다시 들으면 환청 탓으로 돌릴 때가 있었다. 하루는 녹음테이프 몇 개를 틀어 작곡가 친구들에게 마도요Eurasian curlew, Numenius arquata의 노랫소리를 들려주면서, 클라이맥스를 지나 갑자기 급강하하는 부분과 올리비에 메시앙Olivier Messiaen(1908~1992, 프랑스의 작곡가이며 오르간 연주자)이 '새의 카탈로그Catalogue d 'Oiseaux' (1956~1958) 제13악장 '마도요Le courlis cendré'에서 묘사한 부분을 비교한 적이 있다. 그날 밤 나는 소스라치게 놀라 잠에서 깼다. 창문 옆 나뭇가지에서 들린 것은 분명 습지새가 내는 낯선 노랫소리였다. 아니, 어떻게 이런 일이? 꿈을 꾼 게 틀림없어. 낮에 새소리를 너무 열중해서 들었나 봐.

이튿날 우리집 나무에서 동네의 흉내지빠귀들 중 한 마리를 발견했다. 짝짓기와 세력권 방어의 시기가 지난 지도 꽤 흘렀는데 녀석은 가을철 몇 주 동안만 드러내는 그 기묘한 열정이 담긴 노래를 부르고 있었다. 녀석의 입에선 프레이즈가 두서없이 연신 쏟아져 나왔다. 그런데 아리아 중간에 예의 그 마도요의 노랫소리가 다시 들리는 게 아닌가. 밤이 아니라 벌건 대낮에 말이다. 풍선처럼 마구 커지다가 마지막에 팍 터져버리는 게 분명 마도요의 노랫소리였다. 어제 내 테이프에서 흘러나온 노래를 익힌 것일까? 아니면, 단지 그와 똑같은 표현들을 따라하는 성향이 있는 것뿐인가? 이 책을 읽다 보면 두 설명 모두가 일리 있다는 사실을 깨닫게 될 것이다.

이 책을 통해 당신은 새가 부를 줄 아는 노래의 범주에 대해 자신이 무엇을 알고 무엇을 알지 못하는지 확인하게 될 것이다. 이 책에서 나는 새소리의 경쾌한 맛을 글로 살려보려 노력했다. 하지만 역시 직접 들어보는 것만 못할 것이다. 귀로 먼저 소리를 받아들이고 나서 그 소리를 말로 표현하는 것이 수순이다.

봄기운이 충만한 대자연으로 나가자! 그리고 조류 서식지에서 생기발랄한 가수들의 노랫소리를 들어보라!

흰웃는지빠귀

CHAPTER 1

당신이 있으니 가슴이 떨려요.

　2000년 3월. 나는 미국에서 가장 훌륭한 공공조류동물원인 피츠버그 소재의 국립조류동물원National Aviary을 찾아 새들과 함께 즉흥연주를 벌이기로 했다. 조심성 많기로 소문난 가수들이 이른 아침에 합창하는 현장을 놓치지 않기 위해 세상의 소리가 하나 둘 들리기 시작하는 동틀녘에 방문할 예정이었다. 도심 번화가에서 한참 떨어진 곳에 자리한 조류동물원의 입구에서 사운드아티스트인 마이클 페스텔Michael Pestel이 날 기다리고 있었다. 페스텔은 이곳의 날개 달린 주민들과 수 년째 공연을 펼쳐온 인물이었다. 조류동물원 직원들도 개원 시간이 되어 일반 관람객(그들 대부분은 안내인을 동반한 어린 학생들이다)으로 북적대고 시끄러워지기 전에 음악가들을 맞아들이길 원했다.

　아침 6시. 문은 여전히 닫혀 있었다. 담장 안쪽에서 시끄럽고 날카로운 온갖 종류의 새소리가 흘러나왔다. 망을 통해 거대한 검은 날개들이 휙휙 날아다니는 모습이 보였다. 플루트와 다양한 수제手製 현악기를 쥔 페스텔은 꼭 이처럼 이른 시각에 잘 일어나지 않는 예술가 같았다. 텁수룩한 턱수염에 반백의 머리털을 헝클어뜨린 그런 단정치 못한 몰골이라니. 그런가 하면, 탐험가 같은 구석도 없지 않았다. 겉으로 내어 입은 긴 셔츠에 달린 주머니마다 들새관찰자들이 새를 부를 때 사용하는 도구인 버드콜이 가득 들어 있었다.

나는 각 케이스에서 클라리넷과 색소폰을 꺼냈다. 그리고 커다란 플라스틱제 노르웨이언 오버톤플루트Norwegian overtone flute 하나와 불가리언 더블휘슬Bulgarian double whistle 몇 개도 꺼내 모두 조립했다. 아직 졸린 기운이 남아 있었지만 우리 두 사람은 새들이 몰래 준비해 놓은 노래를 들을 채비가 끝나자 '늪관'으로 향했다. 전망대가 설치된 아치형의 널찍한 공간에 세계 도처에서 수집된 물새가 가득한 그곳으로.

뱀눈새sun bittern, Eurypyga helias 떼와 백로류, 노랑부리저어새류, 쇠오리류가 보였다. 초록 큰매달린 둥지새green oropendola, Psarocolius viridis 한 마리가 물 위로 급강하하고, 수염처럼 생긴 하얀 눈 밑의 깃털이 인상적인 잿빛의 잉카제비갈매기Inca tern, Larosterna inca 떼가 난간을 따라 고상한 자태를 뽐내며 걸었다. 어떤 새는 물을 튀기며 늪에 풍덩 뛰어들고 어떤 새는 지저귀고 있었다. 헤엄치는 새도 있었다. 가만히 귀기울여 보니 꽤 격렬한 박자의 새소리가 들렸다. 귀에 익은 박자였다. 아침 6시의 조류동물원에 마빈 게이Marvin Gaye(1939~1984, 미국의 가수. 흑인 음악인 소울의 황제. 본명은 Marvin Pentz Gay Jr. - 옮긴이)의 음악이 울려 퍼지고 있었다. 이 음악을 듣고 새들이 시끄럽게 꽥꽥, 빽빽거리는 것이 분명했다.

"이런 상태에선 작업이 안 되겠군요." 페스텔이 투덜거렸다. "저 시끄러운 소리를 좀 줄여 달라고 해야겠어요."

"우리가 온다고 얘기해 놓지 않았나요?"

"네." 페스텔은 고개를 저었다. "예술은 늘 예고 없이 나타나죠." 미대 교수다운 한 마디였다. 원래 그는 조각가였지만 환상적인 조류동물원이 있는 도시에 살면서 음악의 세계로 빠져버렸다. 이들 날아다니는 음악가의 존재에 자극받은 페스텔은 그 후 플루트, 리코더, 종, 호루라기 등등, 새들이 반응을 보일 만한 악기라면 뭐든 다루는 법을 익혔다. 그가 에릭 돌피Eric Dolphy(1928~1964, 정통 재즈를 기반으로 독창적이고 실험적인 프리재즈를 추구한 재즈뮤지션 – 옮긴이)의 방식도 아니고 남미의 노래하는굴뚝새musician wren, Cyphorhinus aradus의 방식도 아닌 그 중간쯤에 해당하는 독특한 연주 기법을 개발한 것도 이해가 가는 대목이다. 페스텔에게 음악이란 새소리와 조약돌, 거대한 회전식 목재 구조물이 아우러진 조형물을 포함해 세계 각지의 전람회에 설치하거나 출품한 예술작품의 한 요소일 뿐이다.

나는 그래도 걱정이 되었다. "정말 이 일을 직원들이 허락할까요?"

"걱정 말아요. 전 이곳에 여러 번 와봤습니다. 이곳 사람들은 절 알죠. 새들도 절 알고요."

스프링클러가 약해졌다. 마빈의 음악도 잦아들었다. 난 새들이 과연 우리의 라이브 음악을 더 좋아할지 의심스러웠다. 벌잡이새사촌blue-crowned motmot, Momotus momota이나 자색풍금조violaceous euphonia, Euphonia violacea가 조반도 먹기 전에 귀청을 찢는 듯한 이상한 악기음을 반길까? 마빈 게이의 '무슨 일이지What's Going On'(1971)를 듣고는 괜찮지 않았잖아?

루트비히 비트겐슈타인Ludwig Wittgenstein(1889~1951, 오스트리아 태생의 영국 철학자)

은 "사자가 말을 한다면 우린 그 말을 이해할 수 없을 것이다."고 호언장담했다. 정말 그렇게 자신 있소, 루트비히 선생? 사자가 으르렁거리면 우린 녀석의 메시지를 알아차린다. 고양이가 가르랑거리는 소리를 내도 마찬가지다. 그런데 동물의 음성을 메시지가 아닌 일종의 예술 작품으로 이해하면 재미있는 상황이 전개된다. 이제 자연은 더 이상 다른 세상의 수수께끼가 아니며 즉시 아름다운 그 무엇, 즉 우리가 끼어들 수 있는 여지가 풍부한 그런 음악 작품으로 거듭난다. 새의 멜로디를 항상 노래라고 부르는 데는 일리가 있다. 새소리에 귀기울이고 있노라면 가위로 오려낸 듯한 부리에서 흘러나오는 것이 꼭 음악처럼 들리지 않는가.

우린 난간을 사이에 두고 아래편 인공 늪과 분리된 목재 전망대 위에서 연주 준비를 했다. 늪 위편으로 귀를 곤두세운 채 악기를 준비하고 녹음 장비도 설치하면서 말이다. '늪관' 한쪽 구석에서 검은 까마귀 한 마리가 나뭇가지 위에 앉아 우리 행동에 흥미가 당기는 모양인지 이쪽을 주시했다. 녀석은 턱을 한 쪽으로 틀고 머리의 위를 다른 쪽 전방으로 내민 채 내리는 식으로 우리를 아는 양 인사했다.

페스텔은 미끄러지듯 부드럽게 넘어가는 낮은 음 하나를 주욱 길게 뽑은 뒤 목이 막혀 훅하고 숨을 내쉬었다. 바로 그 순간 이상한 물체가 내 발 옆에 휙하며 내려앉아 커다란 검은 날개를 이리저리 움직였다. 웬 못생긴 칠면조? 난 난간에 붙은 팻말을 보고서야 이 새가 아마존 강 유역에서 생포한 나팔새gray-winged trumpeter, Psophia crepitans란 사실을 알았다. 녀석은 울지도 않고 미심쩍은 눈빛만 보내고 있었다.

"뭘 봐?" 내가 눈을 부릅뜨며 윽박지르자 나팔새는 조심스럽게 마이크로폰 케이블이 있는 쪽으로 다가갔다. 당장에라도 작정하고 달려들어 먹어치울 기세였다.

"어이." 나는 녀석을 살짝 밀쳤다. "춤은 됐어, 노래를 해봐." 클라리넷 특유의 음조에 나팔새는 이름값을 했다. *바아프 바아프 바프 바, 바아아아아아아프, 바아프 바프 바*. 물속에서 트롬본을 불 때 나는 소리 같았다. 이게 내가 찾던 음악일까?

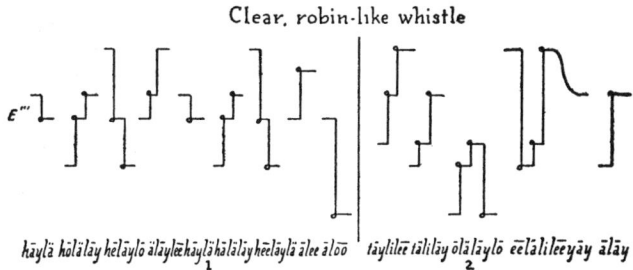

붉은가슴밀화부리의 노래

새소리를 생명의 음악이라고 부른다면 그 소리 안에는 인간성이 들어설 자리가 생긴다. 반면, 새소리를 언어라고 한다면 그 소리는 인간이 알아들을 가망이 전혀 없는 외계어일 뿐이다. 아레타스 손더스Aretas Saunders(1884~1970, 미국의 조류연구가)가 붉은가슴밀화부리rose-breasted grosbeak, Pheucticus ludovicianus의 노래를 표기하기 위해 어떻게 해야 했던가? 발음하기 어려운 음절을 사용했을 뿐 아니라 처리가능한 음역의 제한이 없는 네우마neume(중세에 주로 성가의 노랫말 위에 그려 음조나 연주 방법 따위를 지시하던 기호 – 옮긴이)까지 동원해야 하지 않았던가 말이다. 물론 새소리에도 리듬과 음조, 멜로디가 모두 존재한다. 단지 이들 요소 중에 인간의 음악 체계 혹은 언어 체계에 부합하는 것이 없을 뿐이다. 새소리는 인간의 마음과 전혀 다른 새의 마음에서 비롯된 것이다. 그렇지만 전세계적으로 무수한 들새관찰자가 활동하는 만큼, 이처럼 수많은 진귀한 소리를 추적하는 데 도움을 줄 무언가가 절실하다.

철학자 토머스 네이글Thomas Nagel은 박쥐로 사는 것이 어떤 것인지 우리가 결코 알 수 없다고 주장했다.(주1) 그저 상상하거나 재구성할 수만 있을 뿐 박쥐의 경험을 내적으로 완벽하게 알 수 없다는 것이다. 새의 경우에도 같은 논리가 성립한다. 새가 노래를 부르고 듣고 다시 부르면서 무슨 생각을 할지 어떻게 알겠는가?

더구나 우리와 다른 존재가 어떤 음악활동을 벌이고 있는지 어찌 알겠는가? 감상? 연주? 아니면, 작곡? 미국의 작곡가 존 케이지John Cage(1912~1992)는 이런 질문을 던졌다. "이 세 가지 행위가 어느 정도나 서로 연관이 있을까?"(주2) 새소리를 액면 그대로 받아들이자. 그것이 뜻하는 의미에 연연하지 말고 소리 그 자체에 집중하면서 말이다. 새소리가 의미가 있기 위해 반드시 갖춰야 할 것은… 인간성일까? 논리일까? 아니면, 이야기일까?

내가 음악에 대해 많이 안다고 주장하지는 않겠다. 하지만 내 자신이 무엇을 좋아하는지는 안다. 난 놀라고 싶다. 쉽게 싫증을 내는 편이라 예전에 들어본 곡은 잘 연주하질 않는다. 하지만 그처럼 새로운 것을 접할 길이 있긴 한가? 우리는 기억 및 선천적 재능의 제약뿐 아니라 후천적 학습의 제약도 받는다. 새끼일 때 생존을 위해 반복적으로 학습하여 익힌 노래를 그대로 되풀이하는 새와 우리 인간이 과연 그렇게 많이 다른가? 수 년 동안 재즈를 연주하면서 나도 찰리 파커Charlie Parker(1920~1955, 미국의 색소폰 연주자이며 작곡가)와 존 콜트레인John Coltrane(1926~1967, 미국의 재즈 색소폰 연주자) 그리고 스승인 지미 주프레Jimmy Giuffre(1921~, 미국의 재즈 클라리넷 연주자)와 같은 거장들로부터 일련의 상투적인 프레이즈를 배우고 상행음계에서 하행음계로 혹은 그 역으로 방향 전환하는 기법을 전수받아, 이제는 이 레퍼토리를 이리저리 짜 맞춰 즉석 연주를 벌인다. 외계에서 지능이 아주 뛰어난 새가 지구를 방문했다가 지구인의 음악을 접한다면 인간의 음악이 단지 무의미한 멜로디 단편과 음절들을 반복하고 재조합한 것에 불과하다고 여길지도 모른다. 인간의 음악에는 문법을 따르는 구성요소로 분해될 여지가 있는 메시지가 담겨 있지 않기 때문이다.

"후." 난데없이 이상한 음성이 들렸다. 사람의 음성? "후who. 홧what, 훼어where, 화이why. 후 홧 훼어 화이."

우리를 아는 체하던 바로 그 까마귀였다. 아니, 그냥 까마귀가 아니었다. 이 녀석은 말을 했다!

"들었어요?" 새소리 같기도 하고 사람 음성 같기도 한 드르드르드르드륵드르드르륵더 하는 자신에게 썩 잘 어울리는 테마곡을 나지막하게 부르던 페스텔이 내 물음에 플루트를 입에서 뗐다. "아, 미키예요. 여기 온 지 수 년 됐죠."

"자기가 무슨 말을 하는지 아나요?"

까마귀가 말을 한다고 해도 그 의미를 알고 말하는 것이라고 볼 순 없다. 앵무새가 사람 말을 흉내 낸다고 해서 그 말을 이해한다고 보지 않는 것과 같은 이치다. 야생상태에서 앵무새는 그런 행동을 취하지 않는다. 다만 사람과 함께 살면서 주목받는 방법을 터득했을 뿐이다. 새를 훈련시켜본 적이 있다면 새가 끊임없이 조련사를 놀라게 만든다는 사실을 알 것이다. 조련사의 말을 정확히 그대로 흉내 내면 조련사의 관심을 끌 수 있다는 것을 알고 있는 것이다.

하지만 우린 이 때문에 여기 온 것이 아니었다. 음악을 원했다. 물음이 아닌 답을 찾길 바랐다. 미키는 말을 한다. 하지만 노래도 부를 줄 알까? *까악까악.* 까마귀가 힘껏 소리를 지르는 것이 지나치게 사람 목소리에 가까웠다. *카아아아우우.*

"저 녀석도 안 되겠어요." 페스텔이 고개를 저었다. "이 새는 단지 까마귀 흉내를 내는 사람을 흉내 내는 거예요."

푸른마코앵무hyacinth macaw, Anodorhynchus hyacinthinus가 우리를 주시하고 있었다. 우리가 몸을 움직이며 연주하자 녀석도 앞뒤로 몸을 움직이더니, 곧 음악에 맞춰 몸을 흔들어댔다. 하지만 늪관 가운데에 매달린 횃대에 앉아 주의만 끌 뿐 끝내 노래를 부르지 않았다.

큰홍학greater flamingo, Phoenicopterus ruber이 넌더리가 난 모양이었다. 연분홍색을 띤 이 새는 목을 뒤로 꼬아 무섭게 보이면서 거친 소리를 냈다. 브라아 브라아 브라아 브룸프프프. 어찌나 크게 울어대는지 물새 망신은 혼자 다 시켰다. 불협화음이 커졌다. 격정에 이끌린 시끄러운 늪의 교향곡이 시작된 건가? 아니면, 단지 소리로 불만을 표출한 것일 뿐인가? 우리가 저들 시간을 너무 많이 뺐었다고?

"젠장, 저 연분홍 새는 입을 다물지 않을 겁니다." 페스텔이 투덜댔다. "이런 상태에선 작업이 안 되겠어요. '열대우림관'으로 이동하죠."

"비가 그쳤을까요?" 난 악기가 걱정되었다.

"걱정 말아요. 직원들이 우릴 위해 멈춰줄 테니까."

'열대우림관'은 후덥지근해서 숨이 다 막힐 정도였다. 이른 아침에 내린 비로 안개가 자욱했다. '늪관'에선 내려다보며 새를 관찰했지만 여기선 위를 쳐다보며 귀를 기울여야 했다. 새들이 하늘 높은 곳에서 우리를 둘러싸고 있었다. 앞서 본 새들보다 몸집도 작고 처음 봤을 땐 활기도 없었지만 우리가 연주를 시작하자 사방에서 이리로 시선이 모였다. 우렁차게 소리치는 발리흰찌르레기Bali mynah, Leucopsar rothschildi와 매혹적인 파랑나뭇잎새fairy bluebird, Irena puella 떼가 보였다. 위엄을 부리는 큰코뿔새 great Indian Hornbill, Buceros bicornis 한 마리도 눈에 띄었다. 오스트레일리아 뉴기니에서 발견되는 거대한 부채비둘기Victoria crown pigeon, Goura victoria는 기품 있는 별 모양의 관모(새의 머리에 길고 더부룩하게 난 털 - 옮긴이)를 뽐내며 느긋하게 돌아다녔다. 암청색을 띤 아프리카찌르레기superb starling, Spreo superbus와 초록낫부리새green woodhoopoe, Phoeniculus purpureus 무리도 있었다. 세계 곳곳에서 수집한 조류로 펜실베이니아의 실내 열대우림에 전 세계의 다양한 소리가 뒤섞이면서 야생상태에선 결코 들어본 적이 없는 소리가 울렸다. 그 소리는 새장에 갇혀 길러진 새만이 만들 수 있는 독특한 작품이었다.

이들 열대 조류는 늪지의 물새떼보다 활기차고 멜로디도 금세 선보였다. 바 바 부 바 페 파. 밝은 노랑 빛을 띤 황금산까치Taveta golden weaver, Ploceus castaneiceps가 5음 음계로 노래를 불렀다. 맑고 청아한 개방형의 5음. 우리 같은 관악기 연주자들 누구에게나 문을 활짝 열어 반기는 5음. 동서고금의 모든 인류문화가 환영하는 다섯 친구. 우리는 악기를 더듬으며 노래를 시험해보고 흉내 냈다. 저 녀석이 관심이 있는 건가? 녀석은 여전히 예의 그 명랑한 음색의 노래를 부르고 있었다.

황금산까치가 비르투오조인 탐험가 샤마지빠귀white-rumped shama,

Copsychus malabaricus에 빛을 잃기까진 얼마 걸리지 않았다. 샤마지빠귀에겐 우리가 연주하는 프레이즈가 모두 일종의 도전 과제였다. 이 적황색의 열대산 지빠귀는 우리의 연주를 새롭게 변형하여 되받았다. 우리가 어떤 프레이즈를 던져주든 간에 한층 우렁찬 소리로 응수했다. 이 새가 부르는 노래는 모두 최신곡 같았다.

이때 의문 하나가 고개를 들었다. "잠깐만요. 이 노래들이 여기 새들 고유의 것이란 생각이 드는데, 가능한 잘 부르기 위해서라도 이 친구들에겐 간단한 노래 한 곡이면 족하지 않나요?"

"신호음call 말씀하시는 거군요." 내 질문에 페스텔이 목소리를 죽여 말했다. "새의 신호음은 선천적인 것이죠. 신호음은 특별한 의미가 있어서 내는 소리입니다. '어디 있니?', '배고파', '조심해. 매가 위에서 돌고 있어.' 같은…. 노랫소리song는 그런 신호음과 달라요. 복잡한 노랫소리는 학습해야 하죠. 더구나 생의 민감한 특정 시기에 이런 노랫소리를 학습할 수 있을 뿐입니다. 새의 노랫소리는 자신의 영역을 방어하고 짝을 유인하는 데 도움이 되지만 사람의 음악과 마찬가지로 명확한 메시지가 담겨 있진 않아요."

"의미를 나타내는 소리는 날 때부터 알고 의사나 감정을 드러내는 소리는 학습해야 한다는 얘기죠?" 왠지 거꾸로란 생각이 들었다.

"그렇게도 말할 수 있겠군요. 하지만 어떻든 그런 이야긴 음악에선 중요하지 않습니다." 페스텔은 잠시 한숨을 돌리며 코피리에 코를 대고 바람을 불어넣었다. "모든 새는 발성기관으로 후두 대신 울대를 가지고 있는데, 새의 울대는 하나로 이루어져 있지 않고 좌우로 나뉘어 있죠. 우리와 다르죠. 좌우를 독립적으로 사용해서 여러 곡을 동시에 부를 수 있고, 대부분 평상시에 내는 것보다 훨씬 많은 음을 낼 수 있는 잠재력을 갖고 있어요. 우리 인간이 관여하여 새가 자극을 받으면 그럴 수 있다는 겁니다. 아까 본 말하는 까마귀가 그 증거죠. 자, 얘기는 그만하고 연주나 합시다."

악기를 입술에 댄 채 페스텔과 나는 언제나처럼 진짜 나뭇잎에서 가짜 빗방울이 뚝뚝 떨어지고 있는 인공우림을 천천히 나아갔다. 언제라도 우리를 이른 아침의 합창단의 일원으로 진지하게 받아들여 교감을 나눌 준비가 되어 있는 특별한 새들을 찾아 귀기울이면서 말이다.

덤불 앞에 이르러 나는 음 몇 개를 연주했다. 그런데 바로 그 순간 강하고 리드미컬한 소리가 들렸다. 브르 두 두 두. 나도 그와 비슷한 소리로 받았다. 브르 두 두 두. 다시 내가 멜로디를 엮자 그 새도 내 머리 위에서 동참했다. 베 푸 베 푸 베 푸 비프! 저 녀석의 정체는 뭐지? 흠… 울새만한 몸집에 회색과 검은색, 흰색으로 얼룩진 녀석은 깡충 뛰면서 미친 듯이 몸을 흔들어댔다.

내가 연주를 계속하자 녀석이 화답했다. 처음에는 상행하는 아르페지오(화음의 각 음을 동시에 연주하지 않고 연속적으로 차례로 펼쳐서 연주하는 주법 – 옮긴이)로 강하고 힘차게 답했다. 나도 그에 응해 연주했다. 녀석은 고개를 한 쪽으로 기울인 채 곧바로 응수했다. 이쪽에서 음조를 바꿨다. 그러자 저쪽의 음조가 바뀌었다. 왠지 통하는 게 있는 것 같았다. 녀석의 메시지는 뭐지? 어쨌든 이것이 음악이라면 그 메시지는 소리에 비해 그다지 중요하지 않았다. 우리 사이에 끈끈한 뭔가가 있나?

청소부 아주머니가 커다란 대걸레로 바닥을 훔치며 다가왔다. 아주머니는 얼굴에 미소를 지으며 위를 올려다봤다. "저 위에 있는 내 친구하고 잘 되어가고 있나요?"

"네. 그런데 저 새 이름이 뭐죠?"

"흰웃는지빠귀예요."

"아. 그런가요?" 내가 소리 내어 웃자 새는 더 많이 웃어 보였다. 녀석의 웃음은 멜로디요, 색소폰의 웃음이요, 찰리 파커의 웃음이었다.

"댁하고 거기까지 진도가 나갔어요?" 아주머니가 따라 웃으며 말했다.

원산지인 동남아시아에선 흰웃는지빠귀가 10~20마리씩 떼를 지어 시끄럽게 지저귀며 산중턱을 돌아다닌다. 일반적으로 이 새의 소리는 짝을 유인하거나 경쟁자 수컷을 퇴치하기 위해 부르는 순전히 선율적이기만한 노랫소리라기보다 특별한 사회적 기능을 지닌 신호음으로 간주된다. 암컷과 수컷 모두 신호음을 낸다. 그렇다면 이 새가 나를 자신의 그룹으로 받아들이거나 아니면, 자신의 세상에서 쫓아내기 위해 무언가 특별한 뜻을 전하려 한다는 얘긴가? 녀석은 자기 종족과 떨어져 혼자 사는 것 같았다. 아마 외로웠을 테지. 처음 듣는 낯선 음악을 접하면 그것이 노랫소리인지 신호음인지 분명하게 구분되지 않을 터였다. 그런데 이 친군 분명 내 음악에 맞춰 소리를 바꾸고 있었다. 뭔가가 있었다.

페스텔이 천천히 다가와 소리 내는 생물을 찬찬히 살폈다. "와. 저 녀석이 이렇게 신나하는 모습은 처음이네요. 둘이 통했나 보군요."

"내가 친구나 적이란 말이죠?"

"조심하세요. 그런 진화론의 전형에 너무 쉽게 현혹되어선 안 됩니다." 페스텔은 나에게 주의를 주고 나서 플루트에 고무줄로 묶어 놓은 버드콜로 새소리를 냈다. "실제 세상은 항상 진화론에서 말하는 세상 그 이상의 것이죠."

새소리를 음악이라고 생각하고 들어보라.

그때마다 신비로운 분위기를 즐길 수 있을 것이다.

음악이라고 생각하고 온 세상에 귀기울여 보라.

우리가 아름다운 소리로 가득한 세상에 살고 있음을 알게 될 것이다.

저 바깥세상에는 얼마나 많은 피조물이 즉흥연주를 선뵐 기회를 기다리고 있는가?

음악은 그 종류를 불문하고 말로 설명하거나 글로 기술하기 쉽지 않은 법인데 하물며 인간과 너무나 거리가 먼 생물이 만든 음악에 대해서야 말해 무엇하랴. *훌랄라이 헤라이로 헤이라이라.* 나무에서 소리가 들렸다. 부르르 떨리는 그 소리는 나팔을 부는 것 같이 우렁차고 청아하게 울렸다. 새의 음악에 대해 무엇을 더 알아낼 수 있을까? "새는 왜 노래하는가?"라는 질문을 과학자들에게 던지면 그들 대부분은 세력권을 지키고 잠재적인 짝의 마음을 사로잡기 위해서 새가 노래한다는 식으로 설명할 것이다. 하지만 관련 연구의 발달사를 집중적으로 살펴보면서 나는 이것이 훨씬 미묘하고 복잡한 이야기임을 알게 되었다. 집참새house sparrow, Passer domesticus가 단음의 지저귐으로 버티는 반면 저 갈색지빠귀사촌 brown thrasher, Toxostoma rufum은 왜 늘 독특한 모티브(하나의 악상을 형성하는 짧은 선율 - 옮긴이)를 수없이 많이 필요로 하는지 그 이유는 분명치 않다. 노래하고자 하는 욕구가 그 정도로 대단치 않다면 갈색지빠귀사촌은 그저 나무 위쪽에서 발견되는 평범한 갈색 점박이 새에 지나지 않는다.

단지 사랑스러워 보이기 위해 아름다운 소리를 내도록 진화되었다고 단정하긴 힘들다. 어떤 주장이든 그것을 과학적으로 뒷받침하자면 데이터가 필요하다. 책임감 있는 과학자라면 새가 노래하는 이유를 아주 잘 안다고 함부로 떠벌이진 않겠지만 그렇다고 새가 순전히 즐거움에서 노래한다는 발상에 이의를 제기할까?

모더니즘이 출현한 이래 우리는 음향적 재료를 왜곡한 모든 종류의 '조직화된 소리organized sound'를 음악으로 받아들이게 되었다. 이는 추상의 시대가 모든 예술에 남긴 가장 큰 유산이다. 콘크리트 벽이나 공백의 석판에서 나는 소리에서부터 바람소리, 하울링(스피커에서 나온 음이 다시 마이크로폰이나 레코드플레이어의 픽업 등에 들어가 증폭되어 고음을 발생시키는 현상 - 옮긴이)으로 인한 소음, 전자기기의 소음에 이르기까지 어떤 것이라도 그 고유한 미적 본질을 인정받게 되었다는 얘기다. 그로 인해 예술인 것과 예술이 아닌 것의 구별이 어려워진 측면도 없지 않지만 자연이 우리에게 들도록 허용하는 모든 소리를 사랑할 수 있게 되었다는 점에서 기적 같은 일이 아닐 수 없다. 자연의 아름다움을 발견할 새로운 가능성을 진지하게 생각한다면 우리는 귀에 거슬리는 날카로운 고음조차 기꺼이 음악으로 받아들이게 된다. 새의 음악을 감상할 준비가 전보다 잘 되어 있는 셈이다.

새의 음악은 인간이 음악 작품을 내놓기 수백만 년 전부터 존재했다. 이런 사실 하나만으로도 우리는 경외감에 사로잡힐 뿐 아니라 새가 선보이는 곡조가 올바르고 실재하는 음악으로 다가온다. 새의 음성 발성을 진지하게 받아들임으로써 우리는 새들의 세상에 쏟는 관심을 더욱 확대할 수 있다. 과학이 새의 노래에는 세력권이나 성과 관련된 특별한 목적이 있다고 설명한다고 해서, 새가 노래를 좋아서 부르는 것이 아니라고 단정할 순 없다.

새의 소리작품은 인간의 음악과 여러 면에서 동일한 특성을 지니고 있으면서 (반복 패턴, 주제와 변형, 트릴(두 근접음 사이를 떨릴 정도로 빠르게 전환하는 장식음. 이런 효과를 내는 새소리나 벌레소리를 말하기도 한다. – 옮긴이)을 비롯한 아주 높은 기교의 인상적인 장식음, 음계와 자리바꿈(음정을 한 옥타브 올리거나 내리거나, 화음이나 선율의 자리를 바꾸는 것 – 옮긴이) 따위) 그와 동시에 음악가에게 근본적인 영감을 불어넣기도 한다. 믿기지 않을 만큼 압축된 형태, 여러 진동수를 가진 소리들을 한꺼번에 발산하는 기법의 예술적 표현, 울대 한 개로 낼 수 있는 소리의 복잡한 변형 등의 방식을 동원하여 새는 의미심장하면서도 흥겨운 소리를 내며 그로 인해 주변의 소리 세계가 더욱 풍요로워진다. 음악은 매우 다양한 생명체들이 공통으로 갖고 있는 표현의 한 형태로 볼 수 있다. 새소리에서 기원한 음악은 바벤젤레 피그미(보통 바야카 피그미라고 불리는 콩고민주공화국의 부족 – 옮긴이)에서부터 베토벤에 이르기까지 인간의 음악세계 도처에서 발견된다. 음악가는 잎사귀 사이사이로 들리는 노래의 무해하고 싫증나지 않는 아름다움을 경건한 마음으로 동경한다.

밖으로 나가 숲 속이나 들녘을 거닐다가 처음 듣게 되는 새소리에 가만히 귀기울여보라. 소리의 주인공이 누구인지는 신경 쓰지 말라. 음악의 흐름을 따라잡는데 음악가의 이름을 알 필요는 없지 않은가. 하지만 다음 사항에 유의하며 듣자.

첫째, 새의 입장이 되어 들어보라. 어쩌면 당신은 당신과 같은 인간의 소리에만 관심이 있을 뿐 다른 종의 소리는 그저 소음 정도로 와 닿을지도 모른다. 결코 알 수 없는 새의 내면으로 들어갈 방도는 없다. 하지만 이 새의 삶을 상상해보면 또 다른 삶을 만나게 된다. 우리 자신의 삶이 들리기 시작하는 것이다. 연인? 친구? 적? 이 새가 우리의 공간에 들어오려는 건가? 우리를 유혹하는 건가? 아니면, 위협? 그저 영역을 지키려는 발악? 이런 것은 새의 노래를 실용적인 뭔가로 보는 관점이다.

둘째, 새가 음악 그 자체에 매혹되었다고 상상하라. 새의 노래는 아름답고 복잡하다. 분명한 메시지를 전달하는 데 필요한 것 그 이상인 것이다. 분명 거기에선 어떤 충만한 느낌이 든다. 어쩌면 그건 넘치는 기쁨일지 모른다. 새는 비르투오조의 자질을 부여받았으며 자기 과시와 탐험, 소리 지르기를 좋아한다. 이 얼마나 풍류 있는 삶인가! 음악은 명금鳴禽이 알아야 할 유일한 언어일 것이다. 새는 뇌의 용량이 작은 동물이라고 볼 수 있다. 하지만 그 뇌의 얼마나 많은 부분이 음악과 기쁨, 예술에 할애되어 쓰이는가를 생각해 보라! 새가 노래를 부를 때마다 그 노래는 필연적이며 더할 나위 없는 완벽한 기쁨의 정수이다.

새마다 낼 수 있는 소리의 범위가 명확히 정해져 있다는 점에서 새소리에는 근본적으로 예측 가능한 측면이 있다고 볼 수 있다. 그런데 그런 새소리가 늘 돌발적이고도 신선하게 들리는 것은 어떤 까닭에서일까? 인간이 조바심을 내지 않더라도 자연은 결코 인간을 지루하게 하지 않는다. 자연은 그런 자신에게 만족해한다. 이 안식처에선 고요와 대조, 차분함과 사나움이 각각의 음이 적절히 배치된 어떤 본질적인 합창에 의해 억제되어 있다.

새의 노래는 자연에서 아름다움을 찾기 위해선 인간성이 필요하다는 우리의 자만에 대한 진정한 도전이다. 새가 어떤 진화의 과정을 통해 아름다운 소리를 내게 되었든 간에 새의 노래가 그토록 다양하고 복잡해진 이유를 설명할 수 있는, 이론적으로 정당하고 자연스러운 논리는 없다. 소리를 듣는데 일가견이 있는 사람이 인간의 편견을 버린다면 새로운 음악의 영역이 우리에게 익숙한 제약들을 초월하였음을 알 수 있을 것이다. 새의 음악은 임의적인 것이 아니라 본질적인 것이다. 유쾌하면서도 의미심장하다. 반복되지만 지루하지 않다. 거기에는 인간의 예술이 동경하는 필수적인 요소가 담겨 있는 셈이다.

흰웃는지빠귀는 클라리넷 연주에 흥겨워 계속 웃고 있었다. 그것은 덤불의 재즈이자 인간 세계와 조류 세계가 함께 하는 즉흥연주였다. 한 동물의 노래가 다른 동물의 노래와 닿아 있었다. 인간과 새 사이에 우연히 음악이 이루어지기 시작하자 인간의 음악과 자연의 음악을 구분할 필요가 없어졌다. 우리가 미처 깨닫기도 전에 교감이 생겼고 발전했다. 즉흥적으로 조직한 밴드의 열띤 재즈 연주에서처럼 누가 어디에서 왔고 누가 누구랑 연주하는지는 중요하지 않았다. 정말 중요한 것은 소리이고 일치감이었다. 이런 연주에 끌어들일 만한 생물로 식을 줄 모르는 노래에의 의지를 지닌 명금만한 것이 있을까?

조류동물원에서 페스텔과 내가 '별난 음악가들' 과 연주하길 여러 시간이 흘렀다. 새들은 조금도 지칠 줄 몰랐다. 하지만 우리는 슬슬 지쳐갔고 배도 고팠다. 참다못한 내가 먼저 말을 꺼냈다. "새들은 노래하게 놔두고 저기 나뭇가에 앉아 좀 쉬죠." 쉬는 것은 고사하고 아침이라도 좀 먹었으면….

"쉬다니요? 계속해야 합니다. 저 녀석들이 계속할 수 있으면 해보라며 도전해오는 모습이 안 보이나요?" 페스텔은 확신에 차 있었다.

나는 페스텔의 생각이 맞길 바랐다.

인간에게 허용된 음악적 감각의 범위는 참으로 좁기도 하다! 예술의 범주를 확대하여 우리 인간이 이 덧없는 세상에 사는 다른 종의 음악에도 관심을 기울여봄직하다. 엄격하기로 이름난 임마누엘 칸트Immanuel Kant(1724~1804)가 윤리의 범주를 확장하여 주변 환경까지 포함했듯이 말이다. 이 독일 철학자는 미학을 논한 저서 「판단력 비판Kritik der Urtheilskraft」에서 새의 노래를 언급하는 것이 분별 있는 일이라고 판단했다. 위대한 이성주의자 칸트는 이런 의문에 휩싸였다. 누군가 두어 개의 음만을 끊임없이 반복한다면 우린 금세 싫증이 난다. 그런데 새의 저 단순한 멜로디는 어째서 아무리 들어도 지루하지 않은 거지?

칸트는 새의 노래는 실제론 아름다운 것이 아니라 우리의 오성과 놀랄 만큼 멀리 떨어져 있는 숭고한 것, 즉 수수께끼 같지만 우리에게는 결코 이해가 안 되는 것이라고 결론지었다. 그는 자연의 외형과 소리에는 우리를 끌어당기는 아주 강력한 무언가가 있을 것이라고 추측했고, 야성적이면서 불규칙하고 대담하면서 충격적인 이들 요소가 우리를 인간의 예술세계 너머 어딘가로 데려간다고 생각했다. 우리 인간은 그런 숭고한 것들을 결코 능가할 수 없다.

바로 그것이었다. 이 모든 경험으로 내가 야성적으로 변해간다고 해서 놀랄 일이 아니었던 것이다. 단순히 상상으로만 새가 되어본 것이 아니라 직접 함께 연주하는 과정을 통해 나는 새로 사는 것이 어떤 것인지 느끼기 시작했다. 난 증명을 원한 것이 아니라 단지 가능성만을 구한 것이었고 새로운 방식으로 교감을 나누며 새로운 소리에 놀라고 싶었을 뿐이었다. 나는 지미 헨드릭스Jimi Hendrix(1942~1970, 미국의 기타리스트)의 명곡 '야생마 Wild Thing'(영화 〈메이저리그〉에서도 '야생마' 릭본(찰리 신 분)이 마무리로 등장할 때마다 이 음악이 흘렸다. - 옮긴이)를 연주했다. …야생마야! 노래와 춤을 머리로 이해하는 능력은 그것을 실제로 구사하는 능력보다 결코 강하지 않다. 당신이 있으니 가슴이 떨려요. 음악이란 우리가 불가능할 것이라는 생각을 입 밖으로 꺼내기도 전에 이미 만들어지는 것이다. 오, 당신이 있으니 만물이 멋져요. 새들이 내 연주에 귀기울이고 있었다. 그리고 더 많은 음악을 원했다. 어쩌면 뭔가 낌새를 챘는지도 몰랐다. "저 사람들 말야. 우릴 가둬놓고 먹이나 주면서 우리 노랠 감상하는 그런 부류 같진 않아. 우리한테서도 무언가를 배울 준비가 된 사람들 같아."

과학적 시각에서 보면 '야생마'가 전적으로 내 머릿속에만 있을 뿐이고 새의 머릿속에는 있지 않은 걸까? 오랫동안 말을 리듬으로 바꿔 의미를 추구한 시의 관점에서도 그럴까? 옛날부터 새의 노래가 인간의 음악에 스며들어 그 규칙과 열정에 기여하고 있다는 사실은 또 어떻게 설명할 것인가? 새의 노래를 인간의 문맥에 맞춰 반드시 어떤 논리를 끌어내야만 하는가?

철강도시 피츠버그에 위치한 인공우림에서 만난 흰웃는지빠귀 한 마리는 이처럼 내게 멜로디가 어떤 식으로 종을 구분 짓는 경계를 넘나드는지를 보여줬다. 이제는 전문가들의 뒤를 밟으며 실험실에서, 야생 상태에서, 기억과 신화에서 그들이 들은 것에 귀기울일 차례다. "새는 왜 노래하는가?"라는 의문은 여전히 완전히 풀리지 않은 수수께끼로 남아 있다. 따라서 이 책에선 이들 전문가의 지식을 고찰하면서 그 한계도 함께 검토할 것이다.

CHAPTER 2

소리 음미하기

　새소리를 들으면서 새가 제멋대로 지껄인다고 말할 사람은 없을 것이다. 새소리에도 음고와 리듬, 패턴, 휴지休止가 있다. 이것들은 인간의 언어에서도 발견되는 구조이다. 그렇지만 새의 노래를 언어라고 보기는 힘들다. 노래를 구성하고 있는 소리들이 서로 논리적인 관계를 이루고 있지 않기 때문이다. 그저 소리들을 합쳐 놓은 것일 뿐이다. 이런 점에서 새소리는 언어보다 음악에 가깝다. 음악이란 무엇인가? 한마디로 말해, 음악 그 자체를 위한 '조직화된 소리'가 음악이지 않은가.
　자연의 힘과 형식은 인간이 꾸는 모든 꿈의 기초를 이룬다. 우리는 이 세상에 나오는 순간부터 학습하고 노래 부르며 때가 되면 사랑을 나누고 결혼도 하고 아이를 낳아 키우면서 가르친다. 이런 과정을 거치면서 나이를 먹어가고 어느 날 생을 마감하는 것이다. 새들도 학습하고 사랑을 나누며 그 내용을 노래를 통해 표출한다. 이를 위해 단 한 곡으로 족한 새가 있는가 하면 수천 곡이 필요한 새도 있다. 자연이 그 두 가지 가능성을 모두 열어놓고 있는 이유를 설명하기는 쉽지 않다. 게다가 인간의 본성은 그런 새의 행동을 설명하고 싶어하면서도 한편으로는 한 발 물러나 경외심에 싸인 채 그저 감상하고 있기만을 원한다. 우리의 마음이 끊임없이 흔들리는 이런 경우에는 우린 어느 접근법에도 완벽하게 만족하지 않을 것이다.

좀 더 잘 식별하기 위해 새소리를 말로 바꿔 단어로 나타내면 리듬으로 왜곡되는 현상이 일어난다. 우선 새소리를 연상하기 쉬운 단어로 바꿔 기억하려는 시도부터 살펴보자. 다음은 새소리 암기용 연상어를 소개해 놓은 홈페이지에서 발췌한 것이다.

첩-첩-찌이이이!	얼룩검은멧새 spotted towhee, Pipilo maculatus
처리이이!	물갈퀴도요 semipalmated plover, Charadrius semipalmatus
처어어, 처어어 (가르랑거리듯, 심하게 떨며)	붉은배딱따구리 red-bellied woodpecker, Melanerpes carolinus
처어어억(후음喉音(목젖을 떨어 울리는 r의 거친 음 - 옮긴이)으로)	아메리카도요 semipalmated sandpiper, Calidris pusilla
처-위, 처-위	노란배딱새 yellow-bellied flycatcher, Empidonax flaviventris
처-휘, 치어-이-오 (가냘프게)	청회색머리신세계솔새 solitary vireo, Vireo solitarius
츠위, 츠위, 츠위	밭종다리 American pipit, Anthus rubescens
츠-웃	목장도요 upland sandpiper, Bartramia longicauda
치우-치우-치우-치이이 (마지막 음절은 후음으로)	청솔새 cerulean warbler, Dendroica cerulea
치업	노란눈썹지빠귀 varied thrush, Ixoreus naevius
달가닥 달가닥 달가닥… (타자 치듯이)	섬뜸부기 yellow rail, Coturnicops noveboracensis
컴 히어… 지미… 퀵클리…	청회색머리신세계솔새
콩크-아-리이이이이이이이이	붉은날개검은지빠귀 red-winged blackbird, Agelaius phoeniceus(주1)

2장 소리 음미하기 39

*컴 히어 지미?*Come here Jimmy 물론 실제로는 이렇게 울지 않는다. 청회색머리신세계솔새는 사람 말을 하지 않는다. 단지 이 새가 끊임없이 전하는 메시지를 우리에게 친숙한 문자나 단어로 외우는 것이 나중에 연상하기 쉽기 때문이다. 후음으로? 이것은 허스키하게 소리를 내라는 뜻이다. 이렇게 우리 인간적 문맥으로 옮겨놓으면 쉽게 잊어버리지 않는다.

새소리를 최초로 가장 정확하게 묘사한 말은 대부분 시에서 등장한다. 새의 노랫소리를 들을 땐, 우리들 내면에 자리한 시인이 넋을 잃고 만다. 새소리의 아름다움이 뜻하는 의미 따윈 잊고 오직 그 아름다움이 우리에게 어떤 느낌으로 다가오는가만 생각해 보라! 우리는 열정과 사랑, 충만한 기쁨뿐 아니라 애수와 동경까지 깃든 소리를 듣는다. 새의 노래는 무어라 설명하기 어려울 뿐 아니라 우리의 음악적 관습과도 거리가 멀다. 하지만 수 세대 동안 내내 새소리는 인류의 경이로운 시들에 영감을 제공한 이상적인 소재였다. 새소리 암기용 연상어에서 출발한 시인은 금세 새로운 리듬과 형식으로 옮아갔을 것이다. 실제로 자연을 세밀하게 관찰하여 19세기를 통틀어 그리고 그 이후로 새의 노래를 가장 정확히 기록한 존 클레어John Clare(1793~1864, 영국의 낭만파 농부 시인)는 과학자가 아니라 시인이었다. 새에 대한 시적 고찰과 과학적 고찰이 2천 년이란 세월 동안 서로 뒤얽혀 있었지만 말이다.

야외에서 관찰할 수 있는 동물 가운데 포착이 쉽고 동작이 민첩하면서도 재미있게 추적할 만한 동물로 조류만한 것이 없다. 눈과 귀만 있으면 추적과 관찰이 가능하다보니 어느 동물보다도 새를 주제로 한 자연문학nature writing이 풍성하다. 자연계에 대한 관심을 기록한 인류의 초기문헌은 과거에 사람들이 자연을 그 자체의 입장에서 이해하는 공정한 판단력을 보이지 못했다는 사실을 보여준다. 옛사람들은 인간의 입장에서 새가 어떤 의미인지에 좀 더 관심을 가졌다. 물론 새는 식량으로서 중요한 의미를 지니고 있었다. 하지만 새고기로 벌이는 향연보다는 새의 멋진 음악이 우선시 되었다. 로마의 시인 루크레티우스Titus Lucretius Carus(BC 94?~BC 55?, 로마의 시인·유물론 철학자)는 자신의 위대한 시 〈사물의 본성에 대하여De Rerum Natura〉에서 사람들이 처음으로 새의 노래를 듣게 된 순간을 다음과 같이 그렸다.

> 사방을 둘러싸고 있는 숲 속에서 커다란 소리가 들렸네.
> 새의 지저귐이었지. 사람들이 새의 음성을 말로 표현하며,
> 흉내 내려 했다네. 그러자 새들이 인간을 가르쳤지.
> 인간의 예술이 시작되기 전 새들이 인간에게 노래를 가르쳤다네.^(주2)

끊임없이 리듬을 타고 몸을 흔들며 무한한 힘을 발산하는 새들의 소리는 인간의 음악의 원형처럼 여겨졌다. 하지만 인간의 음악에는 역사와 다양성이 나타나는 반면 새의 노래에는 그런 면이 없다. 노래 주인공을 찾느라 하던 일을 잠시 멈추게 만드는 그 새소리는 아주 오랜 옛날, 그 새의 조상이 처음으로 자신의 정체를 드러내며 부르던 바로 그 노래이다. 지금이 2천 년 전이며 노래의 임자가 나이팅게일임을 알고 있다고 가정하면서 예의 그 생기 넘치는 노랫소리가 들린다고 상상해 보라. 그러고 나서 이번에는 인류 역사의 근원까지 거슬러 올라가 있으며 실은 그 노래가 인류의 여명기에도, 즉 인류가 처음으로 자신의 음악과 노래를 만들기로 작심하던 순간에도 그 새소리가 존재했다는 사실을 알고 있다고 가정하면서

바로 그 노래가 귓전을 울린다고 상상해 보라.

새의 노래는 일종의 '원시적인' 음악으로 폄훼되어 버림받기 쉽다. 하지만 새의 노래는 우리가 바르게 이해하려 아무리 발버둥 쳐도 이해하기 힘든 대상이다. 인간의 음악은 문화의 기본요소에 부속되어 있다. 인간은 삶의 방식과 가치관을 언제든지 바꿀 개연성이 있는 생물이므로 결코 새의 노래를 '바르게 이해하지' 못할 것이다. 현재 불리고 있는 인간의 노래 중 과연 몇 곡이나 1천년 뒤에도 기억되겠는가? 극소수의 곡만이 살아남을 것이다. 이에 반해, 흰목참새white-throated sparrow, Zonotrichia albicollis는 여전히 평생을 올드 샘 피바디, 피바디, 피바디하며 소리 낼 것이고, 붉은옆구리검은멧새eastern towhee, Pipilo erythrophthalmus도 지금처럼 드링크 유어 티Drink your tea!라고 울어댈 것이다. 자연의 소리는 흠잡을 데가 없는 만큼 그에 합당하게 존중받을 만하다. 자연의 소리는 제 역할을 하고 있다. 그리고 우리가 경솔하게 굴어 파괴의 만행만 저지르지 않는 이상 언제까지나 그 역할을 다할 것이다.

교미를 하고 알을 낳고 새끼새가 둥지를 날아가 버린 가을에 접어들어서도 새의 음악이 계속 들려온다는 사실을 사람들이 깨닫기 시작한 지는 오래되었다. 새에게 노래는 필연적이다. 삶의 의미 그 자체인 것이다. 결코 이룰 수 없는 무언가를 계속해서 갈망하고 있는 것일까? 음악이 지속되는 동안 이 가수에겐 음악이 전부일까? 인간의 삶은 새의 삶과 같지 않다. 인간은 새와 달리 태도가 명확하지 않다.

이것은 새의 음악이지 사람을 위한 음악이 아니다. 흥미롭고 자신과 관련성이 있는 듯도 하지만 사람은 그 음악을 완전히 이해할 수 없다. 인간을 위해 의도된 것이 아닌 것이다. 그런데 우리와 동시대인인 킴 아도니지오Kim Addonizio(미국의 여류 시인이자 소설가)의 시 〈노래The Singing〉에서는 시인이 쉼 없이 울어대는 새의 노래를 들으면서 그 노래가 자신을 위해 부르는 것이기를 바라고 있다.

(전략)
이 새가 언제나처럼 사랑을, 어쨌든 지금 가진 것보다 더 많은 것을, 갈구하는
내 고독의 새라고 말할 수만 있다면.
이 새를 비탄과 야망, 풀리지 않는 자아의 매듭, 내 마음의 두려움이라고
부를 수만 있다면.
내가 할 수 있는 일이라곤,
전하는 바가 너무나 미약해 슬픔이 아닌 어떤 감정과 자기 자신의 혼란 없이는 그 누구도 응할 것 같지 않은 소리일지라도
마치 적막에 대고 소리를 지르는 것만으로도 충분하다는 듯이, 그칠 줄 모르는 녀석의 노래에 귀기울이는 것뿐.(주3)

옛날에는 단지 새소리의 아름다움을 찬양하며 그 소리를 들을 수 있는 것에 행복해 하는 것만으로도 충분했다. 하지만 세월이 흐른 지금, 자신의 갈망에 자신이 없어진 우리는 자연의 소리에서 실질적인 무언가를 얻고 싶어한다. 종달새의 노랫소리를 들으려다 다른 새들이 서로 주고받는 노래를 우연히 엿들었다 해도 그 노래는 듣는 이에게 무언가 의미가 있지 않을까?
사람과 새가 좀 더 친밀하고 내적인 사이로 지내는 문화에서는 새소리

가 다른 사물의 소리로 들린다. "당신은 저것이 새의 노래라고 부르겠지만, 우리에겐 '숲의 목소리' 죠."⁽주⁾ 1970년대 인류학자 스티븐 펠드Steven Feld가 뉴기니에서 현지조사(인류학자가 장기간 조사대상자들 삶의 세계로 들어가서 그들의 문화를 습득하는 과정 – 옮긴이)를 시작할 즈음 그에게 카룰리족 사람들이 건넨 말이다. 새의 소리는 이 뉴기니 부족에게 특별한 메시지를 전한다. 어떤 새는 특정 작물의 수확시기가 다가왔음을 알린다. 인간에게 꽤 실용적인 새이지 않은가. 그런가 하면 그저 잡담만 늘어놓는 새도 있다. 세이 야베(마녀가 와)라고 우는 쥐벌레먹는새chanting scrubwren, Crateroscelis murina와 거기에 대꾸하듯 웨피오 쿰(조용히 해, 바보야)이라고 우는 갈색 꾀꼬리brown oriole, Oriolus szalayi 따위가 그런 부류에 속한다. 그렇다면 카룰리족이 새한테서 이들 단어를 배웠단 말인가? 카룰리족 사람들은 펠드에게 말했다. "천만해요. 새들이 우리말을 흉내 낸 거죠."

노래하는 법을 학습하는 새는 아주 적다. 지구상에 존재하는 수천 종의 새 대부분이 자신이 사용할 소리를 갖고 태어난다. 23개의 주요 분류군 중에서 4개의 분류군만이 소리 내는 법을 학습한다. 명금류, 앵무새류, 벌새류, 거문고새류가 그것이다. 대부분은 성체가 되면 새로운 노래를 학습하는 능력을 잃어버리는 폐쇄형 학습자closed-end learner이다. 개방형 학습자open-end learner는 흉내지빠귀류, 찌르레기류, 카나리아류 등 소수에 불과하다. 따라서 카룰리족의 의견에 의문을 품지 않을 이유가 없다. 그러나 펠드는 거기에는 그 이상의 내막이 숨어 있을 것이라고 지적했다. 카룰리족의 문화에서 모든 미적 감각은 새와 관계가 있다. 이곳에선 더없이 아름다운 노래를 부르는 사람을 향해 이렇게들 말한다. "저 사람, 정말로 새가 되었군."

사람들은 새의 노래의 다른 면에도 마음을 빼앗기곤 한다. 예를 들어, 말레이시아의 테미아르족은 단조롭게 반복되는 윙윙거리는 소리에서 좀 더 미적인 감동을 받는다. 우리가 듣기에는 딱히 음악적이라고 할 것도 없는 그 소리는 울창한 정글을 뒤흔들며 끊임없이 들리지만 아무것도 보이지 않는다. 이러한 음조와 반복되는 리듬은 듣는 이를 무아지경에 빠뜨린다. 테미아르족은 바로 이 리듬에 묻혀 영적 세계를 갈구한다.(주5)

호피족(미국 애리조나주 북동부에 사는 푸에블로 인디언의 일파 - 옮긴이)은 새의 노래에 심오한 정보가 들어 있음을 인정한다.(주6) "넌 나바호(미국 애리조나주, 뉴멕시코주, 유타주의 보호 구역에 사는 인디언족 - 옮긴이)가 되리라, 넌 호피가 되고, 넌 푸에블로다, 그리고 넌 백인이 되리라."고 말하면서 인간 종족에게 각자의 언어를 전한 것이 다른 아닌 흉내지빠귀다. 흉내지빠귀는 오늘날 호피족의 의식에 여전히 쓰이는 노래를 부른다. 시베리아의 축치족은 여름 기후에서 겨울 기후로 넘어가는 곳, 그들 표현을 빌리자면 '새가 도달 가능한 경계'에 대해 얘기하면서,(주7) 이곳이 하늘의 경계이며 위험한 교차점이지만 노력하고 추구하는 존재에겐 실제로 접근할 수 있는 곳이라고 말한다. 우리도 그곳에 가길 원한다. 새들은 날아가면서 우리를 청한다. 새의 날개와 노래는 우리에게 길을 안내한다. 생태학자 폴 셰퍼드Paul Shepard가 이런 말을 한 적이 있다. "새는 관념과 유사한 것이 아니지요. 새는 관념 그 자체입니다."(주8) 우리가 말하는 새에 관한 것은 모두 인간이 진실에서 끌어낸 추상 개념이다. 과학도 예술도 새의 내적인 경험을 있는 그대로 전하지 못한다.

중고中古 영어로 씌어진 최초의 서정시로도 잘 알려진 〈뻐꾸기 노래 Cuckoo Song〉에서는 새의 노래로 봄의 도래를 찬미한다. 이 시의 1행과 2

행의 시구Sumer is icumen in, / Lhude sing cuccu!를 다소 부정확하나마 현대어로 바꿔보면 "Springtime is a-comin' in, / Loudly sing cuckoo!"(봄이 오고, / 요란스레 뻐꾹하며 노래하네)이다. 엘리자베스 시대에 들어서자 나이팅게일이 사랑받는 음악가에서 변함없고 끝없는 사랑에 대한 깊은 상징으로 부상했다. 우선 존 릴리John Lyly(1554~1606, 영국의 소설가·극작가)가 본격 희극 〈알렉산더와 캠퍼스프Alexander and Campaspe〉(1584)에서 "오, 기쁨에 겨운 나이팅게일이여 / 그댄 우는구나, 적, 적, 적, 적, 테류!"라고 묘사했고, 토머스 내시Thomas Nashe(1567~1601?, 영국의 소설가·극작가)가 가면극 〈여름의 유언Summer's Last Will and Testament〉(1592)에서 "추위가 매섭지 않고 어여쁜 새들이 노래 부른다 / 뻐꾹, 적-적, 푸-위, 토-위타-우!"라고 표현했다. 그리고 앤드루 마블Andrew Marvell(1621~1678, 영국의 시인)은 서정시 〈정원The Garden〉(이 시는 마블의 사후인 1681년에 가정부 메리 파머가 유품에서 찾아낸 필사본에 기초한 것이다. - 옮긴이)에서 새처럼 나무 사이로 날아들었다가 '그 정원'에 넋을 잃는다.

> 육신의 옷을 벗어던지고,
> 내 영혼은 나뭇가지 사이로 날아가
> 새처럼 거기에 앉아 노래 부르며
> 은빛날개를 다듬고 빗질한다.

마블은 새의 노래를 듣고 정원에서 날아올라 새가 날아다니는 세계로 들어가길 원한다. 새는 민첩한 몸놀림을 보이는 가시적인 자연의 일부이다. 우리는 새가 무언가를 말하기를, 메시지를 전하기를, 우리를 진정한 세계로 끌어들이길 바란다.

1580년 위대한 문필가 몽테뉴Michel Eyquem de Montaigne(1533~1592)는 새가 노래를 학습하는 방식에 관해 기록했다. 그의 설명은 현대 과학에서 밝혀진 바와 완벽하게 일치한다.

아리스토텔레스는 나이팅게일이 많은 시간과 정성을 들여 새끼새에게 노래하는 법을 가르친다고 주장했다. (중략) 우리는 연습과 훈련을 거치면 노래 부르는 실력이 향상된다고 추론할 수 있다. 들새들 간에도 노래 실력이 똑같지 않기는 마찬가지여서, 모든 새는 각자의 재능에 맞게 학습한다. 학습 기간에 새들은 서로 경쟁할지 모른다. (중략) 새끼새는 한동안 침묵하다 이윽고 어떤 가장歌章을 흉내 내기 시작한다. 정확히 언제 조용해야 하는지 잘 아는 어린 학생은 선생님 말씀에 가만히 귀를 기울이다가 이윽고 선생님의 가르쳐주신 내용을 그대로 따라한다.

오늘날 과학자들은 새의 뇌를 해부하여 정확히 어떤 부위가 새의 노래 부르기 기능을 활성화하는지 알아냈다. 기본적으로 올바른 몽테뉴의 관찰 이후 엄청난 과학의 발전이 이루어졌지만 아직도 우리는 새가 지금처럼 유별나게 복잡한 뇌구조를 택한 이유를 모른다. 다만 그런 뇌구조가 효과가 있어 새의 노래에 청중이 뜨거운 반응을 보인다는 점, 그리고 여타의 뇌구조보다 그런 효과를 잘 내는 뇌구조가 있기 마련이라는 점만은 확실하게 말할 수 있다. 아름다움이란 쉽게 규명될 성질의 것이 아니다. 주의하라! 아름답다고 천사의 날개를 잡아당기는 것은 안 될 일이다!

1690년, 존 로크John Locke(1632~1704)는 새의 노래와 관련하여 우리가 아직도 해결하지 못한 커다란 딜레마에 대해 얘기했다. 자연이 그처럼 조직적이고 효율적이라면 어째서 새가 끊임없이 노래를 부르고 탐구하면서 많은 경우에 그 노래에 변화를 가하느라 '시간을 허비' 하는가? "이들 새는 생사의 문제라도 되는 양 혼신을 다해 오로지 노래 부르기 자체를 위해 노래를 부른다." 어쩌면 새들에게 노래 부르기는 정말로 생사의 문제만큼 중요한 것인지도 모른다. 진화론은 우리에게 음악이 새의 삶의 연료란 사실을 가르쳐주지만 그 음악이 새의 삶에서 누가 봐도 명백히 필요한 그런 정도보다도 훨씬 많은 부분을 차지하는 이유를 명쾌하게 밝히지 못한다.

새소리에 대한 과학적 조명은 계몽주의(17~18세기 유럽의 합리주의적 개화 운동 - 옮긴이) 시대에 예수회 학자 아타나시우스 키르허Athanasius Kircher(1601~1680)의 획기적인 채보와 함께 시작했다고 볼 수 있을 것이다. 키르허는 의학과 과학 분야에서부터 고대 필사본의 해독에 이르기까지 다방면에 출중한 인물이었다. 그러한 그가 동물세계의 소리를 해독하고 싶어했다는 사실은 그리 놀랄 일도 아니다. 키르허는 처음으로 복잡한 새소리를 음악의 세부사항이 잘 드러나도록 옮기려 했다. 1650년도 저서 「범세계적 음악박물관Musurgia Universalis」에서는 나이팅게일의 소리를 필두로 뻐꾸기, 제비, 후투티hoopoe, Upupa epops saturata, 올빼미tawny owl, Strix aluco, 메추라기를 비롯한 사실상 주변에서 볼 수 있는 거의 모든 새의 소리가 '질서정연하게' 놀라울 정도로 훌륭하게 묘사되어 악보로 옮겨져 있어서 이 음악을 우연히 듣게 된 사람들을 즐겁게 했다. 하지만 키르허는 다음과 같이 평했다. "이 음성은 인간을 즐겁게 하기 위한 것이 아니라 단지 새가 영혼의 감동을 표현하는 것일 뿐이다."(주9)

18세기는 사람들이 새와 함께하는 음악 연주에 지대한 관심을 보인 시대이기도 했다. 이즈음 영국과 독일에서는 사육새 기르기가 선풍적인 인기를 끌면서 애완용 새에게 듣기 좋은 곡들로 구성된 멋진 레퍼토리를 가르칠 목적으로 고안된 특별한 플루트들이 속속 등장했다. 당시 새 교육용으로 가장 인기를 모은 악기는 플래절렛flageolet 혹은 블록플루트block flute라고도 불리는 리코더였다. 뚫린 구멍을 통해 바람을 불어 넣어야 하는 가로 방향 플루트traverse flute보단 피플(관악기의 음향 조절 마개 - 옮긴이)에 직접 바람을 불어넣는 리코더로 연주하기가 훨씬 용이했다. 영어 동사 record의 초창기 의미 중 하나는 '곡을 익히다'이다. 18세기 말, 영국의 조류학자 데인즈 배링턴Daines Barrington(1727~1800)은 새가 노래를 배우는 방식을 설명하기 위해 이 단어를 사용했다. "처음으로 내는 소리를 처프chirp라 부르고 두 번째 단계의 소리를 콜call이라고 한다. 그리고 세 번째 단계의 소리는 리코딩recording이라고 일컫는데, 어린 새는 이 모든 단계의 소리를 완전하게 부를 있을 때까지 10개월 내지 11개월 동안 계속 연습한다. 모든 소리를 완벽하게 소화하면 새가 라운드round하게 노래 부른다고 말한다."(주10)

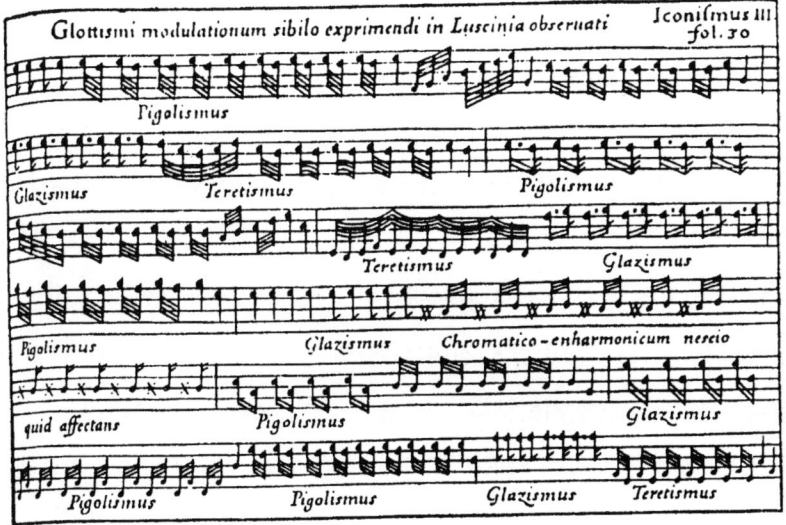

1650년 키르허가 나이팅게일의 노래를 채보한 악보

2장 소리 음미하기 49

그보다 몇 십 년 앞선 1717년, 리처드 미어즈Richard Meares가 유명한 리코더 연주용 악보들을 수록한 「새 애호가의 기쁨The Bird Fancyer's Delight」을 런던에서 처음으로 발표했다. 이 곡들은 새 교육용으로 특별히 만들어진 것이었다. 원서는 미국 의회도서관Library of Congress이 소장하고 있는 것이 유일하지만 1950년대에 재판되었고 수 세대 동안 리코더 입문자를 위한 기본 레퍼토리였다. 이 책의 속표지에는 책 용도가 거창하게 설명되어 있다.

온갖 노래하는 새가 플래절렛과 플루트를 따라 노래 부르도록 교육하는 데 도움이 될 최고의 관찰보고서 및 지침서. 스펀지나 솜으로 습한 입김을 조절하여 음량과 음색을 정확히 맞춘 악기의 연주를 따라 숲종다리woodlark, Lullula arborea, 검은노래하는지빠귀European blackbird, Turdus merula, 노래지빠귀throustill, Turdus musicus, 집참새, 카나리아canary-bird, Serinus canaria, 블랙손리네트black-thorn-linnet, 정원의 멋쟁이새bullfinch, Pyrrhula pyrrhula, 알락찌르레기European starling, Sturnus vulgaris 가 적절히 구성된 교과 진도에 맞춰 자신의 음역과 재능이 미치는 범위 안에서 노래 부른다.

당시 이러한 특별한 멜로디를 새에게 가르치기 위해 고안된 것이 버드 플래절렛bird flageolet이었다. 길이가 채 15센티미터가 안 되는 이 작은 리코더는 높은 음조를 자랑했다. 교육용 곡들은 대체로 단순했지만 유쾌하고 다양했으며 그 곡에 열중할 새의 성격을 약간 띠고 있었다. 찌르레기 교육용 곡 하나를 음미해보자.

〈새 애호가의 기쁨〉(1717)에 수록된 찌르레기 교육용 곡

5장에서 다시 살펴볼 테지만 진짜 찌르레기의 노래는 훨씬 낯설게 들린다. 새가 정말로 그처럼 화성적이면서 새소리답지 않은 곡을 학습할 수 있었을까? 불과 수십 년 전까지만 해도 독일에서는 멋쟁이새를 대상으로 노래를 가르치는 학원이 명맥을 유지하고 있었다. 조류 학생들을 여섯씩 '반'을 편성하여 암실에 가둬놓고 "먹이와 음악을 동시에 통제했다."[주11] 새가 어둠 속에서 연주되는 노래를 몇 음이라도 따라하면 그때서야 빛을 약간 들여보냈다. 들은 대로 노래하지 않으면 노래할 때까지 먹이를 주지 않고 어둠 속에 가둬놓는 인간 교사들도 있었다. 이런 식으로 최소한 9개월이 지나면 새는 완전히 곡을 익혔다. 시합을 열어 가장 잘 부른 새에게 푸짐한 상을 주기도 했다.

최근 독일의 생물학자 위르겐 니콜라이Jürgen Nicolai는 멋쟁이새를 새장에 가둬놓고 노래를 어떤 식으로 학습하는지 철저히 연구한 적이 있다. 놀랍게도 멋쟁이새는 곡 전개에 대한 선천적인 감각을 보였을 뿐 아니라 일반적으로 노래를 소화하는 능력이 인간 조련사보다 뛰어났다. 조련사가 휘파람으로 고르지 않은 음을 불더라도 새는 그 음들을 바로잡아 불렀다. 사람이 어떤 곡을 부르다 멈춰도 새는 실수 없이 그 노래를 끝까지 불렀다. 야생상태에서 나지막이 *찍찍, 북북*하는 소리만 낼 줄 알던 새가 이 모든 일을 해낸 것이다.

당시 음악계는 새에게 노래를 가르치는 것에 어떤 반응을 보였을까? 요한 세바스티안 바흐Johann Sebastian Bach(1685~1750)의 아들 중 가장 유명한 칼 필립 에마누엘 바흐Carl Philipp Emanuel Bach(1714~1788)는 「진정한 건반악기 연주에 관한 평론Essay on the True Art of Playing Keyboard Instruments」에서 다음과 같이 충고했다. "영혼의 연주를 하라! 훈련받은 새를 닮지 마라!"

17, 18세기는 음악의 기원에 대한 고찰도 유행한 시기였다. '사변 음악speculative music'으로 알려진 철저히 학구적인 분야가 발달하고 키르허를 비롯한 학자들이 제시한 증거를 근거로 대부분의 사람들은 인간의 음악이 자연에서 발생했다고 생각했다. 인간은 자기 주변을 관찰하며 귀를 기울였다. 음악역사학자 존 호킨스John Hawkins(1719~1789)는 「음악의 지식과 실천의 역사A General History of the Science and Practice of Music」(1776)에서 "새의 멜로디는 말할 것도 없고 (중략) 동물의 음성, 바람이 만드는 휘파람 소리, 낙수 소리도 하나같이 그 안에 화성의 원리를 담고 있으니 이들 소리가 지적인 피조물의 마음에 그런 소리의 개념들을 제공했다고 생각해도 무방할 것이다." 증명해 보라고? 뻐꾸기는 그냥 봄의 도래를 알리는 것이 아니다. 하행하는 단3도로 알린다. 호킨스는 검은노래하는지빠귀가 오로지 F장조만으로 팡파르를 울린다고까지 생각했다. 물론 오늘날 그의 의견에 동의할 사람은 거의 없지만 말이다.

인간의 예술이 모두 자연에서 유래한 것 혹은 자연 속에서만 볼 수 있는 것이라는 원시적인 다윈주의가 이 시기 내내 유행했다. 하지만 이 시기가 지나면서 인간 자신의 예술에 대한 우리의 신념이 더욱 약해진 것과 달리 인간에겐 문화란 것이 있어 다른 생명체와 구분된다는 주장은 더욱 주목을 끌었다. 언어와 같이 인간 특유의 어떤 것에서 음악이 생겼다는 것이다. 즉, 이 시기 이후에는 좀 더 실용적인 유형의 의사소통의 부산물로서 음악을 이해했다.

앞서 임마누엘 칸트의 명저 「판단력 비판」을 언급한 적이 있다. 「순수이성비판Kritik der reinen Vernunft」(1781)과 「실천이성비판Kritik der praktischen Vernunft」(1788)에 이어 1790년에 발표된 제3의 비판서인 이 책에서 칸트는 도덕적·미적 판단력의 특성을 개략적으로 설명했다. 칸트는 사람들이 자연에서 비길 데 없는 아름다움을 느끼는 이유를 밝히려 애썼다. 그는 섬광을 일으키며 폭발하는 화산과 깎아지른 듯한 절벽에서부터 땅이 꺼질듯 진동하며 퍼붓는 뇌우와 힘차게 쏟아져 내리는 폭포에 이르기까지 자연의 숭고한 것the sublime이 지닌 장엄함에 갈채를 보냈다. 하지만 그는 결국 아름다운 것the beautiful이 더 낫다고 결론지었다. 그것은 순수하고 체계적인 균형과 예술, 즉 철저히 인간적인 것이다. 우리가 숭고한 자연을 사랑하는 것은 자연이 우리와 아주 다르기 때문이다. 하지만 크기와 웅장함은 지나치게 쉽게 우리의 마음을 매혹한다는 점을 경계하라.(칸트는 숭고를 '수학적 숭고'와 '역학적 숭고'로 분류했다. 전자는 '단적으로 큰 것', 즉 '절대적인 것, 비교할 수 없이 큰 것'을 의미하며 후자는 어떤 강대한 장해라도 우월하는 위력이 있는 것을 말한다. - 옮긴이) 형식form과 완전성perfection에 대한 반응과 같은 수준의 진지함으로 그런 요소들을 받아들이지 말라.(칸트는 미를 자유미自由美와 부용미附庸美로 구별했다. 자유미는 우리가 꽃에서 느끼는 미, 즉 사물에 대한 미적 평가에 있어 그 형식만을 생각하게 되고 어떤 목적에 대한 완전성을 생각하지 않을 때의 미를 말하고, 부용미는 인간이나 건축물을 보며 느끼는 미, 즉 그 사물이 무엇이어야만 하는가를 규정하는 목적의 개념을, 따라서 그 사물의 완전성의 개념을 전제하는 미를 말한다. - 옮긴이)

칸트는 결코 새의 음악이 지겹지 않았다.

우리는 새의 노래를 어떤 음악의 규칙으로도 환원할 수 없긴 해도, 그런 새소리조차도 음악이라는 예술이 규정하는 모든 규칙에 맞추어 노래하는 인간의 음성보다 (중략) 더 많은 자유를 내포하고 있는 것 같다. (중략) 그 새소리는 인간이 (나이팅게일의 노랫소리를 흔히 모방하듯) 정확히 모방한다 해도 우리 귀에는 전혀 무취미한 것으로 들릴 것이다.(여기서 취미趣味란 개념이 아닌 주관의 쾌·불쾌라는 감정을 통해 대상을 평가하는 능력을 말한다. – 옮긴이)^(주12)

무취미하다고? 우리 인간은 새소리를 견딜 수 없는 소음으로 만들어 버리지만 덤불 속의 새는 늘 완벽하다. 이후 칸트는 꼬마들이 숲에서 새소리를 흉내 내는 모습을 상상한다.(칸트는 「판단력 비판」에서 어느 익살맞은 주인이 갈대 피리를 입에 문 장난꾸러기들을 숲 속에 숨겨 나이팅게일의 노랫소리를 흉내 내게 함으로써 손님들을 속여 크게 만족시켰다는 실례를 소개하고 있다. – 옮긴이) 하지만 진짜 새소리가 아니라는 사실을 깨닫는 순간 우리는 더 이상 그 소리의 미적 가치를 인정하지 않는다. "우리가 아름다운 것 그 자체에 대하여 직접적인 관심을 가질 수 있으려면, 그것이 자연 그대로이거나 혹은 우리가 자연 그대로라고 생각하는 것이 아니면 안 된다." 여기에는 애매한 면이 있다. 우리가 새의 노래를 좋아하는 이유가 그 노래를 좋아하기 때문에서인가 아니면, 어떤 새가 그 노래를 부르고 있다는 사실이 좋아서인가?

그런 칸트의 추측이 19세기에 들어서면서 이미 역사의 그늘 속으로 사라졌던 것이다. 과학은 더욱 엄한 질서를 추구했지만 정밀한 녹음기술이 등장하는 20세기가 될 때까지 엄격한 평가의 잣대로 쓸 만한 도구가 없었던 까닭에 새의 노래를 논하는 경우가 훨씬 줄어들었다. 한편 낭만파 시인들은 우리의 가장 심오한 근원을 찾아낼 실마리로서가 아니라 내적 감정의 상징으로서 새의 음악을 받아들였다. 그들은 아름다운 새소리를 드러내고 그 새소리로 우리 마음에 감동을 불러일으킴으로써 우리를 경이로움과 도취, 좌절로 인도하는 당대 최고의 안내자였다.

존 키츠(1795~1821, 영국의 시인)의 〈나이팅게일에게 부치는 노래Ode to a Nightingale〉(1823)는 새의 노래가 비길 데 없이 아름답다는 칸트의 폭로를 쉽게 뒤집었다. 키츠는 어떤 외로운 인간이 사랑과 의미를 갈구하는 소리보다도 훨씬 오랫동안 덤불 속에서 울려 퍼지는, 아주 본질적인 소리에 귀를 기울이며 더없이 우울했다.

너는 죽기 위해 태어나지 않았으리라, 불멸의 새여!
어떤 굶주린 세대도 너를 짓밟지 않았도다.
흘러가는 이 밤에 내가 듣는 그 음성은
그 옛날 황제와 촌부에게도 들렸으리라.
(중략)
잘 가거라! 잘 가! 너의 구슬픈 노래는
근처 초원을 지나, 고요한 시냇물 위로,
저 언덕 위로 사라져. 이제 골짜기 빈터에
깊숙이 묻혀버렸구나.
그것은 환상이었나 아니면, 백일몽이었나?
저 음악은 사라졌다. 나는 깨어 있는가, 잠든 건가?

키츠는 나이팅게일의 찬가가 우리 인간을 위한 노래가 아니라는 사실에 당황한다. 노래를 부르는 나이팅게일의 옆에서 우리가 무의미한 존재라면 우리가 그 새소리를 계속 듣고 있을 이유가 있는가? 울적해진 시인은 금세 나이팅게일을 잊고 자신의 현실세계의 문제로 돌아온다.

사무엘 테일러 콜리지Samuel Taylor Coleridge(1772~1834, 영국의 시인·평론가)는 끊임없이 노래하는 이 가수에 낙담하는 그러한 시각을 회피했다. 그는 키츠보다 수십 년 전에 나이팅게일을 소재로 시를 지었지만(콜리지의 대화시 〈나이팅게일The Nightingale〉은 1798년에 쓰였다. - 옮긴이) 그때 이미 이 새의 노래에 한탄이 섞여 있다는 평가에 의구심을 품었다. "울적한 새라구? 오! 당치 않은 생각! / 자연에 우울함 따윈 없어." 그렇다. 한밤중에 울리는 이 새의 멜로디에는 사랑과 경쟁심으로 충만할 뿐이다.

허둥대고, 서두르고, 재촉하는
바로 그 들뜬 나이팅게일이
유쾌한 곡조를 빠르게 내뱉으면서,
4월의 밤이
사랑의 찬가를 노래하고 자신의 충만한 영혼에 담긴 그 모든 음악을 털어놓기엔
너무나 짧을까 염려하네!

콜리지는 밤에 노래하는 이 새의 실제 습관에 관해 키츠보다 많은 것을 알려준다. 노래하는 새가 암컷이 아닌 수컷이라는 사실과, 아마 암컷에게서 얻기 힘든 관심을 차지하기 위해서겠지만 수컷들이 조화나 대치, 결정

의 순간마다 노래로 서로를 계속 몰아붙인다는 사실을, 과학이 이 문제에 관한 탐구에 나서기 한 세기 전에 이미 밝힌 것이다. 사랑이여! 내 사랑아! 오, 사랑!이 적 적 적이라고? 세련되지 못한 리듬이다. 전혀 감미롭지 않다.

지금까지 두 시인 모두 한밤중에 울리는 이 짧고 날카로우며 격렬한 리듬의 깊이와 열정을 포착하지 못했다. 나이팅게일이 리드미컬하게 구구하는 소리를 자연의 기본적인 시적인 소리로 여긴 이는 존 클레어였다. 키츠와 콜리지, 이 두 사람과 마찬가지로 위대한 낭만파 시인이었던 그는 이 감미로운 리듬의 박자로 자신의 운韻, rhyme 감각을 한층 높였다. 1832년 5월, 클레어는 창밖의 사과나무에서 지저귀고 있는 나이팅게일의 소리를 받아 적었다. 거의 한 세기 동안 새의 음성을 가장 정확하게 말로 옮긴 기록이 탄생한 순간이었다.

치 추우 치 추우 치
추우-치어 치어 치어
추우 추우 추우 치
-업 치어 업 치어 업
트윗 트윗 트윗 적 적 적

이렇게 새의 리듬과 장단을 받아 적은 후, 〈나이팅게일의 둥지The Nightingale's Nest〉를 비롯한 몇 편의 명시에서처럼 클레어가 그 기록을 삽입하여 지은 작품이 바로 시의 개념에 관계되는 시, 즉 시의 자기정의自己定義를 시도한 대표작 〈운韻의 발전The Progress of Rhyme〉이다. 이 시에서 클레어는 들녘에서 일상적인 노동을 하던 중 자신을 둘러싸고 울리는 그 멋진 소리에 주의를 기울이다 말과 리듬이 떠올랐다고 밝히고 있다. 가장 두드러진 소리는 나이팅게일의 음성이었다.

귀기울 적마다 들리는 음은
이전보다 감미로운 듯했고
선율은 항상 달랐지.
새가 같은 음을 반복하는 경우는 드물었네.
"추우-추우 추우-추우" 그리고 훨씬 높게
"치어-치어 치어-치어" 소리 높여 더 날카롭게
"치어-업 치어-업 치어-업" 그러다가 낮게
"트윗 트윗 적 적 적" 그리곤 멈췄어.
이젠 소리를 음미해야 할 시간,
새의 음악이 만들어지고, 그리고 다시 한 번 더.
매혹적인 낯선 음들이 들렸지.
마치 낯선 새인 양.
"웨-웨 웨-웨 처-처 처-처
우-잇 우-잇" 그 샌가?
"티-루우 티-루우 티-루우 티-루우
추우-릿 추우-릿" 그리고 변함없이 새로운 소리,
(중략)

그 주문을 흥얼거리려 해도 말이 남아 있지 않았네.
새들이 저렇게 노래를 잘 부를 수 있단 말인가?

어쩌면 그 생각 이상일지 모르지만 나는 생각했지.
음악의 화신이
하늘이 마법 같은 선율로 날 기쁘게 하도록 내버려둔 거라고.
그리고 난 또 다시 그 말들을 흥얼거렸네,
상상이 내 마음의 동반자인 시 옆에 서서
날개를 펼칠 때까지.

이 시는, 새소리를 말로 옮겨 놓으면 (심지어 옮겨놓은 말이 무의미한 듯 보이더라도) 음악보다 시로 이해될 수 있음을 단적으로 보여주는 예일 것이다. 앞선 키르허의 기록은 훌륭하지만 그가 악보에 옮긴 새의 노래는 진정한 음악으로 여겨지지 않는다. 반면, 클레어는 새소리를 정확히 말로 나타냄으로써 소리를 음미할 수 있는 진정한 길을 찾아냈다. 이 시에서 분명한 것은 그가 들에서 일을 하다가 새의 소리에 진심으로 귀를 기울이며 현실세계의 리듬에 존재하는 의미를 추구했다는 것이다. 유감스럽게도 클레어는 정신병원을 드나들며 말년을 보냈다. 아마 자신이 들을 수 있는 소리와 살아가기 위해 그 자신이 필요로 하는 것을 조화시킬 수는 없었던 모양이다.

과학과 음악이 새의 노래에 담긴 운율을 이해하지 못할 때 시는 단번에 그것을 이해했다. 나이팅게일이 부르는 노래의 반복과 변형은 운韻(유사한 발음의 규칙적 반복 - 옮긴이)과 율律(음의 고저, 장단, 강약 등의 주기적 반복 - 옮긴이)을 암시한다. 윗과 빗, 치어와 피어가 그러하고 뉴와 유 혹은 퓨, 스틸과 쉬릴이 또한 그렇다. 나이팅게일의 노래는 몇 시간이나 계속되지만, 분명 같은 노래인데도 같지가 않다. 새가 노래하면서 끝없이 꾀한 의도가 그것이다. 그 소음의 음악은 소리를 연신 쏟아낸 것 이상을 의미하지 않는다. 클레어의 시는 그런 나이팅게일의 노래의 자유로운 박자를 취해 그것을 규칙적인 8비트(한 마디가 8분 음표를 바탕으로 하여 8개의 비트로 나누어진 리듬. 주로 로큰롤 음악에서 쓰이지만 라틴 음악이나 재즈 음악에서도 볼 수 있다. - 옮긴이)의 리듬을 지닌 4음보로 해석한 것이다. 정형적이지만 단순하지 않은 시인 셈이다.

영국의 낭만파 시인들은 새소리가 지닌 이처럼 낯선 가장歌章과 운율의 아름다움에 당혹하고 압도되었다. 그들은 절망과 경외에 사로잡혔고 순수한 영감을 받았다. 시에 등장한 나이팅게일의 노래가 고결하고 선율적인 것만큼이나 그 노래 자체는 여전히 다소 생소하고 날카로웠다. 말하자면 이상한 방식으로만 음악적이었다. 끝없는 흥미를 불러일으킨 건 바로 그런 점이었다. 시인과 몽상가의 시대에 그토록 의미 있던 소리를 더욱 발전된 도구 덕분에 (좀 더 추상적인 감상일지도 모르지만) 좀 더 철저히 감상할 수 있게 된 시기의 나이팅게일에 대해선 6장에서 살펴볼 것이다.

미국에서 나이팅게일의 지치지 않는 열정과 가장 흡사한 느낌을 주는 소리는 여러 새소리를 정력적으로 흉내 내는 흉내지빠귀의 노랫소리다. 흉내지빠귀는 다른 새의 곡을 자신만의 방식으로 조합하여 흉내 낸다. 이 새는 각각의 음을 네댓 번 씩, 혹은 예닐곱 번씩 일정 간격을 두고 반복한다. 식별이 쉬운 그룹으로 만들어 노래 부르는 셈이다. 진짜 음악에서 볼 수 있는 반복과 대조의 기법을 쓰고 있는 것이다. 그러한 사실을 알고 리프riff(일정한 패턴으로 반복, 모방되는 프레이즈. 보통 재즈 연주에서 솔로에 맞춰 즉흥적으로 2~4마디의 짧은 프레이즈를 합주 형식으로 되풀이하는 것 또는 그 곡을 가리킨다. - 옮긴이)를 짜 맞추는 특유의 체계적인 방식을 감안한다면 흉내지빠귀가 부르는 노래를 다른 종의 새가 부르는 노래와 혼동하는 경우는 많지 않을 것이다.

흉내지빠귀의 풍부한 음악성을 최대한 이용한 사람도 시인이었다. 그 주인공 월트 휘트먼Walt Whitman(1819-1892)은 그 자신이 항상 삶의 기쁨을 노래했던 가장 미국다운 시인이었다. 그가 맨 처음 흉내지빠귀의 노래를 진정으로 이해했고 흉내지빠귀라는 이름이 연상시키는 조롱이나 모욕이 아닌, 아름다움을 이 새의 노래에서 찾아낸 사람이라는 것은 놀랄 일이 아니다(흉내지빠귀를 의미하는 영어단어 'mockingbird'의 'mocking'에는 '흉내 내는'이란 뜻 외에 '조롱하는 듯한, 비웃는'이란 뜻도 있다 - 옮긴이). 그의 대표작 〈끝없이 흔들리는 요람으로부터Out of the cradle Endlessly Rocking〉(1859)는 흉내지빠귀가 다른 새의 노래를 의도적으로 쏟아내고 쉬기를 반복하며 만들어낸 결과물에서 직접 비롯되었다.

끝없이 흔들리는 요람으로부터
흉내지빠귀의 울음소리, 음악의 베틀북으로부터

흉내지빠귀는 다른 새의 노래를 세 번 혹은 네 번, 아니면 여섯 번 반복했다. 휘트먼은 흉내지빠귀 수컷이 암컷에게 노래하고 있음을 알았다. 그러나 이 시의 화자인 어린 소년은 그 노래가 오로지 자신에게만 들려주는 것이길 원했다. 날 위해, 내게, 내게만 들려다오.

빛을 내오! 빛을 내오! 빛을 내오!
그대의 온기를 내리쬐오, 위대한 태양이여!
우리가 몸을 녹이는 동안, 우리 둘이 함께.

(중략)

불어라! 불어라! 불어라!
포마녹 해안을 따라 바닷바람을 일으켜라.
네가 바람을 불어 내 짝을 나에게 데려올 때까지 나는 기다리고 기다리련다.

(중략)

위로하라! 위로하라! 위로하라!

(중략)

그러나 내 사랑은 날 위로하지 않는구나.

(중략)

소리 높여라! 소리 높여라! 소리 높여라!
큰 소리로 난 널 부른다, 내 사랑이여!

산들바람이 부는 야외를 거닐며 눈과 귀에 들어오는 것은 어느 것 하나 대수롭게 넘기지 않고 그것의 위대함을 어떻게 표현할지 궁리하는 휘트먼을 상상해 보라. 그는 새로운 리듬, 새로운 형식, 새로운 형태를 찾아 발걸음이 닿는 곳마다 눈을 크게 뜨고 귀기울이며 살폈다. 그리고 마침내

이 전형적인 미국의 시인은 자신의 대륙과 시대의 진정한 리듬을 발견했다. 신세계는 혼동과 변화에 휩쓸 다음 세기의 이미지로서의 자신의 색깔을 노래로 찬미한다. 흉내지빠귀는 한밤중에 매혹적이고 감미로운 피리 소리를 내며 어둠 속에서 탐구하는 새로 수세기 동안 구세계에서 은근히 찬양되던 나이팅게일과 다르다. 이 새는 누구나 자신을 볼 수 있도록 가지 위로 몸을 드러낸 채 이처럼 에너지를 분출하고 뛰어난 노래를 쏟아낸다. 그 힘찬 비트며 자신감이라니! 그 무한한 세속적 힘! 자신의 시에 새로운 형식을 도입하고 싶다면 끈기 있게 열심히 귀기울여라. 리듬을 흉내 내려 하지 말고 그것이 당신의 마음을 사로잡는 방식에 충실하라. 그리고 중단하지 마라.

　이 노래와 더불어 소년의 가슴에 사랑의 가능성이 생겼다. 그리고 이 시는 기쁨을 토로하는 음악적인 이야기를, 말과 같은 노골적인 방식 대신 흉내지빠귀의 부리에서 연신 쏟아져 나오는 노래에서 암시를 얻은 리듬을 이용해 들려준다. 휘트먼은 이미 그러한 리듬을 이탤릭체로 표현했다. 비록 말은 아니지만 여기서의 리듬도 구두점과 감탄 부호, 어감을 나타낸다는 뜻에서 말이다.

오, 울음소리여! 전율하는 울음소리여!
대기를 지나가며 더욱 청아하게 울리는 소리여!
숲을, 대지를 관통하라,
어딘가에서 귀기울이고 있는 이가 틀림없이 내가 원하는 그대이리.

(중략)

2장 소리 음미하기 63

오, 과거! 행복한 인생이여! 기쁨의 노래여!
허공에서, 숲에서, 들판 위에서,
사랑했노라! 사랑했도다! 사랑했어! 사랑했노라! 사랑했노라!
그러나 나의 짝은 더 이상, 더 이상 나와 함께하지 않네!
우리 둘은 더 이상 함께하지 않네.

흉내지빠귀가 다른 새의 음을 있는 그대로 혹은 자기 방식으로 왜곡한 후 같은 간격等間隔으로 반복하여 그룹화한 노래가 리드미컬하게 하늘 높이 솟구쳐 울려 퍼졌다. 소년은 그 놀라운 노래를 들으며 무언가 말로 표현하려다 사랑을 얘기하는 내면의 멜로디로 남겨뒀다. 인생의 가장 불가사의한 의미가 소년의 내면에서 떠오르기 시작했다. "수많은 지저귐의 반향들이 내 안에서 생명을 갖기 시작하여, / 결코 죽지 않는구나."

흉내지빠귀가 싹이 트기 시작한 관목 위에 앉아 부르는 노랫소리를 창 너머로 감상하고 있자니 나는 이 시가 저 흉내지빠귀의 생소한 음악의 덕을 많이도 입었구나 하는 생각이 새삼 들었다. 여기서 언급한 시인은 당대의 시의 규칙을 시적 표현의 한계에까지 확장하여, 새의 리듬에 기초하여 지어진 낭랑한 인간의 시를 들었다. 바로 그야말로 '새가 도달 가능한 경계'까지 용감하게 다다른 사람이다.

흉내지빠귀와 나이팅게일이 노래한 지는 수백만 년도 더 되었다. 인간이 이들 새가 그처럼 지칠 줄 모르고 노래하는 이유에 궁금증을 갖기 훨씬 전부터 말이다. 한 쪽이 노래하고자 하는 욕구를 만족하고자 노래한 반면, 다른 쪽은 그 노래를 들을 수 있을까 싶어 귀를 기울였다. 이러한 자연의 멜로디에는 어떤 이성으로도 모두 파악할 수 없는 심오한 신비가 담겨있다. 시는 새들이 오랜 세월 반복적으로 거침없이 쏟아내는 패턴에서 말의 힘을 발견했지만 풀리지 않은 중요한 수수께끼 하나가 아직 남아 있다. 도대체 이 모든 아름다운 리듬은 어디에서 왔는가?

큰거문고새

CHAPTER 3

그대가 좋아하니까

오스트레일리아 고유종인 알버트거문고새Albert's lyrebird, Menura alberti 는 아주 인상적인 새이다. 고대 그리스의 수금竪琴(현의 수가 4~11개이며 하프처럼 세워서 연주하는 악기 – 옮긴이)처럼 꽁지깃이 길게 곡선을 그리고 있고 그 모양새에 어울리게 노래도 무척 감동적이다. 알버트거문고새 수컷만큼 출중한 외모에 위엄 있고 절도 있게 구애를 위한 과시행동을 보이는 새도 없다. 결혼식 부케가 연상되는 꽁지 밑으로 작은 갈색 꿩의 모습을 하고 있는 이 새는 이 나라 북동부에 위치한 퀸즐랜드 주의 열대우림을 눈에 띄지 않게 조용히 돌아다니다 겨울 번식기가 되면 하루도 빠지지 않고 자신의 소리를 들려준다. 그럴 때면 조류세계를 통틀어 안무가 가장 정확한 의식 중 하나를 수행한다.

매일 아침 해뜨기 직전, 알버트거문고새는 높은 나뭇가지에 튼 둥지에서 내려와 과시행동을 보일 아주 특별한 장소로 점찍어 놓은 세력권 안의 대여섯 군데 중 한 곳을 찾아 나선다. 이 새의 사촌격이며 좀 더 흔히 볼 수 있는 큰거문고새superb lyrebird, Menura novaehollandiae가 몇 주에 걸쳐 지름이 1미터나 되는 탁 트인 둥근 흙더미를 쌓아 그 위에서 의식을 거행하는 것과 달리, 알버트거문고새는 기성품ready-made을 자신의 무대로 삼는다. 마르셀 뒤샹Marcel Duchamp(1887~1968, 프랑스 태생의 미국 화가이며 조각가)의 작품세계와 흡사하다.(1917년 뒤샹은 〈샘Fontaine〉을 발표하여 큰 반향을 일으켰다. 남성용 소변기를 'R MUTT'란 이름으로 서명하여 전시장에 내놓은 이 사건은 레디메이드(기성품)도 예술가의 '선택'을 거치면 본래의 목적성을 상실하고 주목받는 예술작품으로 거듭날 수 있음을 보여준다. - 옮긴이) 이 새의 무대는 굵직한 덩굴 뭉치가 땅에 닿을 정도까지 늘어졌다 뒤쪽 숲으로 사라지는 구조로 되어 있다. 알버트거문고새는 이런 조건을 완벽하게 갖춘 장소 중 한 곳에 자리 잡고 공연의 막을 올린다.

아른아른 반짝이는 수금 모양의 꽁지깃을 우산마냥 머리 위로 치켜세워 얼굴을 가린 알버트거문고새가 투우사가 망토 뒤에 몸을 숨긴 채 소리 지르듯 자신의 영역을 선언하는 신호음을 낸다. 브립, 부아, 브위, 바 부우 푸 티!breep, booua, bwe, ba boo pu tee! 그리고 나면 푸른정원사새satin bowerbird, Ptilonorhynchus violaceus, 심홍장미앵무crimson rosella, Platycerus adelaidae, 노랑꿀빨이새yellow honeyeater, Lichenostomus flavus, 웃음물총새 laughing kookaburra, Dacelo novaeguineae 따위의 숲 속에서 함께 사는 다른 종의 노랫소리를 완벽하게 흉내 낸다. 새들 중에는 단 몇 주 만에 노래를 익히는 새도 있긴 하지만 알버트거문고새가 이 노래를 소화하자면 5년이 걸린다. 최장 30년의 수명 중 5년을 노래를 익히는 데 보내는 것이다. 새 30~40마리가 모여 사는 숲에서 5년이라는 그 긴 세월을 연습으로 보내고 나면 이제 성숙기에 접어들었다는 표시로 알버트거문고새들은 모두 동일한 새소리들을 거의 동일한 순서로 흉내 낸다.

이웃 새들의 소리를 흉내 낸 이 노래를 몇 차례 반복한 다음에 기다리는 순서는 앞뒤로 몸을 흔드는 일종의 춤이다. 알버트거문고새가 덩굴 위에 두 발로 서서 몸을 충분히 흔들면 앞에서 하늘 높이 솟은 나무들이 부르르 떤다. 그런 상황에서 먼저와 다른 독창적이면서도 정확히 규칙적인 리듬의 음악이 울린다. *그롱크 그롱크 그롱크 브르르 브르르 브르르 브르르 브르르*. 알버트거문고새 수컷의 춤에 숲 전체가 전율한다. 머리가 안 보이는 생물이 온몸을 깃털로 감싼 채 춤을 추는 것이다. 아참, 몸의 뒤편에 자극적이게 보이는 밝은 빨간빛의 꽁지깃에 대해 얘기했던가? 몸을 떨며 짝을 유인하는 사이 꽁지깃은 꼿꼿이 서 있다. 춤과 노래는 한 번으로 끝나지 않는다. 몇 차례나 반복된다. 이 순서까지 모두 끝나면 이 새는 비로소 잠시 휴식을 취하며 긴 발톱으로 땅바닥을 긁어 식물의 뿌리나 애벌레로 배를 채운다. 그리고 다음 구애 장소로 이동하여 거기서 전체의식을 다시 거행한다.

자연선택의 세계에서 알버트거문고새 수컷이 이처럼 춤과 노래가 어우러진 멋진 공연을 펼치는 이유는 오직 하나뿐이다. 암컷이 이러한 과시행동을 보고 듣고 싶어하기 때문이다. 무리다 싶을 정도로 과도하고 극단적이라고 여겨지는 외모와 노래, 습성도 수 세대에 걸쳐 암컷이 선택한다면 존속한다. 왜 그토록 수컷의 춤이 화려하고 노래가 정교한가? 그게 모두 자신을 보고 달아나는 암컷을 붙들기 위해서다. 그대가 좋아하니까.

하지만 알버트거문고새의 인상적인 공연이 성공적인 짝짓기로 이어질 가능성은 아주 희박하다. 암컷은 2년에 한 번, 그것도 겨우 1개씩만 알을 낳는다. 주변에 암컷이 적다보니 암컷의 관심을 끌기 위한 수컷의 경쟁이 더 치열할 수밖에 없다. 겨울에는 매일 노래를 부르고 춤을 추며 공연을 펼친다. 그러다가 여름이 되어 호르몬의 분비에 시달리지 않게 되면 한가로이 배를 채우며 숲을 배회한다. 예의 그 소용돌이 모양의 반짝이는 꽁지깃은 늘어뜨린 채 말이다. 다시 겨울이 찾아오면 덩굴 무대에서의 공연도 재개된다.

알버트거문고새는 왜 생존을 위해 다른 종들보다 더 열심히 노력해야 하는가? 찰스 다윈Charles Darwin(1809~1882)은 새들 세계에서 일어나는 이처럼 극단적인 이야기에 곤혹스러웠다. 매우 정밀하고 간단한 메커니즘을 활용하여 삶의 다양한 측면이 어떻게 전개되어 왔는지를 설명해냈다는 점에서 다윈의 자연선택론은 과학이 이룬 개가이다. 알버트거문고새의 구애처럼 정교한 행동도 잘 설명해낸다. 그렇지만 이 새에게 그처럼 과도하고 얼핏 비효율적이게까지 보이는 행동이 필요한 이유를 명확히 밝히지는 못한다. 자연선택은 현대 인류가 이룬 위대한 개념적 업적이긴 해도 새가 왜 노래하는지에 대한 해답을 내놓는 데는 애를 먹고 있다.

지구의 생명체가 지닌 다양한 특성은 우리가 자연에서 더없이 멋진 경험을 맛볼 기회를 제공한다. 특히 새의 다양성 앞에선 절로 입이 벌어진다. 들판을 도망 다니는 겁 많은 토끼를 낚아채는데 적당한 매의 강건함과 민첩성, 솔방울을 벌리기에 편리하도록 위아래 끝이 교차되어 있는 솔잣새crossbill, Loxia curvirostra의 부리, 그리고 나무에 달라붙어 나무를 쪼기 편하게 날카롭고 긴 딱따구리의 부리. 이러한 형질들은 자연선택설의 핵심인 '적자생존'의 법칙으로도 설명이 가능하다. 무수한 세대 동안 내내 자연이 특정 새가 살아남을 수 있도록 그러한 형질을 선택한 것이다. 종들은 특정한 생태적 지위를 누리며 거기에 걸맞은 특성을 띠어 자신의 정체성을 드러낸다. 생명 있는 존재는 다른 생명체들과 약육강식 혹은 공생의 관계로 엮여 있다. 환경이 바뀌어 어떤 종이 멸종하고 다른 종이 진화하여 그 자리를 차지하기도 한다.

효율성 측면에서 보면 자연의 대부분이 정확하게 설계된 낙원으로 보일 수도 있다. 수 세대 동안 내내 총책임자 없는 시험들이 우연히 이루어져 그러한 적합성이 전개되었다는 것은, 인도하시는 손guiding hand의 작용이 없이 복잡성이 어떻게 나타날 수 있었는지 잘 보여준다. 다윈의 발상은 인간과 생명계의 나머지 생물들을 연결 짓는 과학적 증거를 제시한다. 물론 모든 사람들이, 무작위성 및 창발적 질서가 단계적으로 증대된다는 다윈의 생각이 전통적인 견해, 즉 신이 자신의 존재를 입증하기 위해 우리에게 아름다운 자연을 선물했다는 사실을 보여주는 증거로 생물학적 다양성을 보는 견해보다 조금이라도 더 이치에 맞는다고 확신하는 것은 아니다. 이성이 신앙과 깊은 관계가 있었던 적은 없지 않은가. 나는 아름다운 새와 아름다운 노래가 신이 하신 일을 드러내는 흔적이라는 주장에 왈가왈부할 생각이 없다. 하지만 그 증거를 신뢰하고 싶다면 신도 진화를 통해 존재하게 하라. 자연이 우리가 그것이 작용하는 방식을 알면 알수록 더욱 놀라워하는 대상이란 사실을 인정하라.

"새는 왜 노래하는가?"라는 물음에 대해 신이 정답이라고 고집 부린다면 이 물음에 대한 탐구는 여기서 끝이다. 하지만 내 생각으론 그건 지나치게 안이한 답이다. "신이 그렇게 만드셨다"는 자기만족적인 대답에 그에 못지않게 간단한 "자연선택이 그렇게 만들었다"라는 대답으로 맞서지만 않는다면 진화는 자연에게서 의미와 느낌을 지우지 않는다. 세상은 완벽하지 않다. 그렇지만 자연이 그지없이 단순한 그런 방식으로 문제를 해결하는 경우는 드물다. 신과 마찬가지로 진화도 신비스러운 방식으로 작용한다. 따라서 우리는 우리의 이론들이 다루는 데 애를 먹고 있는 그 물음에 신중하게 접근할 필요가 있다.

알버트거문고새는 왜 낮게 늘어져 있는 덩굴 위에서 항상 춤을 추는 것인가? 단지 나무꼭대기를 흔들어 더 큰 소란을 피우려고? 어째서 숫공작은 과도함의 전형인 그 거대한 꽁지를 가졌고 코뿔새류는 왜 앞을 가릴 정도로 커다란 투구모양의 돌기를 부리 위에 얹고 있는 것인가? 주변에 듣는 이도 없는데 흉내지빠귀가 한 번에 몇 시간씩이나 노래 부르는 까닭은? 이 모두가 유용한 적응(생존 또는 번식에 도움이 되는 생물학적 형질 - 옮긴이)이 아니라는 것은 누구도 알 수 없다. 그런데도 이런 것들을 오랜 시간에 걸친 선택의 결과라고 한다면 자연에는 효율성 외에 또다른 어떤 것이 작동하고 있는 것이 틀림없다.

다윈은 이에 대해 어떻게 설명했을까? 다윈은 많은 종의 경우 암컷이 선천적인 미적 감각을 지녔으며 단지 마음에 든다는 이유만으로 어떤 형질들을 선호한다고 확신했다. 그는 1871년에 발표한 「인간의 유래The Descent of Man」(원제는 「인간의 유래와 성선택The Descent of Man, and Selection in Relation to Sex」)에서 새들이 "강한 애착과 예리한 지각, 미적 취향을 갖고 있다."고 밝혔다.(주1) 반드시 인간의 미적 취향과 같지는 않겠지만 어쨌든 취향은 취향이다. 수컷 새의 노래가 "암컷을 매혹한다." 바로 이것이 우리 문화가 다윈에게서 물려받은 기본적인 발상이다. 성선택sexual selection은 자연선택natural selection의 부분집합이다. 그것은 암컷이 대대로 계속해서 선호한 결과 개체군 내에서 강화된 그러한 '임의적인' 형질과 관계한다. 암컷은 별난 행동, 기이한 꽁지, 듣는 이 하나 없어도 그칠 줄 모르는 노래와 같은 수컷의 특이한 형질에 따라 짝짓기 상대를 고른다. 암컷의 선택은 선택 그 자체를 위한 선택이다. 과도하다고? 우스꽝스럽다? 터무니없단 말이지? 취향이란 설명할 수 없는 것이다.

새가 짝을 찾는 동안 노래 부른다는 것은 의심의 여지가 없는 사실이다. 사람도 그런 행동을 보인다. 심리학자 제프리 밀러Geoffrey Miller가 최근에 출간한 생물음악학 서적 「음악의 기원The Origin of Music」에서도 엿볼 수 있듯이 여기에는 어떤 진실이 숨어 있다. 저자가 예로 든 위대한 기타리스트 지미 헨드릭스에겐 애인이 많았다. "음악적 성과가 그의 생존에 유리하게 작용하진 않았다. 하지만 수백 명의 여성팬과 성관계를 가졌다. (중략) 이성의 찬미자들을 매혹하는 그 힘을 통해 헨드릭스의 재능에 관여하는 유전자는 단 한 세대만에 배가할 것이다."(주2) 위대한 음악가에 대한 특이한 우생학적 시각이다. 사실 지미는 듣고 싶어하는 곡을 들려줘 여성팬들의 마음을 사로잡아 그런 재미를 누리진 않았다. 혼자서 기타 연구를 하며 보내는 시간이 더 많았다. 알버트거문고새가 정교한 노래를 완성하기 위해 몇 년을 노력하듯 지미도 음악 자체에 열중해야 했다. 진화론적인 설명에서는 그 결과물인 음악의 아름다움이 제대로 인정받고 있지 않다.

나는 다윈에게 미학이 어느 정도나 중요한 문제였는지를 알고 놀라움을 금치 못했다. 그는 아름다움이 자연에 의해 사랑받는 것임에 분명하다고 주장했다. 다윈의 견해는 동시대의 시인들인 콜리지, 키츠, 클레어의 시에서도 볼 수 있듯 보편적인 정서였다. 다윈도 시대의 정서를 거슬리지 못한 심정적 로맨티시스트였던 모양이다. 대단히 혁명적인 이론을 제시한 생물학계의 거목이 아름다움과 취향을 진화 과정에 필수적인 요소로 인정했다는 사실은 시인에게든 예술가에게든 고무적인 일이 아닐 수 없다. 보라, 문화를! 동물에게도, 인간에게도 들어 있구나!

다윈의 시대뿐 아니라 그 이후에도 과학계 내부의 비평가들은 이 진화생물학의 창시자가 계속 발전시킬 의사도 없으면서 그렇게 불가해한 개념을 포함시킨 이유를 두고 혼란스러워했다. 그러니까 성선택은 암컷의 선택에 기반한 것이란 말인가? 이러한 행동은 어떻게, 왜 진화해야 하지? 우리가 진화생물학의 이해에서 거둔 발전의 대부분은 다윈이 질문하길 꺼려한 바로 그 질문에 대한 답을 구하려는 노력에서 비롯되었다. "아름다움은 어떤 면에서 유용한가?"

"동물이 음악적인 소리를 낸다는 것은 누구나 알고 있는 사실인데, 이것은 우리가 매일 새들이 부르는 노래를 듣기 때문일 것이다."(주3) 다윈은 그 어떤 말로 해독해도 필적할 수 없는 그 노래에 일종의 기품이 깃들었다는 사실을 간파했다. 그는 "우리가 음악적 표현이라고 일컫는 좀 더 미묘하고 독특한 효과와 (중략) 그 멜로디가 제공하는 기쁨"(주4)을 지녔다는 점에서 새의 노래를 새의 다른 소리들과 구별했다. 어떤 동물이 지르는 비명이든 간에 비명은 대개 비명으로 들리는 반면, 보통 노래는 필요 이상으로 정교하게 들린다. 노래의 아름다움과 존재가치는 그런 세부사항에 있는 것이다.

다윈은 새의 노래가 성적 유인의 기능을 수행한다고 확신했으며, 짝짓기 시기가 지난 가을에도 새가 노래하는 경우가 흔하지 않냐는 비평가들의 지적에 대해 이때 새가 노래하는 것은 연습 때문이라고 응수했다. "어떤 본능을 쫓든 간에 어떤 실질적인 소용이 있어 다른 시기에 동물이 연습에서 기쁨을 얻는 것만큼 흔한 현상도 없다." 수컷의 노래는 암컷의 마음을 사로잡기 위한 도구인 동시에 "고뇌와 공포, 분노, 환희, 단순한 만족과 같은" 온갖 감정을 분명하게 드러내는 수단이기도 하다.(주5) 여기선 이성과 감성이 충돌하지 않는다.

이처럼 예술과 과학을 새의 마음속에서 만나도록 했다고 해서 다윈이 남달리 범문화적인 인물이라고 생각하지는 말라. 아름다움에 대한 취향이 결코 인간만의 속성이 아니라는 자신의 믿음을 정당화하기 위해 다윈이 한 말에 주목하라. "대부분의 야만인이 소름끼치는 음악을 좋아한다는 점으로 판단하건대 그들의 미적 능력은 새만큼도 발달하지 못했다고 주장할 수 있을 것이다."(주6) 푸하하! 스트라빈스키(Igor Fédorovich Stravinsky, 1882~1971, 러시아 태생의 미국 작곡가)나 세실 테일러(Cecil Taylor, 1933~, 미국의 재즈연주자 및 작곡가, 프리재즈 피아니스트)의 음악에 대해서도 그렇게 생각했을까? 새의 노래에 대한 음악적인 논평은 그 시대의 편견에 사로잡히기 일쑤다. 브레이크비트(테크노의 비트 중에서 흑인 리듬의 영향이 가장 강한 비트로, 1970년대 자메이카 출신의 DJ 쿨 허크(DJ Kool Herc, 1955~)가 창안했다. - 옮긴이)와 레코드 스크래칭(회전하는 레코드판을 손이나 기구로 앞뒤로 밀고 댕겨 새로운 느낌의 비트를 가미시키는 기법 - 옮긴이)이 등장한 오늘날의 세상에서는 소음이나 자동차 브레이크를 풀거나 채울 때 기어가 맞물리며 나는 소리 혹은 "후음喉音" 정도로만 들리던 새소리의 상당수가 예전보다 음악적으로 들릴지도 모른다. 무엇이 음악이 될 수 있는가에 관한 규칙이 바뀌면 새소리에 대한 생각도 바뀌기 마련이다.

그렇다고 다윈이 문화상대주의자인 것은 아니었다. 그의 위치와 시대를 고려하면 놀랄 일도 아니다. 대영제국의 정복자들은 여전히 자신들이 모르고 있거나 소유할 수 없는 그런 것이 없다고 여겼다. 하지만 다윈은 펠리컨이나 코뿔새에게 아름다운 것이 우리 눈에는 우스꽝스럽게 보일 수 있다는 사실을 확실히 인식했다. 그는 눈과 귀를 자연에 집중하여 그 놀라운 모습을 볼 것을 권했다. 사심 없는 호기심을 만족시키길 바라서가 아니라 자연에서 암컷에 대한 수컷의 과시행동 방식을 관찰하길 원해서였다. 이를 통해 인간의 생명과 기원에 대해서 무언가 배울 점이 있을 터였다. 「인간의 유래」는 네 개의 장章을 오로지 새에 관한 이야기에만 할애하고 있다. 우리 인간도 아름다움이라는 이 불가해한 영역의 일부다.

다윈은 암컷 새에게는 선천적인 미적 감각이 있다고 주장했다. 이 얼마나 대담한 주장인가! 자연이 이성의 영역이라면 아름다움에도 분명한 목적이 있어야 한다. 그런데 다윈이 이 세상에 자연 그대로의 아름다움이 있음을 인정한 것이다. 다윈이 추종자들은 이 문제를 해결하느라 총력을 기울였다. 딱따구리의 부리는 충분히 이해가 되지만 30분에 걸쳐 심정을 토로하는 흉내지빠귀 수컷의 노래를 좋아하는 암컷의 취향은 어떻게 설명할 것인가?

1915년, 피셔(R. A. Fisher, 1890~1962, 영국의 농학자·통계학자)는 멘델의 유전학을 다윈의 성선택론과 결합한 모형을 제시했다. 그는 암컷이 우량 유전자를 본능적으로 선호하므로 그 유전자가 관여하는 형질들이 극단적인 방향으로 '질주' 할 수 있다는 주장을 펼쳤다. 어떤 암컷이 멋진 깃털 아니, 멋진 노래를 기준으로 짝을 선택했다고 가정해 보자. 선택된 형질은 주로 유전적으로 대물림된다. 새끼 수컷들이 이와 동일한 형질을 물려받을 가능성이 높다는 얘기다. 어쩌면 근방에서 제일 잘 나가는 가수가 될지도 모른다. 어떤 노래를 최고의 노래로 만드는 비결이 무엇인지 명확히 알고 있는가? 뭐, 그건 아무래도 상관없다. 무엇이 유행하는가가 중요할 뿐이다. 게다가 어떤 소리와 외양이 유행하든 간에 그것을 좋아하는 어미의 기호가 다음 세대에서 암컷들에게 전해지므로 종 전체의 유행에 큰 변화가 없다. 기이한 깃털, 극단적으로 크거나 화려한 꽁지, 투박하고도 기묘한 노래가 계속 유행한다. 유행은 변덕스럽기 마련이지만 동물 세계에서는 파상적으로 전개되지 않을 뿐 특정 방향으로 진행된다. 대대로 계속해서 유행하다 보면 극단적인 형질들이 과장되게 표현된다. 유행이 종을 규정짓는 것이다. 일단 규정된 종은 고착화한다. 극단적인 경우 알버트거문고새 수컷이 수금 모양의 꽁지깃을 갖고 있듯 괴상한 신체적 특징을 나타낸다.

그런 정교하고 복잡한 꽁지깃을 갖는 것이 실제로 유용한가? 오히려 그 꽁지깃 때문에 나뭇가지에 끼여 꼼짝 못해 손쉬운 먹잇감이 되지 않을까? 이는 주목할 만한 포식자가 거의 없는 서식지에서 무엇이 진화의 대상인지를 보여준다. 오스트레일리아나 뉴기니같이 커다란 섬에 그처럼 괴상한 새가 존재하는 이유가 바로 여기에 있다. 수백 년 동안 격렬한 노래와 춤을 진화시켰어도 그 넓은 땅덩이에 알버트거문고새를 잡아먹는 맹수가 한 마리도 없었다는 얘기다.

당신이 암공작이라고 치자. 숲 속을 재빠르고 효과적이게 돌아다니려면 꽁지가 길면 곤란하다. 그래서 당신이 꽁지 길이가 적당히 짧은 수컷을 선택했다고 해보자. 거기까지는 좋다. 문제는 당신의 아들이 짧은 꽁지를 물려받을 텐데 긴 꽁지에 대한 대다수의 선호를 그 세대의 딸들이 물려받는다는 데 있다. 당신의 자식은 남보다 오래 살지는 몰라도 암컷들에게 인기가 없어 당신에게 손자를 안겨주기는 힘들 것이다. 성선택은 단순히 적응을 설명해 주는 자연선택을 말하는 것이 아니다. 그렇다면 성선택은 무엇인가? 그것은 자식을 걱정하는 부모의 입장에서 자식이 대중을 따르길 바란다는 것을 보여준다. 자식이 집단의 다른 개체들과 지나치게 다르지 않길 원할 것이다. 자신의 유전자가 갈 곳이 없어지길 원치 않는다면 말이다.

어떻게 그런 특이한 유행이 종의 중요한 형질을 야기하는 걸까? 피셔는 반세기 전에 다윈이 살던 시대에는 알려지지 않았던 유전학을 이용해 논리를 전개했다. 어미새가 복잡하고 특이한 노래의 선호에 관여하는 유전자를 지니면 새끼들은 이 선호에 관여하는 유전자와 함께 노래에 관여하는 유전자도 물려받는다. 다음 세대에서 수컷들은 '더 멋진' 노래를 부르고 암컷들은 '멋진' 노래를 선호한다. 성선택으로 형질에 대한 성적 선호와 형질 그 자체가 서로 연결되어 있어서(주) 그 둘 모두 다음 세대뿐 아니라 그 이후의 세대들에도 계속 전해진다.

어떤 노래가 다른 노래보다 낫다면 그 비결은 무엇인가? 피셔의 '질주' 이론에 따르면, 그런 건 아무래도 상관없다. 암컷들에게 사랑받으면 바로 인기곡이 된다. 저자 중에는 이 과정이 인기가요 순위표나 베스트셀러 목록에 오르는 과정과 유사하다고 기술하는 사람들도 있지만 나는 그러한 은유가 모든 경우에 들어맞는 것은 아니라고 생각한다. 자연의 이러한 형질들이 예상 진행 경로를 따라 서서히 스스로를 강화하는 반면, 인간의 문화는 한 유행에서 다른 유행으로 그 변화의 굴곡이 심하지 않은가.

피셔는 겨우 새 몇 마리가 어떤 한 종류의 노래를 좋아한 것이 대다수가 바로 그 종류의 노래를 선호하는 결과로 발전할 수 있다고 믿었다. 시작은 우연한 방황변이彷徨變異 fluctuation (돌연변이에 대응되는 말로, 유전자의 조성에 의한 것이 아니라 환경요인(온도, 습도, 햇빛, 영양 등)의 차이나 발생·발육 과정에서 우연히 영향을 받은 요인 등으로 일어나는 변이. 유전되지 않고 생물 1대에서 끝난다. - 옮긴이)부터일 수 있다. 양의되먹임 positive feedback의 고리를 통해 암컷의 선호가 수컷의 노래를 더 멋지게 만들고 이것이 다시 암컷의 눈높이를 높이는 과정이 반복된다. 대세를 따르는 것, 다시 말해 다수의 행위를 쫓는 것이 상책이다. 새의 노래와 깃털에서 발견되는 극단적인 아름다움은 사람들이 바라는 바와 달리 각 개체가 지닌 비르투오조의 자질이나 특수성에서 비롯되지 않는다. 자신이 속한 종이 원하는 대로 된 결과일 뿐이다. 늪참새swamp sparrow, Melospiza georgiana가 실제로 나이팅게일처럼 노래할 필요는 없다. 새에게 그런 일이 일어날 턱도 없지만 말이다. 동물의 미학은 그런 방식이 아니다.

암컷 새들은 실제로도 특별한 방식으로 노래 부르는 짝을 선호할까? 피셔가 독창적인 가설을 내세운 이후 그의 가설이나 이와 관련된 의견에서 제시된 대단히 구체적인 사례들을 검증하기 위한 목적으로 설계된 수많은 과학 실험이 이루어졌다. 이런 실험 몇 가지를 나중에 자세히 살펴볼 테지만, 우선 전체적인 결과는 긍정도 부정도 아니란 점을 밝혀둔다. 스웨덴 과학자들이 실시한 실험은 과학자들이 검증 가능했던 유형의 성적 선호들이 지닌 의미를 보여주는 몇 안 되는 예 중 하나이다. 이들 과학자는 가짜 새를 만들어 몸통에 솜을 채우고 흰깃딱새collared flycatcher, Ficedula albicollis의 노래가 녹음된 테이프를 넣은 다음 덫을 설치한 상자 모양의 새집에 놓아두었다. 찰까닥! 아무 소리도 없을 때보다 녹음테이프를 틀어놓을 때 훨씬 많은 암컷이 덫에 걸려들었다. 이는 암컷들이 짝짓기 상대가 될 가능성이 있는 수컷이 잠자코 있는 것보다 노래하는 것을 좋아한다는 사실을 나타낸다. 그렇다면 어떤 노래를 불러야 할까?

영국에서는 다양한 노래를 부르는 사초개개비sedge warbler, Acrocephalus schoenobaenus 수컷이 레퍼토리가 다양하지 않은 수컷보다 일찍 교미에 성공한다는 데 이의가 없다. 사초개개비 암컷이 노래를 많이 알고 있는 수컷을 선호한다는 얘기다. 다시 말해, 다양성에 매료된다는 뜻이다. 이런 현상은 다른 종의 새에서도 발견된다. 예를 들어, 카나리아 암컷은 다양한 레퍼토리가 들리면 더 흥분하여 둥지도 잘 튼다. 노래참새song sparrow, Melospiza melodia 암컷도 다양한 레퍼토리를 선호한다. 다만 포획 상태에서만 그렇다. 야생상태에서는 상관성이 없다. 갈색머리탁란찌르레기brown-headed cowbird, Molothrus ater(북미산 찌르레기의 일종. 이 새가 포함된 카우새속 cowbird, Molothrus sp.은 소를 쫓아다니며 소의 등에서 날아오르는 곤충을 잡아먹는다. 그리고 다른 새의 둥지에 알을 낳는 '탁란'의 습성이 있다. - 옮긴이) 암컷의 경우에는 집단 내의 우두머리 수컷이 부르는 노래를 부하 수컷의 노래보다 좋아한다.(78)

이러한 새의 미학은 임의적인가? 피셔는 어떤 이상한 노래라도 암컷이 그것을 선호한다면 무리의 노래를 규정짓는 형질로 발전할 수 있다고 생각했다. 그의 자연관은 수많은 우발적 진화의 여지를 남긴다. 새가 선천적인 미적 감식력을 갖고 있다는 다윈의 주장에 과학이 당황했듯, 외모와 울림을 터무니없이 화려하게 꾸미고 있는 그 장식품들이 순전히 변덕의 산물이라는 발상에 피셔의 추종자들은 안절부절 못했을 것이다. 과도함 그 자체는 일종의 진화의 메시지로 볼 수 없는가?

1970년대, 이스라엘의 생물학자 아모츠 자하비Amotz Zahavi는 핸디캡 원리handicap principle라고 알려진 개념을 체계적으로 공식화했다. 해마다 짝짓기 시기가 찾아오면 펠리컨 수컷의 부리에 거대한 혹이 자란다. 바다 속으로 돌입하여 사냥할 때 앞을 가려 물고기를 못 잡게 만드는 그런 혹이 왜 이 시기에 자라는 것인가? 자하비는 수컷이 의도적으로 핸디캡을 부담하고 있는 것이라고 주장했다. 의식적으로 그러는 것은 아니지만 거기에는 성선택의 결과인 어떤 의도가 숨어 있다는 것이다. 즉, 수컷이 잠재적인 짝에게 자부심의 메시지를 보내는 것이다. 이를테면 이런 식으로 말이다. "내 부리엔 거대한 혹이 달려 있어. 난 내가 뭘 하는지 볼 수 없지. 그럼에도 물고기를 잡아낸단 말이야. 난 얼굴에 달린 이 기이한 물건도 건사할 수 있다구. 그러니 너 하나 정도야 충분히 보살필 수 있어. 이 정도면 너와 결혼할 자격도 되지. 네가 뭘 바라든 난 기대 이상으로 그 일을 훌륭히 해낼 수 있다구!"

오늘날 핸디캡 원리는 엄격한 인과의 법칙을 따른다고 생각되어지는 자연세계에서 벌어지는 기인한 행동 혹은 비효율적인 행동에 반反직관적 타당성이긴 해도 다소간의 타당성을 부여한다는 이유에서 생물학자들 사이에서 대단한 인기를 얻고 있다. 이 원리는 어떤 새들이 무익해 보이는 일에 그토록 많은 시간을 들이는 이유를 설명하는 데 편리한 도구이다. 정원사새류를 예로 들어 보자. 정원사새류에 속하는 수컷은 대부분 까다로운 암컷을 유혹하기 위해 대단히 복잡하고 정교한 구조물을 만든다. 건축 기간이 수 주에 달하는 이런 구조물은 살려고 만든 집이 아니다. 사랑만 나누고 떠날 '신방'이다. 정원사새류에 속하는 각 종의 새가 저마다 특색 있는 형태의 '정자'를 지으며 수컷은 자신의 작품에 끊임없이 손질을 가해 완성도를 높인다. 이들 구조물은 앤디 골스워디Andy Goldsworthy(스코틀랜드 출신의 조각가·사진가. 그의 작품은 눈, 얼음, 나뭇가지 따위의 자연 재료로 만들어졌다. - 옮긴이)의 작품과 다소 비슷하다. 푸른정원사새는 파란 꽃잎처럼 파란색을 띤 재료로 정자를 장식한다. 주변에 파란 꽃잎이 없으면 수 킬로미터를 날아 야외식탁 위에 놓인 파란색 플라스틱 숟가락이라도 물고 올 것이다. 핸디캡 원리에 의하면 숫공작의 건사하기 힘든 꽁지나 알버트거문고새 수컷의 특이한 깃털은 터무니없는 패션이 아니라, 그런 형질을 지닌 자신이 그만큼 강건하므로 우량 유전자를 보증할 수 있다고 암컷에게 과시하기 위해 부담하는 진정한 핸디캡이다.

자하비의 원리는 새의 노래에 어떤 식으로 적용될까? 흉내지빠귀 수컷이 자신의 세력권에서 사는 다른 종의 각기 다른 노랫소리 150가지를 결합하거나 대조하는 기법으로 복잡한 새로운 노래를 만들어 수 분 동안 혹은 수 시간째 부르며 엄청난 정력을 쏟아내고 있다고 가정해 보라. 혹은 갈색지빠귀사촌 수컷이 자신의 레퍼토리에 담긴 2,000곡이나 되는 가장歌후를 같은 시간 동안 노래하고 있다고 생각해도 좋다. 암컷이 이런 모습을 보며 무슨 생각을 할까? '와, 이 친구 좀 봐. 그렇게 노래하고도 아직 노래할 기운이 있네. 내겐 이런 정력의 소유자가 필요해.' 암컷이 이 수컷을 선택하고 둘의 짝짓기가 이루어질 것이다.

장시간의 노래는 실제로 새에게 많은 부담을 줄까? 번식기가 되면 나이팅게일이 밤에 먹지 않고 노래만 부른다는 것은 잘 알려진 사실이다.(나이팅게일을 '밤꾀꼬리'라고도 부른다. - 옮긴이) 영국 브리스톨 대학교의 로버트 토머스 Robert Thomas는 나이팅게일 8마리를 한 마리씩 다리에 색깔을 가진 유색 가락지를 끼워놓고서, 땅거미가 져서 밤공연이 시작되기 전에 마지막 먹이를 준 후, 그리고 노랫소리가 잦아든 동틀 녘에 각각 체중을 쟀다. 명금이 모두 그렇듯 이들 나이팅게일은 적어도 어둠이 깔리기 1시간 전에는 먹이 찾기를 그쳤고 다시 먹이를 찾은 것은 날이 샌 지 거의 1시간 30분이 지나서였다. 오랫동안 노래를 부르면서도 새들이 그다지 움직이지 않는 모습에서 토머스는 몇 주 동안 이른 봄의 밤에 자신의 특별한 재능을 뽐내며 노래하는 것 외에 나이팅게일은 기본적으로 낮에 활동하는 새라는 사실을 엿볼 수 있었다.

밤새 많이 노래한 새는 체중도 많이 줄었다. 전날 음식으로 배를 많이 불린 새일수록 밤공연도 오래 갔다. 비공식 결론. 노래는 나이팅게일에게 엄청난 체력을 요한다. 그러니 나이팅게일을 나무꼭대기에 올려놓고 동틀 때까지 밤새 1시간에 40분 이상씩 맹렬히 노래를 부르게 하려거든 당장에라도 먹을 수 있게 벌레를 비축해둬야 한다는 생각을 새에게 심어줘야 한다. 다음날 아침이면 분명 배고파 할 테니 말이다. 과학적인 결론. 노래는 물질대사 면에서 무시 못 할 비용이 든다. 나이팅게일에게 음악은 싸구려가 아니다.⁽㈜⁾

다른 새에 대한 이전의 연구들은 그만큼 확실한 결과를 낳지 않았다. 예를 들어, 수탉에게 새벽마다 꼬끼오하는 익숙한 신호음을 목청껏 내는 것은 어려운 일이 아니다. 하지만 리스크나 핸디캡 혹은 진정한 생물학적 과도함으로 간주되는 나이팅게일의 노래의 경우, 과학은 그 노래 부르기가 결코 쉬운 일이 아니라는 사실을 입증하기 위해 데이터를 필요로 한다. 토머스는 자신이 측정한 나이팅게일의 체중이 정확히 이런 데이터의 역할을 해낸다고 믿었다. 그는 노래 부르기를 위험하게 만드는 다른 요소들도 제시했는데, 체중감소만큼이나 중요하지만 측정하기가 더 어려운 이들 요소 중 하나가 포식비용predation cost이다. 주요 포식자인 올빼미의 울음소리가 들리면 나이팅게일은 소리를 죽이는 습성이 있다. 하지만 노래는 멈추지 않는다. 작은 소리에도 올빼미는 나뭇가지에 앉아 있는 나이팅게일을 민첩한 동작으로 내리 덮쳐 낚아챌 수 있다. 그럴 경우에도 나이팅게일의 노래는 비싼 대가를 치러야 하는 노래일 것이다.

토머스가 녹화테이프를 분석하여 데이터를 정확히 수집하는 데 걸린 기간은 수 주일이었다. 이 정도면 충분한 조사 기간인가? 새는 충분했나?

그가 관찰한 새는 겨우 8마리였다. 토머스의 연구를 혹평하는 사람들은 샘플이 더 있어야 한다고 주장하곤 했다. 80마리로 여러 계절에 걸쳐 동일한 실험을 반복하라! 그런 실험은 훨씬 많은 시간이 걸렸을 것이다. 실험 결과는 더 확실할까 아니면, 더 모호할까? 손도 많이 가고 중복되는 부분도 많은 만큼 그 정도 규모의 실험을 되풀이할 사람은 없을 것 같다. 그렇다면 나이팅게일의 노래를 몇 곡이나 평가해야 하는가?

이들 물음은 "새는 왜 노래하는가?"와 상당히 동떨어진 질문이다. 나는 과학의 부지런함에 놀라움과 깊은 감명을 받았지만 토머스가 비디오테이프를 꼼꼼히 들여다보며 그 숱한 시간을 보내긴 했어도 그의 보고서는 관찰 내용보다 계산 과정에 더 많은 지면을 할애했다. 난 나이팅게일이 얼마나 많이 노래하느냐보다 무얼 노래하느냐에 관심이 더 간다. 재미있었을까? 어둠 속에 우두커니 앉아 나이팅게일의 노래를 경청하는 건 어떤 기분일까? 난 노래의 비용 따윈 알고 싶지 않다. 자하비의 가설은 시험해보기에는 꽤 흥미로워 보인다. 하지만 이 가정은 단지 노래가 부차적으로만 중요한 것이라는 인상을 주게 한다. 정말이지 나는 음악을 비롯해 어떤 아름다운 것도 핸디캡으로 간주하고 싶지 않다. 그렇지만 과학은 여전히 측정이 주는 안정감으로 물러나기 전에 좀 더 면밀히 귀를 기울일 수 있다. 이런 기대감에 나는 리처드 도킨스Richard Dawkins(케냐 태생의 영국 생물학자)가 「눈먼 시계공The Blind Watchmaker」(1986)에서 소개한 "개인적인 불신에서 비롯된 주장"을 펼친다. 내 예감이 진실과 관계되어 있으면 안 되는 이유라도 있는가? 나는 "결국 우리는 우리가 처음에 인정하려던 정도 이상으로 새와 가까워졌음을 실감할 것이다."고 주장하고 싶다. 직관이 우리가 다른 동물들의 삶을 이해하는 데 도움을 줄 수 있겠지만 그렇다고 신중하게 수행된 실험들의 결과를 지나치게 두려워해서는 안 될 것이다.

다윈의 후계자들은 다윈이 기꺼이 아름다운 것이라고 칭찬을 아끼지 않던 것에 대해 해명하려 애썼다. 그들은 수 세대 동안 내내 이론화 작업에 매진했다. 하지만 다윈의 후예들은 고려할 만한 진용을 하나 더 갖추고 있었다. 이 진용에는 관찰과 묘사의 전문가인 위대한 자연연구자들이 모여 있었다. 그들은 자연선택의 지식으로 무장하여 지금까지 그 누구보다도 멀리 내다볼 수 있었다.

미국의 수필가 존 버로스John Burroughs(1837~1921)는 우리집 근처인 허드슨 강 계곡과 캐츠킬 산맥(미국 뉴욕주 남동부에 있는 애팔래치아 산맥의 일부)의 자연을 기록한 훌륭한 연대기 작가였다. 한 세기 전 그가 저술한 「자연의 길Ways of Nature」(1905)에 다음 이야기가 실려 있다. 주말마다 도시에서 이곳 시골을 찾아오는 여자가 있었는데, 하루는 조류학자에게 동부유리새eastern bluebird, Sialia sialis의 노랫소리를 들려줄 수 없겠냐고 물었다. "아니, 그동안 여기서 동부유리새를 본 적이 한 번도 없단 말입니까?" 조류학자가 놀라며 말했다. "없어요." 여자가 조바심을 냈다. 여자에게 가장 중요한 것은 시간이었던 것이다. "그렇다면…." 남자가 머리를 가로저었다. "앞으로도 못 듣겠군요."

새의 노래는 그것이 모습을 드러내기 전에 우리가 먼저 다가가 사랑하지 않으면 안 되는 것이다. 나는 버로스를 비롯한 어떤 선구적 자연연구자들도 핸디캡 원리에 만족하지 않았으리라고 생각한다. 새의 노랫소리는 자연연구자들이 찬미하던 자연의 아름다움을 거의 완벽히 흉내 낸다. 그것은 즉시 분석하거나 계산할 수 있는 것이 아니지만 우리의 감각뿐 아니라 새의 감각까지 끌어당기는 묘한 매력을 지녔다. 가까이 다가가 기억에 새겨놓지 않으면 우리는 결코 그 노래를 듣지 못할 것이고, 내면으로 받아들여 감동을 느끼지 않는다면 새에게 그 노래는 무의미할 것이다. "위트가 전적으로 경구에만 담겨 있는 것이 아니듯 노래는 전적으로 노랫소리에만 담겨있는 것이 아니다. 노래는 시기와 상황 그리고 그것으로 표현하려는 정신 속에도 깃들어 있다."[주10]

새의 노래에 대한 19세기 자연연구자들의 반응은 과학과 시詩 사이에 놓인 계곡 어딘가를 지향했다. 자연연구자가 오랜 시간 자연에 모든 주의를 기울이는 목적은 실험을 수행하거나 확실성 차원의 만족을 얻으려는 데 있는 것이 아니라 형언할 수 없는 깨달음의 기쁨을 누리는 데 있다. 즉, 새로운 것을 보고 듣고 익히고, 기존에 모호하게 알던 지식을 좀 더 분명히 이해하고, 새의 세계를 잘 알고, 새의 경험을 나눠 갖기 위해서지, 반드시 자연을 설명하기 위한 것은 아니었다. 미국의 자연연구자 윌슨 플랙 Wilson Flagg(1805~1884)이 저서 「새들과 함께 한 일 년A Year with the Birds」(1881)에서 토머스의 의문(어떤 새는 왜 자신이 어둠의 위험에 노출될 게 뻔한 밤에 노래를 부르는가?)을 어떤 식으로 다듬었는지 보라.

그들은 왜 자신의 지저귐에 대해 그 누구도 응답하지 않을 시간에 노래 부르는 기쁨을 누리는가? 종교적인 존재처럼 그들에게도 숭배의 대상이 있고 한밤중의 노래는 그 신앙심을 격렬히 쏟아내는 것에 불과한 것인가? 달이 빛을 발하면서 나타나 주변의 어둠을 기분 좋게 몰아내줘 구름과 마찬가지로 기뻐하는 것인가? 그것도 아니면, 밤의 고요 속에서 바람에 머리를 숙인 나무들의 이파리가 부스럭거리는 소리에 노래로 화답한 것에 지나지 않는 건가? 혹시, 넓은 잎에 앉아 밤의 정적을 깨는 개울의 멜로디

를 들으며 그것에 응답하는 것은 아닐까?^(주11)

새들의 랩소디는 겹겹이 쌓인 질문 더미 사이로 거침없이 흐른다. 이들 요소 하나하나는 면밀한 과학 실험을 통해 분석할 수 있으리라 본다. 인공 폭포의 급물살을 멈춰 보라. 새가 계속 노래하는가? 아니면, 달빛을 가리고 어떤 노래를 부르는지 관찰해 보라. 앞으로 살펴보겠지만 이보다 훨씬 이상한 실험들이 시도된 적도 적지 않다. 하지만 몽상에 잠긴 채 배회하는 자연연구자들의 열망이 미치는 범위가 이보다 못할 리 없었다. 숙고 과정을 통해 그들은 대담하게 새의 노래를 고찰했다. 야행성 새들이 위험한 일인 줄 알면서도 생명의 위협을 무릅쓰며 노래하는 이유가 어떤 목적으로도 쉽게 설명되지 않자 플락은 얼토당토않은 추측까지 했다. 새가 "어둠의 슬픔을 누그러뜨리기 위해" 노래한다고 말이다. 추측을 위한 추측일 뿐이다. 어둠은 인간뿐 아니라 새, 아니 세상 전부가 포함된 완벽한 존재이지 않은가.

자연문학이 대인기를 누리던 시절인 19세기의 과학자들은 여러 면에서 오늘날의 우리와 생각이 같았다. 1880년대 플락젝_{B. Placzeck} 박사는 저서 「대중 과학_{Popular Science}」에 다음과 같이 기록했다. "대다수의 조류학자들은 감동적인 멜로디는 물론이고 인간의 귀에 거슬리는 가락의 멜로디에 이르기까지 새의 노래에는 에로틱한 면이 있다는 데 동의한다. 이 모두가 사랑의 노래로 간주된다."^(주12) 오늘날 언어학자들이 인정하는 것보다 아주 조금 유혹적으로 들릴 뿐이다. 하지만 플락젝은 새소리의 기능적인 설명에는 수긍하지 않았다. 그의 글은 이렇게 이어진다. "새는 주로 자기 자신의 기쁨을 누리기 위해 노래한다. 이는 새가 혼자뿐임을 알 때 자신을 활발히 드러내는 경우가 많은 걸로 봐서 알 수 있다."

「덤불 속의 새Birds in the Bush」(1893)에서 자연연구자 브래드포드 토리 Bradford Torrey(1843~1912)는 어느 봄날 몸을 가릴 잎 하나 달려 있지 않은 나무에 앉아 노래하느라 여념이 없는 울새 한 마리와 맞닥뜨렸다. 새가 왜 노래하는지를 묻거나 숙고하는 대신 토리는 울새가 그런 물음에 어떤 식으로 대응할지를 상상했다. 어이, 거기 아래 인간! 내가 왜 노래하는지를 내가 설명해야 한다고 생각하는 거야? 노래는 누구나 부른다는 사실을 잊은 게로군. 벌도 귀뚜라미도, 모기도 모두 누군가 성가시게 조르지 않아도 잘만 노래하는데 굳이 나 울새님이 노래하는 것에 대해서만 그렇게 궁금해 하는 이유라도 있어? 당신은 어때? 정말 당신은 왜 노래하지?[주13] 토리는 노래를 학습하는 새가 있는가 하면 선천적으로 노래하는 능력을 가진 새가 있다는 사실을 알고 있었다. 그리고 그런 사실을 안다고 해도 새삼 근본적인 문제가 새롭게 조명되지 않는다는 것도 잘 알고 있었다. 토리는 「덤불 속의 새」에서 "날개의 소유와 덕성 간의 어떤 진정한 관계"가 있다는 생각에는 의문이 들었지만 생존을 위해 해야 할 다른 일도 많은데 하루 종일 즐거운 노래를 세상에 제공하는 점은 어쨌든 높이 평가했다. 심지어 "새가 솟아오르는 태양이나 지고 있는 태양을 맞이하는 버릇이 어쩌면 원시종교의 서광이었을지 모른다."고까지 극찬할 정도였다.

해독까지는 아니더라도 아름다움을 묘사하고 싶은 충동은 언제나 우리 마음에 자리하고 있다. 나는 일겸 놀이겸 새에 관한 동서고금의 기록을 꼼꼼히 살펴보며 새의 노랫소리에 관한 연구에 나타난 이성과 리듬, 평범과 본질, 마법과 세심을 연관시켜보려 고심했다. 자연세계의 해독에 진전을 보인 문헌일수록 덜 아이러니컬한 요소들이 부각되는 경향을 보인다. 그런 문헌에서는 끝없는 놀라움의 가능성조차 침묵한 듯하다. 한편 회의

론자들은 몸을 웅크린 채 삶에서 가장 중요한 것은 완전히 설명할 수 없는 법이라고 투덜거린다. 어느 한 진영에 속한 사람들은 상대 진영의 사람들과 말도 잘 섞지 않는다.

드물긴 해도 어느 쪽으로든 쉽게 분류되지 않는 잡종형 인간들이 있다. 새들의 자연스럽고 선천적인 미적 감각에 박수갈채를 아끼지 않았던 다윈도 이 부류에 속한다. 과감하게 시인이나 과학자 혹은 음악가의 입장에서 벗어난 사고로 이처럼 독특한 시각들을 혼합하는 흥미로운 방식을 발견한 사람들도 여기에 속한다. 20세기 초 영국 리즈 대학교의 동물학 교수였던 월터 가스탱Walter Garstang(1868~1949)은 발생반복설("개체발생은 계통발생을 반복한다"는 헤켈E.H.Haeckel의 주장 - 옮긴이)을 뒤집은 논문으로 잘 알려진 인물이다. 하지만 그의 대표작이라면 역시 「새들의 노래Songs of the Birds」(1922)일 것이다. 새소리에 관한 서적 중에서도 손꼽히는 이 책은 과학과 시 사이에서 중립적인 태도를 취하고 있다.

「새들의 노래」 전반부는 새소리에 관한 새로운 과학을 요구하고 있다. 시간은 멈추지 않으므로 소리를 분석하기란 녹록하지 않다. "우리 목표는 새소리에 담긴 감정의 표현을 알아내는 것이다. 우리의 어려움은 우리가 사물이 생기자마자 사라지는 완전히 비물질적 세계에 들어가고 있다는 데 있다."(주14) 녹음기술의 도움을 받았다는 점을 고려하더라도 가스탱은 난해한 새의 음악을 꼼꼼하게 경청하는 사람이었으며 노래가 분화된 새들 간의 진화론적 관련성을 설명해줄 수도 있다는 다윈의 발상과 자신이 듣고 알아낸 사실을 연관시킬 줄 아는 능력의 소유자였다. 그는 나이팅게일의 노래를 들으며 이 노래가 자연선택의 지도에서 나이팅게일이 위치한 자리를 나타낸다는 사실을 꿰뚫어 보았다.

중간 중간에 애처로운 하행종지('종지'는 화성和聲이 조성의 중심을 향하여 복귀하는 선율이나 화성의 구조를 의미한다. – 옮긴이)를 나타내면서 길게 늘어지는 점강음漸强音의 효과를 보이는 그 구슬픈 소리는 덩치가 더 큰 지빠귀 사촌들이 곡 중간에 내는 경계음조의 재잘거림과 조금도 다를 바가 없다. 비록 나이팅게일에게선 낄낄거리는 소리의 흔적이 완전히 사라져 노래가 한결 부드러워져 매혹적인 아름다운 소리를 거의 중단 없이 이어가지만 말이다. 이런 위업을 이뤄낸 기술에 주목하라. 나이팅게일이 부르는 노래의 정수는 울림이 심한 단음절의 소리를 음높이를 달리해가며 지속적으로 반복하는 데 있다. 특히 그 음계를 노래하는 내내 아주 맑은 음들이 끊김 없이 이어져 이런 반복이 한층 돋보인다. 나이팅게일은 자신의 재량에 맡겨진 모든 노랫소리 중에 원래 본질적으로 가장 반복적이며 울림도 심했던 가보家寶를 변형하여 이것을 이뤄냈다! 대대로 내려오던 그 재잘거림의 변형에 마지막 손질을 가한 그 대담한 졸부가 일으킨 것이 분명한 덤불 속의 움직임이라니!(주15)

이것은 아주 시적인 유형의 과학이다. 여기서의 청자는 실제로 진화의 미학과 정면으로 맞서려 했다. 가스탱은 새의 노래를 가시적으로 정확히 표기하는 방법을 요구했다. 전임자들이 사용하던 기보법이 마음에 들지 않았던 그는 일종의 추상 음절식 표기법abstract syllabic notation의 선구자이다. 이 표기법은 엘리자베스 시대의 적, 적, 테류와 존 클레어의 치어-업 치어-업에서 유래한 듯하다. 성배聖杯를 찾아 헤매는 것과 같은 이런 일은 과학자 가스탱을 아주 색다른 방향으로 접어들게 했다.

가스탱이 이루고 싶은 목표는 두 가지였다. 하나는 새소리의 구성과 음색을 정확히 표현하는 것인데, 그는 이를 위해 미지의 인식가능한 말이 있어야겠다고 판단했다. 나머지 하나는 노래 그 자체의 중심에 들어가는 것이었다. 「새들의 노래」에서 가스탱은 과학이 노래의 기원을 추적하거나 노래의 진짜 목적을 찾아내려 할지라도 새의 노래 그 자체가 감동의 표출이자 "장시간 이어지는 영혼의 고양"인 동시에, 매일 듣는 그 귀에 거슬리는 날카로운 고음에서 좀 더 고결한 무언가로의 변형이고 "행복의 절정에서 맛보는 삶의 기쁨의 온전한 표출"이라는 사실에는 변함이 없다고 밝혔다.(주16) 바로 이러한 통찰을 통해 가스탱은 시의 세계로 들어섰다.

「새들의 노래」 후반부에는 가스탱만의 독특한 시들이 실려 있는데, 실제 새의 노래를 미묘한 차이가 나게 기록한 이들 악보를 바탕으로 지은 다소 밝은느낌의 시들이 새가 우리를 감동시키는 그 기막힌 온갖 방식을 찬양한 경시가 light verse(사소하고 장난기 섞인 주제를 다뤄 가벼운 기분으로 음미할 수 있는 시 – 옮긴이) 한 편과 어우러져 있다. 이들 시는 여러 영자신문에 발표되었고 위대한 시로 칭송 받은 적은 없어도 당시에는 꽤 인기를 누렸던 것 같다. 가스탱은 종달새 skylark, Alauda arvensis가 새벽을 알리는 소리를 다음과 같이 표현했다.

스위! 스위! 스위! 스위!
즈위-오! 즈위-오! 즈위-오! 즈위-오!
시스-이스-이스-스위! 시스-이스-이스-스위!
주! 주! 주! 주!
지-오! 지-오! 시시-세주!
짓! 짓! 짓! 짓! 짓! 짓! 드주!

지! 위, 위, 위! 시스-이스-이스-스위!
스위-오, 스위! 스위-오, 스위!
스위, 스위, 스위, 스위, 스위, 스위! 스위!

장난 같지만 가스탱에겐 장난이 아니었다. 그는 이들 신조어를 과학적 도구, 즉 엄격하고 정확한 채보의 수단으로 여겼다. "이 체코슬로바키아어 시"가 정말로 필요하겠냐고 따진 어느 평론가에게 가스탱이 새로운 언어를 해독하자면 새로운 음절이 요구되는 법이라고 응수한 적도 있다. 외래어를 표시하듯 새의 노래를 이탤릭체로 옮겨 적은 것도 바로 그런 이유에서였다. 올드 샘 *피바디, 피바디, 피바디*만으로는 충분하지 않았다.

이 과학자는 자신의 연구 과제가 이성의 한계를 시험하고 있음을 인식했고, 기쁨에 대해 말해줄 진정한 무언가를 찾기 위해 시인이 되었다. 오늘날 이 시인의 시들은 단지 불가해한 새의 세계를 풀이한 각주 정도로 평가될지 모르나 그의 작품들이 나무숲에서 쉴새없이 들려오는 소리에 쏟은 열정과 헌신을 드러내고 있다는 점은 부정될 수 없다. 나무종다리 tree pipit, Anthus trivialis가 하늘을 날며 부르는 노래에서 가스탱이 무엇을 들었는지 보라.

잠깐 기다려봐, 조용히 하고, 잘 봐!
저 가느다란 부리에서 흘러나오는
그리고 자신의 헌신에 대한 더없는 기쁨으로 가득한
말없이 떨며 가느다랗게 우는 소리에 귀기울여봐!
그 환희의 지저귐이 커져다 작아지며 사라지는구나.

녀석이 다시 나무에 앉는 순간

그리고 그때 일이 잘 풀린다면 들리리.

시!ㅡㅡㅡㅡㅡㅡ이

!ㅡㅡㅡㅡㅡㅡ이

ㅡㅡㅡㅡㅡㅡ이

\ㅡㅡㅡㅡㅡㅡ이

!ㅡㅡㅡㅡㅡㅡ이

\ㅡㅡㅡㅡㅡㅡ이

ㅡㅡㅡㅡㅡㅡ이! ㅡㅡㅡㅡㅡㅡ

황홀의 표징은

너무나 달콤하고 무한하여

(중략)

해 저문 하늘을 향한 속삭임이

음악적 대양의 음계를 부드럽게 스치듯 내려오며

깊은 감동의 우물에서 응답의 메아리를 가져오네.(주17)

사실 이처럼 세심함과 열정이 결합된 작품도 드물다. 과학과 시의 합치가 대단히 어렵다는 뜻이다. 어쩌면 '새는 왜 노래하는가?'는 과학이 탐구 대상으로 삼기에는 적당하지 않은 물음일지 모른다. 그런 의문을 파헤치려 했다는 점에서 나는 가스탱을 높이 평가하는 바이며 다른 과학자들도 그러한 모험에 동참하길 바란다. 다양한 컴퓨터 채보 도구가 개발되고 통계학이 발달했으며 괄목할 만한 과학의 진전을 본 우리 시대에도 과학은 새소리의 의미를 완전히 파악하자면 여전히 시가 필요하다는 사실을 기꺼이 인정한다. 가스탱은 종달새들과 광희狂喜를 함께 느끼고 싶었다. 그리고 이들 새의 노래를 어처구니없으리만치 생소한 음절로 옮겨 놓은 시에 그는 넋이 나갔다.

가스탱의 황당한 시는 과학이라기보다 다다이즘(20세기 초반 제1차 세계대전의 무자비한 파괴력을 접한 지식인들이 유럽과 미국을 중심으로 일으킨 허무주의적 예술운동 – 옮긴이) 시에 가깝다. 그의 시는 주로 콜라주 작품과 유화로 널리 알려진 쿠르트 슈비터스Kurt Schwitters(1887~1948, 독일의 미술가이자 시인 – 옮긴이)의 선구적인 음성예술작품 한 점을 연상시킨다. 낭독시간이 30분이나 되는 것으로도 유명한 음성시 「원元소나타Ursonate」가 그것이다. 1922년에 착수하여 완간에 10년이 걸린 이 시는 무의미 철자(일상용어에서는 사용되지 않는 철자. 1885년 에빙하우스H. Ebbinghaus가 기억과정에 관한 연구에 무의미한 음절로 이루어진 단어리스트를 사용한 데서 시작되었다. – 옮긴이)들로 구성되어 있다는 혹평도 받긴 하지만 새소리를 들어본 사람이라면 금세 슈비터스가 새의 노래를 기억하고 전수하는 데 어느 정도나 암기용 연상어 표기법의 영향을 받았는지 알 수 있을 것이다. 다음은 「원元소나타」에서 발췌한 것이다.

우비 타타 투

우비 타타 투

우비 타타 튀 이

우비 타타 튀 이

우비 타타 튀이 튀이

우비 타타 튀이 튀이

타타 타타 튀이 튀이

타타 타타 튀이 튀이

틸라 랄라 틸라 랄라

틸라 랄라 틸라 랄라

튀 튀 튀 튀

튀 튀 튀 튀

티 티 티 티

티 티 티 티

슈비터스는 순수하게 소리 그 자체를 다뤘지만 나는 그의 시가 과학적인 시라고 추정되는 가스탱의 시와 유사하다는 사실이 놀랍다. 두 사람 모두 각자가 맡고 있는 전문 분야의 한계를 확장하여, 언어를 통사론의 한계와 조류 세계의 소리에까지 확장했다. 새들의 바벨탑은 우리 모두를 일깨운 것이다.

새의 노래가 지닌 느낌을 있는 그대로 분명하게 드러내려면 신조어로 지은 시가 필요하다고 생각한 가스탱과 달리, 아무리 인간적이고 불완전한 방식이라고 해도 우리 인간이 음색을 제외한 리듬과 음조, 형식을 가장 정확하게 기록할 수 있는 방식은 역시 악보로 기보하는 방법만한 것이 없으므로 새소리에 내재된 음악성을 입증하기 위해서도 음악적 기호들이 요구된다고 주창主唱한 이가 있었다. 미국의 자연연구자이자 교육자였던 슈일러 매슈스F. Schuyler Mathews의 작품도 가스탱의 작품과 유사하게 과학과 음악의 경계를 가르는 울타리에 걸터앉아 있었다. 매슈스가 대담한 내용을 실어 독자들 마음을 사로잡으면서 판을 거듭한 「야생조류 및 그들 음악의 필드북Field Book of Wild Birds and Their Music」의 초판(1904)과 2판(1921)의 첫 구절은 극단적인 다윈주의의 기계론적인 관점에 아직 때 묻지 않은 들새관찰자에겐 분명 직관적 지식으로 보였다. "새가 노래하는 이유는 첫째, 음악을 사랑하기 때문이고 둘째 암컷을 사랑하기 때문이며 (중략)" 매슈스는 새가 노래하는 이유를 고식지계姑息之計의 삶이 아닌 내적인 삶에서 찾으라고 충고했다. 매슈스는 새의 내면을 들여다보면 새의 노래가 음악처럼 이해될 것이라고 믿었다.

어째서 매력적인 음절만으로 충분하지 않은가? 매슈스는 예를 들어 설명했다. 흰목참새는 올드 샘 피바디, 피바디, 피바디처럼 노래한다고 알려져 있지만 주의해서 들어보면 코다coda(종결부 또는 결미부. 악곡의 끝에 부가된 부분 – 옮긴이)가 특유의 고르지 않은 리듬으로 처리되고 있음을 알 수 있다. *피이이이 부–디 피이이이 부–디 피이이이 부–디*. 이런 흔들거리는 재즈풍의 불규칙한 리듬은 언어로 명확히 표현할 수 없다. 악보가 필요하다. 매슈스는 새의 노래를 '미소微小 음악micromusic', 즉 리듬과 형식, 프레이즈가 시작은 그럴듯하지만 전체적인 완성도가 낮은, 아주 작은 음악으로 여겼다.

매슈스가 채보한 흰목참새의 음악

매슈스는 좀더 복잡한 곡조의 지저귐을 채보해 보았다. 흰목참새는 완벽한 프레이즈를 내뱉었고 다음 프레이즈도 매슈스 자신을 기쁘게 해줄 것으로 기대되었다.

매슈스가 채보한 노래참새의 노래

3장 그대가 좋아하니까 97

"왜 계속하지 않아?" 매슈스는 새에게 애원했다. 잔뜩 기대에 차 있는 그의 귀에 들린 것은 원하던 소리가 아니었다. 「야생조류 및 그들 음악의 필드북」 전체에 걸쳐 매슈스는 아무렇게나 쏟아낸 프레이즈들을 적절한 종지로 마무리 짓지 않는다며 날개달린 우리 친구들을 나무랐다. "사실 그 새는 도착하지 않았다. 그래서 여전히 노래에 마침표가 찍히지 않았다. 녀석은 출발이 훌륭하지만 거의 항상 으뜸음(음계의 첫 음 – 옮긴이)을 비롯해 곡에 종지감을 주는 어떤 음으로도 끝내지 못한다."(주18)

이 책이 이후 300쪽에 가까운 지면을 이런 종지 없는 노래들에 할애했다는 점을 감안하면 다소 강한 어조의 비난이다. 매슈스는 자신의 피실험자들과 애증의 관계를 유지했던 것이 분명하다. 새들의 음악이 지닌 생소함을 접한 그는 표기법으로 새소리를 이해하는 데는 한계가 있음을 깨달았다. 그는 밤에 등골이 오싹해지게 무시무시한 소리인 비명올빼미 screech owl, Otus asio의 귀에 생소한 음악을 이런 식으로 표현할 수밖에 없었다.

매슈스가 채보한 비명올빼미의 음악

이들 새의 음조는 정말 으시시했다. 재채기 소리와 가죽 풀무로 공기를 주입하는 소리를 섞어 놓은 듯한데다 몸이 반쯤 언 강아지의 슬피 우는 소리까지 가미되어 더욱 불가사의했다. 나는 금세 요놈들이 아직 어려 제대로 노래하는 법을 익히지 못한 모양이라고 결론짓고 녀석들에게 한두 수 가르쳤지만 그 경험은 내 자신에게도 유익해서 여기서 얻은 교훈이 없지 않았다.

새의 노래를 우리에게 익숙한 악보로 표현하기는 어렵지 않다. 하지만 새소리에는 대부분의 기존의 멜로디가 종지에 다다른 순간 무시하는 듯 보이는 자유롭고 탐색적인 특성이 있다. 어쩌면 자연에는 세상에 드러날 날을 기다리는 이야기나 구조물이 풍족하지 않은지도 모른다. 자연이 노래하는 주제는 우리가 상상하는 욕구, 즉 음악이란 첫머리와 중간, 끝이 명확하도록 소리로 나타낸 것이라고 말하고 싶은 욕구에 직면한 순간에 달아나버리는 영원성과 반복성이다. 새의 노래를 음악이라고 생각하며 들어보라. 음악 그 자체를 둘러싼 경계가 터져버릴 것이다. 매슈스는 자신이 좋아하는 새소리 중에도 악보로 표현 가능한 노래의 한계에 놓여 있는 것들이 있다는 사실을 깨닫는 순간 이 점을 간파했다. 쌀먹이새 bobolink, Dolichonyx oryzivorus(북미산 찌르레기의 일종. 해마다 무리를 지어 북미에서 아르헨티나와 파라과이까지 이동하며 경작지의 곡식과 쌀을 먹이로 삼는 바람에 일부 농장주로부터 해조로 인식되고 있다. - 옮긴이)의 지저귐을 추적해 나가던 매슈스는 이 새가 고하는 리드미컬한 예고를 접하자 당황했다.

매슈스가 채보한 쌀먹이새의 음악

언어이긴 하지만 일상용어에서는 사용되지 않는 그 기묘한 단어들로 새소리와 유사한 음절과 리듬을 만들어 지면에 채움으로써 가스탱이 슈비터스의 다다이즘을 내다봤듯, 매슈스는 기보법을 아방가르드 직전에까지 확장했다. 어느 초원에서 이름 모를 새의 노래를 채보한 악보는 칼하인즈 슈톡하우젠Karlheinz Stockhausen(1928~, 독일의 현대음악 작곡가)의 악보를 닮았다! 더 많이 듣고 악보에 더 많이 옮길수록 매슈스는 미래의 음악에 더 가까이 다가갔다.

매슈스는 첫머리와 중간, 끝을 갖춘 단순명료하며 예측 가능한 음악을 선호했다. 하지만 그가 더 까다로운 곡이 늘 갑작스럽고 새로운 느낌으로 다가와 이해나 해독이 불가능한 이유를 찾아냈는지도 모른다. 쌀먹이새의 멜로디가 "결코 종지에 도착하지 않는다"는 매슈스의 불평은 "이 새는 입증할 것이 없다. 도대체 지루함을 모른다."로 해석될 수 있을 것이다.

매슈스는 잘 알려진 단순한 노래들을 악보로 옮겨보고 낙심했다. 대부분이 ("음악적 인정에 목적이 있지 않고 오로지 음악적 만족만을 위한") 피아노 반주용으로도 부적절했던 것이다. 하지만 그가 칭찬을 아끼지 않은 한 곡은 악보로 명쾌하게 옮기기조차 힘들었다. 노래의 주인공은 북미에서 가장 고운 음색으로 통하는 더블플루트풍의 상행종지를 지녔으며 모습을 잘 드러내지 않는 회갈색의 붉은꼬리지빠귀hermit thrush, Catharus guttatus이다. 매슈스가 악보에 옮긴 곡은 실제 새소리와 그다지 가깝지 않았다. 악보로는 이 새가 그에게 들려준 노래를 온전하게 담아낼 수 없었던 것이다.

매슈스가 채보한 붉은꼬리지빠귀의 음악

이 그림에서 보듯 매슈스의 영혼을 고양시킨 것은 단 하나의 모티브, 즉 상행하는 지저귐이었다. 표준적인 기보법으론 음의 깊이, 다시 말해 프레이즈가 지닌 무한한 다양성을 표현할 수 없었다. 매슈스가 붉은꼬리지빠귀의 노래를 듣고 보인 반응은 앞으로 살펴볼 가스탱의 몇 가지 유산 중 하나이다. 바로 이 시점이 최선을 다해 객관적 시각을 유지하려던 관찰자가 새소리의 장엄함에 압도되어 일순간에 시의 세계로 빠져드는 순간이다.

새의 노래는 아주 우아하게도, 베네치아산 유리 제품에 새겨진 밝은 색조의 멋진 소용돌이 모양으로 퍼져 나간다. (중략) 어떻게 기보법의 묘사만으로 그런 진실을 전달할 수 있겠는가! 그 누가 붉은꼬리지빠귀의 노래를 정확히 이야기할 수 있단 말인가! 플루트의 음색을 띤 낭랑한 지속음에 이어 화려하고 활기찬 음악이 울려 퍼진다.

··· 게다가 그 노래는 풍부하게 갖추고 있다네

3장 그대가 좋아하니까 101

파이프 오르간의 파이프로도 낼 수 없고

음악가가 상상하거나 안 적도 없는

그처럼 감미로운 음악을.^(주19)

시의 세계로 빠져드는 것은 결코 우발적이지 않다. 새의 노래를 열중해서 듣고 있노라면 어느 틈에 시상이 떠오르기 마련이다. 시의 세계로 도달하고픈 욕구를 만족하는 데 시의 질은 문제가 되지 않는다. 우리가 원하는 것은 언어를 확장하여 그 언어로 감정의 설명뿐 아니라 감정의 환기까지 하는 것이다.

나바호족의 치유의식 중 하나인 '축복의 길 Blessing Way'에서 불리는 그 유명한 치유의 노래를 생각해 보라. 처음에는 이 노래가 다소 황당한 음절로 이루어졌다고 생각될 것이다. 하지만 단지 우리가 이 부족의 언어를 모르므로 눈에 생소하게 보일 뿐이다. 우리말로 번역해 놓고 보면 이 노래는 더 이상 고양될 수 없는 세상의 기쁨을 노래하고 있다.

아름다움 속을 나는 걷습니다.
내 앞의 아름다움과 함께 걷습니다.
내 뒤의 아름다움과 함께 걷습니다.
내 위의 아름다움과 함께 걷습니다.
내 주위의 아름다움과 함께 걷습니다.
그건 다시 아름다움이 되었습니다.
그건 다시 아름다움이 되었습니다.
그건 다시 아름다움이 되었습니다.

그건 다시 아름다움이 되었습니다.

세상은 축복을 받았다. 그리고 새들이 그 세상에 자리하고 있다. 새의 노래를 옮겨 적는 입장에 있든 새소리에서 무언가를 배우는 처지에 있든, 혹은 새의 내면을 들여다보려는 상황에 놓여 있든 우리는 여기서 그 노래의 호조Hózhó(나바호족 종교의 근간을 이루는 개념. 아름다움과 균형, 조화, 질서, 축복, 건강, 평화, 행복 등을 가리킬 때 쓴다. – 옮긴이)를 목격한다. 음악가는 새의 노래가 지닌 쾌활함에 놀라 자신이 알기로 가장 오래되었고 생소하기 짝이 없는 그 음악을 악보에 옮긴다. 알듯 모를 듯한 저 위대한 의미를 추구하는 시인의 경우는 어떤가? 그는 우리 인간을 지나치게 자의식이 강한 존재로 만들어 자신의 완벽함을 누리지 못하게 한 바로 그 자연과 일치하고자 하는 강한 갈망을 느끼거나 혹은 억제할 수 없는 열정을 듣는다. 한편, 과학은 모든 자연의 음악이 지향하는 목적을 알아내려는 과정에서 우리에게 새의 노래 한 곡이 지닌 가치를 일깨운다.

새들도 자신의 귀에 생소한 우리 인간의 소리에서 아름다움을 들을 수 있는지도 모르겠다. 오스트레일리아 동남부 지역의 사람들이 말한 큰거문고새에 관한 얘기다. 빅토리아 주나 뉴사우스웨일스 주의 구릉 지역에 널리 퍼져 서식하는 이 종에겐 대대로 전해 내려온 노래를 무리와 공유하고 학습하는 능력이 있다. 1930년대 뉴사우스웨일스 주에 위치한 작은 도시 도리고에 플루트를 연주하는 농부가 몇 년간 애완용으로 큰거문고새 한 마리를 길렀다. 그런데 그 긴 세월 동안 농부가 플루트 연주를 들려줬지만 큰거문고새가 익혀 흉내 낼 수 있는 것이라곤 고작 몇 소절뿐이었다. 농부는 인간성을 지닌 다른 어떤 소리도 가르칠 수 없었다. 얼마 후

농부는 큰거문고새를 숲의 품으로 돌려보냈다.

30년 후, 도리고 인근에 위치한 뉴잉글랜드 국립공원New England National Park에서 플루트 풍의 음이 섞인 노래를 부르는 큰거문고새 떼가 발견되었다.[20] 그런 소리는 다른 큰거문고새 개체군에선 들어볼 수 없었다. 이 노래를 좀 더 자세히 분석해 보니 프레이즈에 1930년대의 대중가요 두 곡〈모기 댄스Mosquito Dance〉와 〈더 킬 로우The Keel Row〉의 음들이 담겨 있었다. 두 가지 멜로디가 수 세대 동안 내내 동시에 불리다 어느 순간 하나의 프레이즈로 압축되었고 대대로 계속하여 그것이 다듬어져 이들 큰거문고새가 세력권을 선언하기 위해 부르는 독특한 노래로 발전했던 것이다.

큰거문고새 한 마리가 플루트 연주곡 몇 소절을 익힌 지 70년이 흐른 지금, 플루트 풍의 노래는 처음 사건이 일어난 지점에서 1백 킬로미터 떨어진 곳에서도 들을 수 있다. 인간의 곡이 큰거문고새의 세계 전역에 퍼지고 있는 것은 수 세대 동안 내내 큰거문고새들이 우리의 특별한 음악 두 곡을 유별나게 선호한 결과이다. 아름다움은 우연이 아닌 습관을 통해 퍼진다. 우리는 아름다움 속을 거닐고 아름다움 속에서 듣는다. 새들은 아름다움과 더불어 하늘을 날아다니고 소리로 그것을 보전한다. 자연이 인간의 세계에선 거의 잊힌 멜로디 단편 몇 개에 그토록 집착하는 데는 어떤 납득할 만한 이유가 있는가? 소리를 듣고 음악적인 음표나 음성적인 부호로 기록하는 것만으로도 흡족할 만하다. 하지만 여기서 더 나아가 그 원천, 그러니까 순간적으로 발화되어 사라지기 전에 그 경이로움을 종이 위에 고정시켜 놓고 계속 분석할 수 있는 새로운 도구를 찾아보자.

CHAPTER 4

노래분석기

알버트거문고새와 큰거문고새는 높은 기교의 모창 실력을 기이한 과시 행동 전술과 결합시키는 놀라운 재주를 갖고 있다. 이들 종은 조류 세계의 성선택과 독특한 적응들을 보여주는 극단적인 예이다. 하지만 1932년 당시 호주방송위원회Australian Broadcasting Commission (1983년 ABC 법안이 통과되어 호주방송공사Australian Broadcasting Corporation로 명칭이 바뀌었다. – 옮긴이)가 생방송으로 이들 새의 노래를 전하기 전까진 거문고새의 존재는 세상에 그다지 알려져 있지 않았다. 청취자 수천 명이 채널을 고정시킨 채 라디오 드라마에서 흘러나오는 진귀한 새소리를 들었고 그제야 세상은 그 아름다운 노래를 알게 되었다. 사람들은 더없이 아름다운 거문고새의 소리를 계속 들으려면 무엇보다도 이들 종의 서식지를 보존하는 것이 중요하다는 점을 깨달았고 거문고새는 곧 공식적으로 보호받게 되었다.

녹음기술이 등장하기 전에는 오로지 자신의 귀에 의지해 새소리를 들을 수밖에 없었다. 20세기를 십여 년 앞두고 에디슨이 소리를 녹음하고 재생할 수 있는 기계를 발명했다. 그 기계는 그 후 계속 개량되었고, 라디오와 결합되면서는 전 세계의 희귀한 소리들을 청취할 수 있게 되었다. 당연히 자연프로그램은 텔레비전에서보다 라디오에서 앞서 등장했고 그런 프로그램에선 흔히 새의 노래를 비중 있게 다루었다. 새소리는 새로운 무선 기술을 통해 수백만 명의 청취자를 감동시킨 자연의 첫 번째 모습 중 하나였던 셈이다.

시간이 지남에 따라 녹음 기계에 왁스 실린더와 압축된 레코드가 도입되었고 마그네틱 테이프 레코더가 등장하여 채록연구가들에게 새로운 융통성을 부여했다. 제2차 세계대전 동안에는 소노그래프가 발명되었다. 불완전한 인간의 귀에 의지하지 않고도 음조와 지속시간, 리듬을 비롯해 소리에 관한 세세한 정보들을 시각적으로 기록할 수 있도록 해주는 장치가 탄생한 것이다. 이 기계 덕분에 과학자들은 새소리에 작용하고 있는 정말 생소하기만 하던 구성 원리들, 즉 매초 엄청나게 쏟아지는 정보와 비화성음 그리고 불규칙한 리듬을 살펴볼 수 있게 되었다. 소노그래프를 이용하면 새의 노래를 훨씬 객관적이고 시학보다 기하학에 좀 더 가깝게 분석할 수 있었다.

녹음 기계가 없었던 시절의 새소리 연구자들은 분명 노련한 들새관찰자였을 것이고 귀에 들리는 소리를 이해하는 감각을 단련시켰을 것이다. 하지만 사람마다 다르게 들리는 소리들을 객관적으로 평가할 수 있는가? 누군가에게 즈위로 들린 소리가 다른 이에겐 스리라고 들릴 수 있다. 어떤 나라에선 '올드 샘 피바디, 피바디, 피바디'로 들리는 소리가 국경을 넘으면 '캐나다, 캐나다, 캐나다'가 될 수도 있다. 이 사람에게 음악인 것이 저 사람에게 소음일 수도 있다. 기계를 이용하면 개인적인 견해차를 극복할 수 있지 않을까?

'녹음recording'이란 말은 지금처럼 '인간 음악가이든 새 음악가이든 음악가의 연주 내용을 기록·보존하는 작업'을 의미하기 전에는 '학습learning'을 뜻했다. 조류학자들도 처음에는 새의 노래가 녹음된 테이프를 교육용으로 활용했다. 자연의 소리를 채록하여 연구하는 전문가들 중 가장 먼저 이름을 날린 인사는 루트비히 코흐Ludwig Koch(1881-1974, 독일의 자연연구자)였다. 많은 신기술 선구자들이 그렇듯, 코흐도 자신에 관한 이야기들을 과대포장하여 말하는 경향이 있었지만, 그중 일부는 사실일지도 모른다. 예를 들어, 코흐는 자신이 새의 소리를 최초로 녹음한 사람이라고 주장했는데, 실제로 그는 8살 나던 해인 1889년 내가 국립조류동물원에서 들었던 그 아시아의 명창 샤마지빠귀의 노래를 에디슨의 왁스 실린더에 녹음한 적이 있다. 그런 그가 축음기 레코드가 딸린 새노래 교육용 '사운드북'을 처음으로 생각해낸 것은 독일의 음반업체 EMI에 몸담고 있던 시절인 1920년대였다.

종이에 새의 노래를 묘사한 것만으로는 충분한 학습 효과를 거둘 수 없었다. 코흐는 저서 「어느 조류연구가의 추억Memoirs of a Birdman」(1955)에 다음과 같이 기록했다. "저 음악적 기호들과 곡선은 과학자에게든 새 애호가에게든 무의미하다." 진짜 들새가 내뱉는 소리의 그 기막힌 감미로움이 전혀 전달되지 않는다는 뜻이다. 코흐는 어릴 적에 야생상태에서 자라지 못한 사육새들이 종종 자신이 속한 종 특유의 소리를 내지 못한다는 점에도 일찌감치 주목했다. 그는 우리가 야생의 세계로 들어가 진짜 소리를 갖고 와야 한다고 지적했다.

녹음 기계가 처음 등장했을 때만 해도 이것은 그렇게 호락호락한 일이 아니었다. 녹음 장비는 무겁고 끌고 다니기가 거추장스러웠다. 하지만 일단 새소리를 녹음하여 스튜디오로 가져와 모두들 들을 수 있게 되자 그의 조국 독일에서는 새의 소리에 대한 관심이 엄청나게 높아졌다. 당시 인기가 한창 오르고 있던 독일의 지도자 아돌프 히틀러는 독일산 숫사슴의 기운 넘친 소리가 담긴 녹음테이프에 더 흥미를 보였지만 말이다. 1930년대 말, 코흐는 은밀히 국경을 넘어 스위스로 들어갔다 다시 런던으로 향했다. 긴밀한 유대를 자랑하는 영국의 새 애호가들 세계는 그를 열렬히 환영했다. 새의 노래를 주제로 BBC가 그에게 맡긴 프로그램들마다 '대영제국의 목소리'가 들리는 곳이라면 어디에서나 인기를 끌었다.

코흐는 자신이 만나본 왕족과 정치가는 물론 일반인들까지도 하나같이 새의 노래, 특히 자신이 채록한 소리가 그렇게 좋을 수 없다는 고백을 했다고 기록했다. 하지만 부끄럼을 잘 타는 희귀종이 내는 포착하기 힘든 그 소리를 녹음하기 위해 다루기 힘든 장비를 끌고 다니는 오지 여행은 괴로운 경험이었다. 코흐는 뻐꾸기 암컷이 비행할 때나 겨우 내뱉어 들을 기회가 좀체 없는 그 재잘대는 소리를 채록하는 과정을 이렇게 묘사했다.

내가 헤드폰을 낀 채 녹음 장비가 놓여 있는 곳 근처에 서 있을 때였다. 800미터 떨어진 곳에서 뻐꾸기 두 마리가 마이크로폰이 놓인 곳을 향해 질주하는 모습이 보였다. 내가 "컷!"이라고 외치며 신호를 보내자 녹음기사가 커팅(레코드 등에 소리홈을 만드는 일 – 옮긴이) 작업을 시작했다. 그런데 이 짧은 순간에 뻐꾸기 암컷이 레코드(왁스가 아닌 아세트산알루미늄을 입힌 레코드였다) 가장자리에 너무 바싹 날아와 뻿하는 소리를 내는 바람에 BBC의 스튜디오에서 좋은 더빙(음소재에 수록된 음성 또는 영상신호를 다른 레코드나 테이프에 복제하는 작업 – 옮긴이)을 기대하기 힘들게 되었다. 이것은 상당한 거리를 두고 뻐꾸기를 관찰해도 비행 속도가 너무 빨라 커팅 작업이 여의치 않다는 사실을 보여준다. 리즈 씨가 내게 건넨 말이 수긍이 갔다. "이번에도 실패로군요."^(주1)

결국 라디오 시대의 데이비드 애튼버러David Attenborough(1926~. 영국의 방송인·작가. 영국 최고의 자연다큐 해설가)인 코흐는 항상 자신의 노래를 손에 넣은 것 같다. 그는 「어느 조류연구가의 추억」을 다음의 말로 마무리 지었다. "날 광신자라고 불러라. 난 미친… (중략) 하지만 난 그런 광신을 나보다 천 배 만 배 훌륭한 성인과 공유하고 있음을 기억하고 싶다. 신의 목적에서 그리고 인도주의적 견지에서 새들과 친밀한 관계를 맺는 동안에 녹음 장비와 라디오를 이용할 수만 있었다면 똑같은 위업을 이뤄냈을 아시시의 성인 프란체스코 말이다."^(주2) 우리는 스스로를 성인에 비유한 코흐를 칭송하지 않을 수 없다. 이 남자는 신기술의 위력을 알아본 덕분에 자신과 새 모두 유명 인사가 될 수 있었다.

코흐는 새의 노래에 관한 학문(이하, 조류음향학 – 옮긴이)의 시동을 거는 데도 기여했다. 현존 최고의 조류음향학자로 평가받고 있는 피터 말러Peter Marler는 UC 데이비스University of California at Davis에 있는 책으로 빽빽이 채워진 자신의 사무실에서 자신이 이 길로 들어서게 된 계기를 이렇게 술회했다.

고등학생 시절, 아마추어 들새관찰자였을 때입니다. 어느 날 루트비히 코흐의 강연이 있다기에 런던동물협회London Zoological Society를 찾았지요. 오스트리아어와 독일어의 강한 악센트가 정감 있더군요. 정말 감동적인 강연이었습니다. 코흐는 특히 흰날개되새chaffinch, Fringilla coelebs의 노래에 관심이 깊었는데, 난 그 강연을 들으며 "아하"하고 탄성이 나올 만큼 큰 깨달음을 얻었죠. 당시 흰날개되새를 이미 채보하던 중이었는지는 확실하지 않지만 이 초보적인 문자 체계를 개발하고 얼마 지나지 않아서, 그러니까 소노그램도 테이프 레코더도 알기 훨씬 전이었습니다.(주3)

말러가 연구에 전념하며 살아온 그 수십 년의 세월은 기술이 소리를 이해하는 우리의 능력을 근본적으로 변화시킨 시절이었다. 따라서 그의 기억들이 앞으로 살펴볼 대부분의 이야기를 명료하게 조명할 것이다.

녹음된 새소리를 반복해서 들을 수 있게 되자 새의 노래를 종이 위에 좀 더 정확히 옮길 수 있는 방식을 고안하는 일이 가능해졌다. 20세기 중반에 이르자 그러한 노력을 가장 상세히 다룬 책이 세상의 빛을 봤다. 1935년 아레타스 손더스Aretas Saunders가 펴낸 「조류 안내서Guide to Bird Songs」가 그것이다. 손더스는 들새관찰자들이 악보를 읽을 줄 알아야 한다는 것을 전제로 하지 않으면서 소리를 정확히 표기하는 방식이 필요하다고 생각했다. 악보 읽기는 훈련이 필요하므로 모든 사람들이 새의 노래를 옮긴 악보를 읽을 수는 없는 노릇이었다. 손더스는 새의 노래를 인간의 음악과 지나치게 밀접하게 결부하여 생각하는 잘못된 경향에 한몫 거들 생각은 추호도 없었다. 손더스의 표기법은 정확하고 과학적인 기록 방식이란 인상을 주지만 내 눈에는 개념미술(예술의 창조적 과정이 예술가의 사고 그 자체에 의해서 이루어지므로 예술의 본질은 완성된 작품이 아니라 제작의 아이디어 자체에 있다는 태도 - 옮긴이)에서 다룰 법한 난해한 도식으로 보인다.

개성 없는 희미한 치찰음

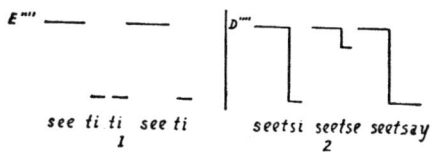

갈색나무발발이의 노래

   30년 전 매슈스가 그러했듯, 손더스도 때로 자신의 피실험자들에 대한 다소간의 경멸을 나타내곤 했다. 체구도 작고 몸 색깔도 나무껍질과 비슷한 갈색이라서 눈에 잘 띄지 않는 갈색나무발발이brown creeper, Certhia americana는 나무줄기의 둘레를 나선형으로 돌아 나무 위로 올라가는 특징을 가진 새다. '치찰음?' sibilant 齒擦音(음성학에서 마찰음의 일종. 혀끝을 입천장 가까이 가져가 공기를 혀 옆으로 내보내 '쉿' 하는 소리를 낸다. 영어에서는 's, z, sh, zh'(예를 들면 pleasure의 's' 소리)가 치찰음이다. 때로는 파찰음인 'ch'와 'j'도 치찰음으로 간주한다.-편집자) 노래답지 않다. 하지만 손더스의 표기법으로 나타내면 그렇다. 코흐의 표현처럼 이런 유형의 도식은 "무의미하다." 하지만 내가 볼 땐 말과 선으로 이루어진 이런 표기는 훌륭하다.

   손더스는 내가 가장 좋아하고 아무리 들어도 질리지 않는 흉내지빠귀의 노래를 다음과 같이 표현했다(이 새의 노래는 8장에서 좀 더 깊이 분석할 것이다). 이들 선을 보면 희미하게 들리는 노래의 리듬과 흐름이 흉내지빠귀의 것임을 금방 알 수 있다. 겨우 멜로디 단편 한 개만 들었다고 해도 듣는 이의 손에 「조류 안내서」만 쥐어져 있다면 소리의 주인공을 알 수 있을 것이다. 바로 여기에 손더스의 일차 목표가 있었다. 들새관찰자들이 새소리만 듣고도 새의 종을 가려낼 수 있도록 하는 것 말이다. 오늘날에는 새의 노래가 수천 곡이나 수록된 테이프나 CD, DVD, 디지털 MP3 플레이어 따위를 야외로 들고 나가 실제 새소리를 식별하는 데 활용한다. 하지만 50년 전 우리에겐 도식과 채보한 악보뿐이었다. 녹음테이프는 집에서나 듣는 물건이었다.

구불구불한 곡선과 도식, 악보, 새소리 암기용 연상어 중에서 새의 노래를 가장 잘 나타내는 방식은 어떤 것인가? 하나같이 독창적이고 주관적이며 개성적이다. 자신이 새소리를 기억할 목적으로 옮겨 적는 것이라면 모두 훌륭한 도구이다. 하지만 타인에게 새소리의 느낌을 정확히 전달하기를 원한다면 이들 특이한 표기법은 그다지 유용하지 않다.

기계에 입력하라. 1940년대에 뉴저지에 위치한 벨 연구소Bell Telephone Laboratories에서 연구원들이 지문만큼이나 개인성이 뚜렷한 성문聲紋을 조사하여 용의자를 찾아낼 목적으로 사운드 스펙트로그래프sound spectrograph를 발명했다. 제2차 세계대전 중에 개발된 특급기밀에 속한 기술의 결과물인 이 장치는 현재 일반적으로 소노그래프sonograph로 불리며, 소리의 두 주요 변수인 주파수와 시간을 분석하여 시간의 경과에 따른 주파수의 변화를 용지에 도식으로 나타낸 것이 사운드스펙트로그램(즉, 소노그램)이다.

케임브리지 대학교의 동물학 연구소 설립자 소프W. H. Thorpe, (1902~1986)는 새소리 분석기로서의 소노그래프가 지닌 잠재력을 금세 알아봤다. 그의 기대를 한 몸에 받은 제자 피터 말러는 기계가 도착했던 날을 다음과 같이 술회했다. "짐꾸러미를 풀어보는 순간, 이것이 심상치 않은 물건임을 알았죠. 1949년 당시 영국에서 소노그래프는 이것과 해군연구소Naval

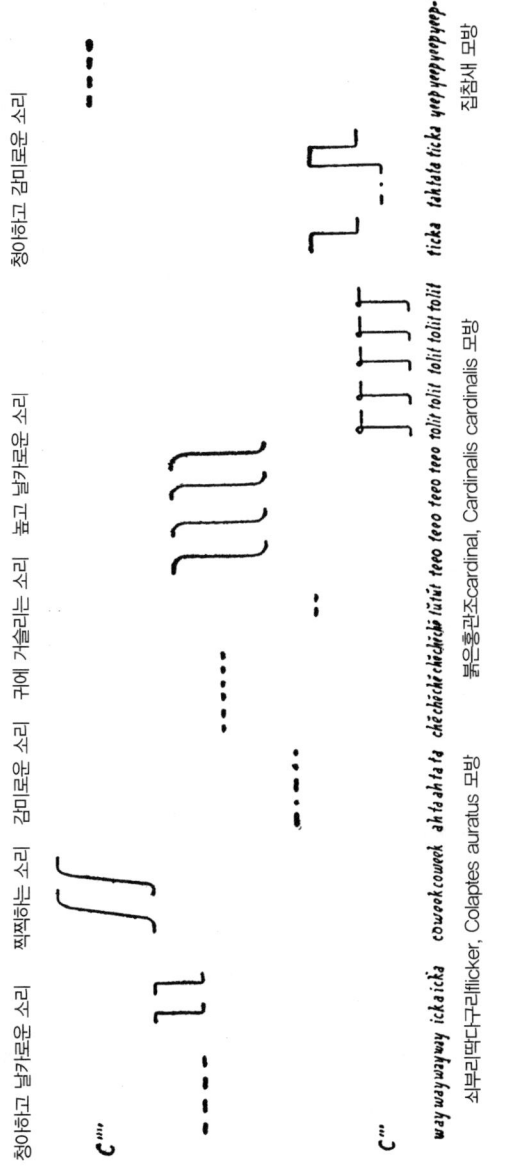

Portion of a song of the Mockingbird

4장 노래분석기 113

Laboratory가 수중감시용으로 보유하고 있던 것. 이렇게 두 대뿐이었습니다. 그 중 하나를 가졌으니 소프 선생님께서는 운이 꽤 좋으셨던 거죠. 우리는 이것이 거의 마법 같은 잠재력을 지녔다는 걸 단번에 알아 봤습니다."(주) 이제서야 우리는 새소리의 세부사항들을 지면紙面에 정확하고 객관적이게 묘사할 수 있게 되어 암기용 연상어나 꼬불꼬불하게 휘갈겨 그린 곡선의 수준을 뛰어넘는 정확성에 접근할 수 있게 되었다.

우선 말러와 소프는 기계가 출력한 이상한 기호들을 읽는 법을 익혀야 했다. 코스타리카 원산의 벼슬 티나무pileated tinamou 혹은 little tinamou, Crypturellus soui가 내는 선천적인 신호음처럼 그 소리가 맑고 날카로운 음으로 이루어진 단순 음계를 이룬다면, 일련의 선분들이 좌-하-우-상의 형태로 배열된다. 수평선은 플루트로 단음을 연주할 때와 같은 단일음의 음조를 의미한다. 하지만 이처럼 아주 느리면서 단순한 상행음계는 조류 세계에선 거의 찾아볼 수 없다. 하긴, 이런 노래를 들으면 확실히 음악만큼이나 아름답게 들리긴 하지만….

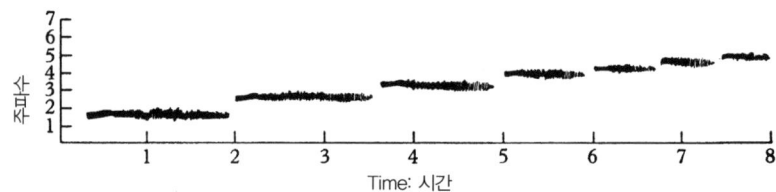

벼슬 티나무의 좌하우상의 음계를 표현한 소프의 소노그램

새의 날카로운 울음소리는 악보와 비교하기 가장 쉬운 소노그램을 만들어낸다. 숲타이란트새의 곡을 살펴보자. 소노그램으로 표현된 프레이즈가 악보의 프레이즈보다 새소리의 뉘앙스의 차이를 좀 더 섬세하게 나

타내고 있음에 주목하라. 게다가 주파수를 겹쳐 표시함으로써 악보로는 불가능한 방법으로 음색의 표현도 가능하다. 소프는 "균형이 잘 잡힌 선"이 기막히다며 이 "미소微小 음악"을 높이 평가했다. 6장에서 살펴볼 테지만, 동물행동학자 월리스 크레이그Wallace Craig가 새 한 종을 대상으로 이루어진 연구 중에 가장 심도 있는 연구의 성과물인 논문 〈숲타이란트새의 노래 – 새 음악 연구The Song of the Wood Pewee Myochanes virens linnaeus: A Study of Bird Music〉이 어째서 200쪽이나 되는지 그 이유를 알 만하다.

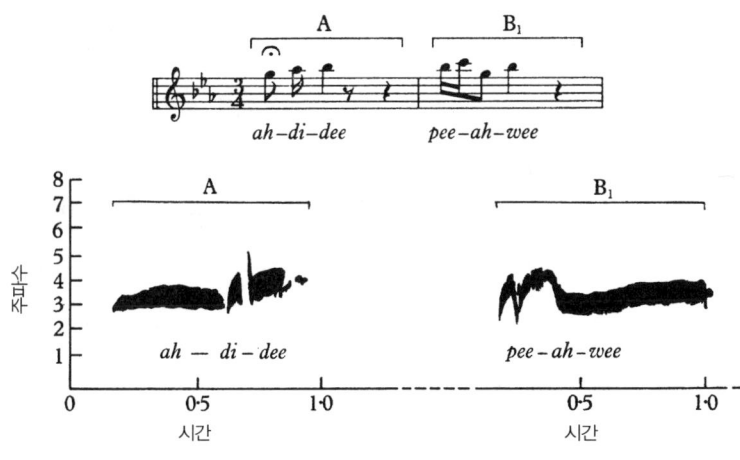

소프가 비교한 숲타이란트새의 노래의 악보와 소노그램

앞으로 많은 소노그램을 살펴볼 것이다. 독자들의 해독하기를 기대해서는 아니다. 내가 이들 소노그램에서 진정한 아름다움을 발견했기 때문이다. 1950년대 혹은 1960년대의 소노그램은 더더욱 그렇다. 당시 과학자들은 소노그래프가 출력한 지저분한 원물原物 위에 습자지를 대고 직접 잉크로 그려야 했다. 지금까지 내가 본 소노그램 중 가장 복잡했던 것은 호금조gouldian finch, Chloebia gouldiae의 노래를 나타낸 것이었다.

4장 노래분석기 115

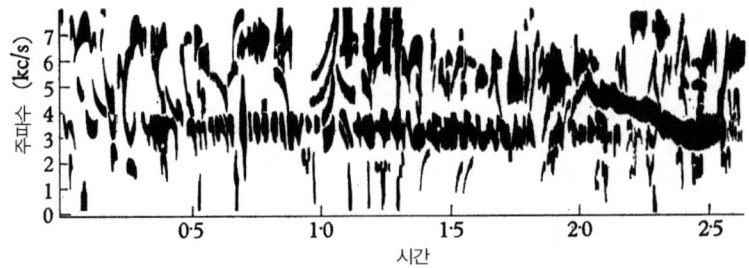

이 복잡한 소노그램은 이 새가 3종의 소리를 동시에 낸다는 사실을 보여준다. 드론drone(악곡구성과 관계없이 지속적으로 선율적인 다른 성부를 받쳐주는 1성 또는 다성多聲의 저음. 이러한 지속적인 저음의 효과를 내는 악기들을 지칭하기도 한다. - 옮긴이) 위에 짹짹거리는 소리 2종이 겹친다. 이는 새의 발성 기관인 울대가 놀라우리만치 복잡한 구조로 이루어져 있다는 사실을 드러낸다. 이런 복잡성 덕분에 인간의 후두에 비해 새의 울대는 훨씬 융통성을 보인다. 요즘은 일부 프리웨어를 포함해 사용하기 편한 소프트웨어 프로그램들이 많고 컴퓨터로 이런 프로그램을 사용하면 소노그램을 순식간에 출력할 수 있다.[주5] 출력물의 표현 방식도 다양하다. (하지만 초창기 소노그램의 그 힘찬 붓놀림은 느껴지지 않는다.)

지금 내가 과학적이고 객관적이어야 할 평가를 불필요한 심미주의적 평가로 몰아가고 있다고 여길지도 모르겠다. 하지만 이런 도식이 보여주려는 요소에 주목해 보라. 소리의 수평적 속성(시간)과 수직적 속성(음조, 음색) 말이다. 이들 속성을 해석하자면 연습이 필요하다. 듣는 훈련뿐 아니라 보는 훈련도 해야 한다. 우리가 귀로 잘 분간하지 못하는 대상을 시각적으로 보고 싶을 때 소노그램을 활용해 봄직하다. 예를 들어, 새가 자신의 노래를 익히는 과정과 그것을 무리의 일원들과 공유하는 방식을 밝히고, 나아가 어떤 식으로 이웃한 새들의 노래와 다소 차이가 나는 노래를 부르는지를 알아보는 데 소노그램은 유용하다.

소프의 연구 중 후대에 가장 큰 영향을 미친 업적은 유럽에서 흔히 볼 수 있는 새인 흰날개되새에 관한 연구였다. 기계를 들인 후 처음에는 소프는 이 신기술을 새의 좀 더 단순한 소리, 즉 노랫소리보다 신호음에 적용해 봐야겠다고 생각하고 제자에게 이 프로젝트를 맡겼다. 그렇게 해서 말러의 첫 과학논문들 중에 흰날개되새의 신호음이 특별한 의미를 가지고 있다는 사실을 증명한 논문이 「흰날개되새의 음성과 그것의 언어로서의 기능The voice of the chaffinch and its function as a language」라는 도발적인 제목이 붙어 출판되었다. 말러가 발견한 특이한 신호음은 모두 선천적이었고 총 12종이었다. 비행 중에 내는 신호와 동료를 부르는 신호음, 부상 신호음, 공격신호음이 각 1종이고, 경계신호음 3종(테우, 시이이, 후잇), 구애신호음 3종(크시입, 처어프, 시입) 외에도 새끼새(알에서 깬 뒤에 깃털이 다 갖춰져 둥지를 떠나기 전까지의 새 – 옮긴이)가 먹을 것을 달라고 조를 때의 신호음과 어린새(깃털이 완성되고 첫 깃털갈이를 하기까지의 새 – 옮긴이)가 먹을 것을 달라고 조를 때의 신호음이 각 1종이다.

이때가 1955년이었다. 이전에는 그 누구도 새의 신호음이 그처럼 알차게 구성되어 있으리라곤 생각하지 못했다. 이런 사실을 접한 사람들은 어떤 반응을 보였을까? "그 정도로 주목을 받으리라곤 미처 생각하지 못했습니다." 말러는 어깨를 으쓱해 보였다.

왓슨Watson과 클릭Crick이 각종 언론매체의 헤드라인을 뜨겁게 달구며 유전자 암호를 발견해가던 상황과는 달랐습니다. 거의 아무도 거들떠보지 않는 프로젝트였습니다. 이미 회의론과 불신의 표적이 되어버린 직관적 관점 대신 다른 식으로 그 문제를 생각하기 시작하면서 비로소 부상한 것이었죠. 저야 이 일에 미쳐 있어서 그런 일로 마음의 동요 따윈 없었습니다. 제 열정이 즉시 다른 사람들에게 퍼져 나가진 않았습니다만.(주6)

새의 소리에서 특별한 의미를 찾고 있다면, 노랫소리보다 신호음과 관련해 할 얘기가 훨씬 많다. 훗날 말러는 경계신호음 *시이이*가 몇몇 종의 새들에게서 일정하게 나타나고 있음을 발견했다. 67쪽은 매가 머리 위를 맴돌고 있는 상황에서 각기 다른 영국 새 4종이 내는 신호음을 나타낸 소노그램이다. 이들 새는 하나같이 하행하는 소리를 냈다. *시이이이…!* 이들 소노그램을 보고 있으면 등골이 오싹해 진다. 몸집이 큰 맹금이 하늘을 가로질러 뒤를 쫓아오다 날쌔게 내리 덮치는 모습이 연상되지 않는가? 이처럼 놀랄 만한 다른 종들 간의 유사성은 훗날 연구가들에게 의문 하나를 갖게 했다. 모든 동물에겐 어떤 곤경에 처했음을 알 수 있는 보편적인 '언어'가 있지 않을까? 그런 소리가 있다는 데 무척 놀랄 테지만 사실 여기에는 실용적인 측면이 있다. 매 한 마리가 머리 위에서 날고 있다는 사실 여부는 부근의 새들이 모두 알고 싶은 정보다. 이런 정보를 공유함으로써 매가 공격할지 모른다는 걱정을 덜 수 있지 않겠는가?

말러는 새의 신호음을 '언어'라고 불렀던 소싯적 자신의 모습이 떠올라 소리 내어 웃었다. 하지만 그 웃음과 거의 동시에 소프가 끼어들었다. "동물의 언어와 인간의 언어를 구분 짓는 골이 아주 깊고 크긴 해도, 새의 언어를 인간의 언어와 구분할 절대적 기준으로 삼을 만한 단일한 특성은 존재하지 않습니다."(주7) 인간의 말이 지닌 거의 모든 특성은 동물 세계에서도 어딘가에선 발견된다. 독특한 특성으로 서로를 결합하면 아주 놀라운 표현의 융통성을 달성할 수 있다.

해독 가능한 특별한 의미를 지녔다면 새의 신호음을 정확한 정보를 전달하는 단순한 언어로 볼 수도 있지 않을까? 그린란드의 네찔리크Netsilik 에스키모의 주장처럼 말이다. 태초에 "사람과 동물은 같은 언어를 썼습니다. 그 시절에는 말이 꼭 마법의 주문 같았죠." 지금과 달리 옛날에는 사람들이 새의 말을 알아들었을지 모른다. 하지만 소프와 말러는 소노그래프로 마법을 부려 흰날개되새의 신호음을 해독해냈고, 우리는 다시 한 번 새들의 말을 이해하게 되었다.

하지만 네찔리크 에스키모나 과학자들이나 여기서 얘기가 끝난 것이 아님을 알고 있다. 새와 인간이 내는 가장 감상적인 소리는 오직 그 자체로만 흥미롭다. 이런 소리는 특별한 의미가 덜 명확하지만 그런 이유 때문에 우린 그 소리를 더 좋아한다. 인간은 자신의 소리를 음악이라 일컫고 시끄러운 새의 울음을 노래라고 부른다. 새들이 주고받는 정보는 해독이 쉽지 않다. 보통 인간의 정보보다 좀 더 정교하고 독립적인 표현으로 처리되어 있고 장황하면서도 편안하고 아름답다는 느낌을 준다.

흰날개되새의 노래는 소프가 새로 들인 기계에 입력해 보기에 이상적인 조건을 갖고 있었다. 음악성과 간명성을 모두 갖춘 것은 물론, 노래 형식이 정확하게 인지 가능한 것이었다. 이 노래는 오랜 세월 과학자들이 두 손, 두 발을 다 들 만큼 복잡하기 그지없었다. 하지만 번쩍번쩍하는 새 기계가 연구소에 들어온 순간 소프는 이 노래가 무엇을 표현하고 있는지 알고 싶어졌다. 그는 월터 가스탱의 새소리 암기용 연상어가 생각났다.

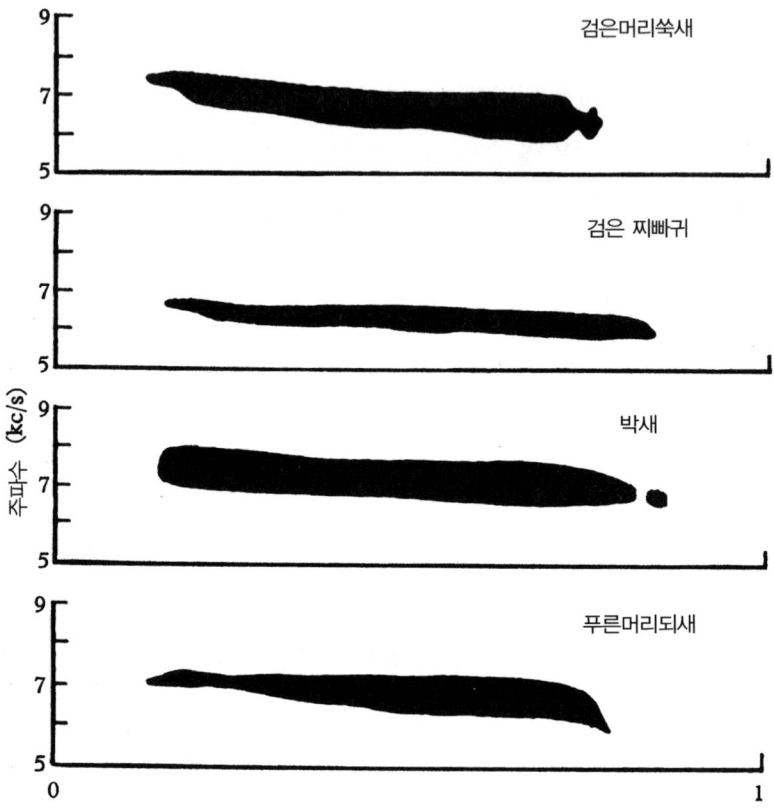

영국의 새 4종은 매가 머리 위에 날고 있을 때만 이와 유사한 신호음을 낸다.

프레이즈 1a: 칩-칩-칩-칩

프레이즈 1b: 텔-텔-텔-텔

프레이즈 2 :   체리-에리-에리-에리

프레이즈 3a-b :   티시-체-위-우

그리고 소노그램으로는 이렇게 표현되었다.

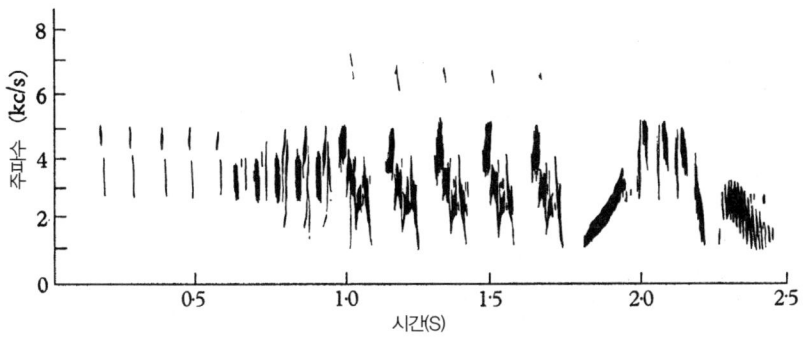

흰날개되새의 노래를 표현한 소프의 소노그램

아, 이거다! 가스탱의 화려한 연상어와 손더스의 꼬불꼬불하게 휘갈겨 그린 곡선이 합친 좀 더 과학적이고 아름다우며 고상한 그림이 펼쳐졌다. 최초로 기밀장비인 소노그래프를 사용하여 잉크로 그린 이 그림의 아름다움은 말러와 소프의 넋을 뺏기에 충분했다.

흰날개되새의 노래가 과학적 분석의 훌륭한 대상이었던 이유는 분명하다. 이 새의 노랫소리는 단순해서 그 구조와 다양한 변이형을 알아보기가 용이하고, 그러면서도 신호음과 달리 음악적이다. 또한 흰날개되새는 포획상태에서도 잘 자라는 새인 만큼 오랫동안 사육새와 들새를 비교하는 연구의 단골 대상이어서 관련 자료가 풍부했다. 소프는 이들 자료를 토대로 수세기 동안 새 애호가들이 알고 있던 지식이 옳다는 결론에 다다랐다. 무리의 다른 일원들과 격리된 채 새장 안에서만 갇혀 자란 새는 대개 노래를 일부만 알거나 전체를 알더라도 불완전하게 부른다. 흰날개되새의 경우 외톨이로 자란 새들은 곡의 첫머리를 제대로 부르지만 체-위-우의 끝에서 두 번째 음절 *위이*를 잘 발음하질 못한다. 소프의 연구는 그 후

대다수 종의 연구에서 관찰되고 문서로 기록된 결론. 다시 말해 노래는 선천적으로 알고 있는 부분과 후천적으로 학습한 부분이 섞여 있으며 그 결합 비율은 종마다 엄청나게 차이가 난다는 그 결론의 토대가 되었다.

생후 수 개월까지 수컷 새는 엉성하고 실험적인 소리를 낸다. 이 시기는 학습의 민감기sensitive period(언어와 사고, 감각, 신체 동작 등의 능력을 개발하는 데 필요한 학습의 최적기. 이 시기가 지난 후에는 특정 형태의 행동에 대한 학습이 상대적으로 어려워진다. - 옮긴이)여서 여전히 새로운 소리를 익힐 여지가 있다. 소프는 한때 속삭임 노래whisper song라고 불렀던 이 시기의 새소리를 서브송subsong이라고 명명하여, 일생에 걸쳐 아주 중요한 노래를 익혀 나가는 과정에서 아직 미완성의 단계에 놓여 있음을 나타냈다. 아이러니컬한 사실은 흰날개되새의 경우 서브송이 성체成體의 노래보다 훨씬 길고 복잡할 수 있다는 것이다. 이것은 다른 종의 새에서는 목격되지 않는 흰날개되새만의 특징이다. 하지만 이런 현상은 '실제 공연'에 앞선 '예행연습' 때나 일어난다. 태어난 지 석 달을 넘기기 전의 흰날개되새에게 다른 새의 노래를 흉내내게 가르칠 수 있지만 그 어린 새는 곧 흥미를 잃고 만다. 귀에 낯설기만 한 이런 노래는 훗날 자신에게 별 도움이 되지 않는다는 걸 알기 때문이다.

흰날개되새가 자신의 노래에서 필요로 하는 기능은 정확히 어떤 것일까? 신호음과 달리 노랫소리에는 음절 하나로도 나타낼 수 있는 그 단순하고도 특별한 의미가 담겨 있지 않다. 수 세기 동안 노래의 기본 목적은 짝의 유인과 세력권 방어라고 알려져 있다. 참으로 단순하다. 과학계에서 흰날개되새를 연구한 지는 40년이 넘었다. 그 동안 노래를 분석하는 데 소노그램이 활용되었고 테이프 레코더로 녹음한 노래를 수컷 새와 암컷 새 모두에게 들려줘 그 반응을 알아보는 데 사용되었다. 자신의 노래, 다른 새의 노래, 변조된 노래, 보통 때 부르는 노래, 특별한 때 부르는 노래…. 이 모두가 과학계에서 녹음 재생실험playback experiment이라고 부르는 실험을 통해 엄격하게 테스트되었다.

최근 알베르틴 레이탕Albertine Leitão과 카타리나 리벨Katharina Riebel이 흰날개되새에 대해 수행한 녹음 재생실험에서 프레이즈 2와 프레이즈 3이 특히 중요하다는 사실이 밝혀졌다. 두 사람은 각각의 프레이즈를 '트릴trill' 프레이즈와 '장식flourish' 프레이즈라고 불렀다. 소프도 세력권 방어와 성적 유인이라는 두 가지 기능을 수행하는 데 완전한 노래가 필요하다는 사실을 간파하고 있었다. 축약된 노래를 재생하여 들려준 실험에서 새들이 그 노래에 그다지 흥미를 보이지 않았던 것이다. 하지만 새로운 연구는 흰날개되새 암컷이 종지의 장식 프레이즈(프레이즈 3)가 상대적으로 긴 노래를 선호하는 반면 수컷은 장식 프레이즈(프레이즈 3)보다 트릴 프레이즈(프레이즈 2)가 긴 노래에 강하게 반응한다는 사실을 보여준다. 하지만 장식 프레이즈가 전혀 없는 경우 수컷은 별로 감동하지 않는다. 아마 미완성의 서브송으로 들려서 그럴 것이다. 레이탕과 리벨은 공동논문의 제목 〈멋진 장식품은 불량 병기인가?Are good ornaments bad armaments?〉에 이런 가설을 드러내고 있다. 이 연구는 일찌감치 수컷 새와 암컷 새가 동일한 노래를 다소 다르게 인식한다는 사실을 보여준 셈이다.(주8) 그런데 혹시 암수가 '완전히' 다르게 인식하지는 않을까?

사람들은 새의 노래가 이 두 가지 주요 기능을 동시에 수행하는 경우도 있다고 오래전부터 생각했다. 하지만 이 문제는 하나의 커다란 수수께끼이다. 짝 유인과 세력권 방어를 모두 이루기 위해 노래를 부르는 것이라면, 상대적으로 드문 경우이긴 해도 각각의 목적만을 이루기 위해 특별히 차이가 나게 발달된 노래들은 왜 존재하는 걸까? 대부분의 새는 왜 두 가지 일을 노래 한 곡으로 해결하는 걸까? 그리고 흰날개되새 같은 새는 그 일을 간단한 노래로 해결하는 데 어째서 나이팅게일과 흉내지빠귀 같은 새는 소리를 다양하게 변형하여 밤새 부르는 걸까?

오늘날 생물음향학에서 이루어진 수많은 조사 결과도 대부분 가까운 시일 내에 간단한 해답이 나오진 않을 것임을 보여준다. 예를 들어, 클리브 캐치폴Clive K. Catchpole과 피터 슬레이터Peter JB Slater의 공저 「새소리: 주제와 변형Bird Song: Themes and Variations」(1983)에선 다음과 같이 결론 내리고 있다. "노래가 다양해진 과정을 일반적이고 총체적으로 설명하려는 시도는 순진한 발상이다. (중략) 진화가 창출한 풍부함과 다양성이라는 그 결과에 대해 우리는 여전히 당혹해 한다."[주79] 이 말이 과학 서적에서 인용한 것임을 명심하라! 피터 말러와 한스 슬라베코른Hans Slabbekoorn이 편집을 맡아 2004년에 출판한 현대의 조류음향학에 관한 더없이 훌륭한 개론서 「자연의 음악Nature's Music」도 우리가 실제로 알고 있는 것이 얼마나 적은지를 계속해서 일깨운다.

객관성을 신봉하고 목표는 꼭 이루어진다고 믿는 소프 자신은 새의 노래에 음악성이 내재되어 있다는 믿음도 갖고 있었다. 흰날개되새의 노래에 이어 그는 아프리카의 방울소리숲때까치bou-bou shrike, Laniarius aethiopicus 암수의 이중창에 관한 장기간의 연구에 착수했다. 소프는 암수 한 쌍이 부르는 이중창의 음색에 흠뻑 매료되었다. 그 노래는 변화가 거의 없는 일정한 패턴을 따르고 있었다. 소프는 흰날개되새의 노래를 표현하는 데는 악보가 소노그램보다 낫다고 결론지었다. 다음은 소프가 들은 이중창 5곡이다. 이중 4곡은 암수가 서로 화답하며 부르는 단순한 패턴의 노래를 채보한 것이다.

(5) '고함소리' 이중창: 한 차례 고함을 지른 뒤 짧고 날카롭게 쉭쉭하는 소리: "지쯔위쯔위쯔"
~~~~~(항상 아주 공격적으로)

방울소리숲때까지 암수의 다양한 이중창

이들 이중창은 짝짓기와 싸움에 이어 세 번째 기능을 수행한다. 바로 암수의 유대관계를 돈독히 하고 나무들이 **빽빽**하게 들어서서 종종 상대를 볼 수 없는 수풀 사이로 친밀한 의사소통을 지속적으로 가능하게 하는 것이다. 가장 흔한 음정은 (1a)에서 볼 수 있는 장3도나 (3)에서 보이는 어울림음정consonant interval(두 음이 잘 조화되는 상태를 이루는 음정 – 옮긴이)이다. "새의 노래가 음악을 의미한다는 우리의 판단은 잘못된 생각이 아니다. (중략) 여기서 우리는 적어도 초기 형태의 예술을 발견한다."(주10) 극단적인 불협화음을 보이는 경우는 드물다. "음악에 재능 있는 사람이 이 노래를 들으면 지나치게 화성적이라고 여길 수 있다. 그렇지만 바로 그런 유형의 화성이 인간이 열망해 오다 모차르트에서 절정에 이르렀다고 볼 수 있는 화성이다."[주11] 이들 노래에서 유일한 결점은 곡이 너무 짧다는 것뿐이다!

그렇다면 이것은 과학인가 아니면 음악인가? 말러는 스승의 관심사에서 양면성을 보았다.

아시다시피 소프 선생님은 자신의 삶을 별개의 여러 영역에 안배하는 데 탁월하셨죠. 그 때도 그러셨지 싶습니다. 선생님은 미학적인 면을 보셨는데, 매혹적이었지만 거기서 손을 떼셨죠. 댁은 어떡했겠습니까? 수 년간의 연구 끝에 방울소리숲때까치의 이중창에서 아름다움을 발견했다면요. 전 장래의 가능성, 그러니까 다른 영역들까지 밝혀줄 가능성이 보이는 주제에 호의적인 편이라서 과학적 의미에서 그런 장래성이 없는 극단적으로 특이한 주제는 피합니다.[주12]

물론 이런 태도로 인해 열의에 넘치는 제자들이 물밀듯이 몰려들지는 않았지만 이것은 간과된 소프의 연구 중 아주 중요한 부분이라고 생각한다. 과연 그 기묘한 이중창에는 과학이 없는 걸까? 여기에도 과학자들을 매혹하는 의문 몇 가지가 있다. 새들은 왜 우리의 고전음악을 이루는 기본구성요소에 가까운 후렴을 발달시켰을까? 기본적인 물리 법칙이 기초적인 화성적 아름다움을 낳은 것에 불과하지는 않을까? 자연선택과 성선택은 진화의 세계에서 선호가 지닌 힘을 보여준다. 보통 일련의 선택의 결과로 다양성이 확립되는 것으로 여긴다. 하지만 이런 식으로 이 새의 노래가 나타났다고는 장담할 수 없다.

방울소리숲때까치는 벽지에서 사는 종인 까닭에 소프가 연구보고서를 낸 지 40년이 지나도록 이 새에 관한 연구가 별 진전을 보이지 않은 것도 놀랄 일이 아니다. 그런데 정말로 장래성이 없는 주제였을까? 그랬다. 적어도 2004년 울마어 그라페Ulmar Grafe와 요하네스 비츠Johannes Bitz가 아이버리코스트Ivory Coast(서아프리카 남서부에 위치한 코트디부아르공화국을 영어권에서 부르는 이름 - 옮긴이)에서 시끄럽게 울어대는 개구리 떼를 연구하기 전까지는 그랬다. 이들 독일 과학자는 장비를 꾸려 조사지역을 벗어날 때마다 방울소리숲때까치 한 쌍이 낄낄대는 듯한 어조로 이전엔 결코 눈치 채지 못했던 독특한 노래를 부르는 것을 알아챘다.

트릴. 즉 떨림소리가 튀어나오는 이 이중창은 적을 물리칠 때마다 방울소리숲때까치 암수가 부르는 승리의 찬가인 듯했다. 오로지 침입자들(이 경우에는 과학자들)을 물리친 뒤 승리를 고하기 위한 목적으로만 이중창을 부르는 동물이 발견되기로는 이 종이 처음이었다. 그 특별한 승전가는 방울소리숲때까치를 비롯한 다른 새의 이중창보다도 숲속 더 먼 곳까지 퍼져나가기 쉽다. 게다가 대개는 높은 나뭇가지 위에 앉아 노래를 부른다. 이렇게 세력권 너머 멀리까지 쩌렁쩌렁하게 울려 퍼지게 함으로써 근처의 방울소리숲때까치들에게 누가 우두머리인지를 알린다. 신호음과 다소 비슷한 이런 경우의 노랫소리는 세력권 방어 기능에 좀 더 치중된 사례인 셈이다.

새의 노래가 아름다운 이유를 밝히기 위해 경험과 미학을 연결 짓는 것이 가능할까? 새의 노래가 귀청을 찢는 듯하면서 선율적인 이유로 제시된 것 중에는 그래야 서로 최대로 멀리 떨어진 거리에서 의사소통이 가능하기 때문이라는 것도 있다. 세력권을 방어하고 최대한 먼 곳까지 세력권을 선포할 필요가 절실할수록 그만큼 노래가 복잡하고 화려해진다는 사실을 보여주는 연구도 있다. 1960년대 소프의 연구소에 조앤 홀 크래그스Joan

Hall-Craggs라는 연구원이 있었는데, 이 연구원은 특히 새의 노래가 지닌 음악적 특성을 중점적으로 연구했다. 그녀는 인간의 노래와 말을 구분 짓는 바로 그 특성이 성체의 완전한 노래와 서브송도 구분 짓는다는 사실에 주목했다. 성체의 완전한 노래가 좀 더 듣기 편안한 주파수의 음높이에서 불렸고 플루트 음색에 가까운 소리가 나며 특정음에 더 치중되었다. 노래의 모티브는 길어질 수도 짧아질수도 있으며 몇 개의 순음(완전히 단일한 주파수의 소리 - 옮긴이)으로 이루어지거나 규칙적인 박자를 형성했다. 그리고 박자와 음색이 일정한 패턴을 띠었다. 이런 두 요소를 결합하면 프레이즈와 형식이 조직화된 노래를 얻게 된다. 독특한 형식이 확정되고 나서야 비로소 특정 노래가 반복과 인식이 가능한 노래가 된다는 얘기다. 균형 잡힌 노래일수록 예측가능성도 커진다.

유럽 각지에서 볼 수 있는 검은노래하는지빠귀의 노래는 선율적인 음과 소음적인 음을 모두 갖추고 있다. 우리 귀에 그 노래가 선율적으로 들리는 이유를 밝히기 위해 홀 크래그스는 전문음악가로서의 전문지식을 활용하여 선율적인 음을 집중적으로 파고들었다. 이전에 행해진 연구들은 어린 검은노래하는지빠귀가 아빠 새나 이웃한 다른 성체에게서 프레이즈를 배운다는 사실을 보여줬다. 대부분의 새들은 태어난 후 몇 달 간만 이런 유형의 학습을 한다. 첫 번째 번식기를 보내고 나면 노래는 고착된다. 하지만 검은노래하는지빠귀는 그렇지 않았다. 이 새는 번식기마다 새로운 노래를 익혔다. 학습의 민감기가 평생 번식기마다 찾아오는 셈이다.

수년에 걸쳐 홀 크래그스는 검은노래하는지빠귀 한 마리의 노래에만 귀를 기울였다. 집 밖에서 지저귀던 이 새는 집 주인의 존재에 익숙해져 그녀가 자신의 노래를 청취하든 녹음하든 개의치 않았다. 검은노래하는

지빠귀가 노래를 부르기 시작한 것은 3월이었다. 주로 멜로디 단편으로 이루어진 기본적인 모티브 26개로 구성된 노래였다. 흰날개되새의 노래에서와 마찬가지로 이 새의 모티브 중에는 끝에 장식 프레이즈가 하나 딸린 것들도 있었는데, 그 장식 프레이즈는 단일 음색을 띠고 있지 않았다. 어떤 때는 뭔가를 긁는 듯한 소리로 들리고 또 어떤 때는 귀에 거슬리는 고음으로 들리는. 어쨌든 홀 크래그스의 귀에 그다지 선율적으로 들리지 않는 소리였다.

처음에 검은노래하는지빠귀는 기본적인 프레이즈 하나하나를 몇 차례 계속해서 반복했다. 마치 노래 실력을 만족할 만큼의 수준까지 끌어올리려 하기라도 하는 것처럼 말이다. 그렇게 몇 주가 지나자 이번에는 좀 더 복잡하고 긴 일련의 프레이즈를 만드는 데 힘썼다. 때로 원래 프레이즈를 수정하기도 하면서 노래의 형식을 확장했는데, 6월 초에 이르자 가장 긴 형식이 완성되었다. 요란한 장식 프레이즈도 한 가지 형식이 결정될 때까지 다양한 형식이 시험되었다. 노래는 점차 조직화되어 갔다. 하지만 그 결과물은 알버트거문고새의 노래처럼 어떤 고정된 형식의 노래라기보다는 이른 봄 첫 몇 주의 노래에 비해 균형이 잘 잡힌 멜로디감이 느껴지는 유연한 형식의 노래였다.

그처럼 노래가 세련되어 가는 과정이 악보와 소노그램을 통해 일부 밝혀졌다. 우선 검은노래하는지빠귀는 결코 프레이즈의 순서를 바꿔 노래하는 법이 없었다. 예를 들어, 프레이즈 7보다 프레이즈 12를 먼저 부르지 않았다. 항상 프레이즈 7에서 프레이즈 12로 진행했는데, 이 음악적 조합이 인간의 귀에도 더 만족스러웠다. 홀 크래그스는 침입자에 반응할 때 검은노래하는지빠귀가 정확하지 못해 혼란스럽고 한 음씩 또렷하게 끊는 듯한 노래로 듣기 거북하고 조야한 소리를 낸다고 지적했다. 번식기가 끝날 무렵, 그러니까 짝짓기가 끝난 뒤라 세력권을 방어할 필요가 상대적으로 적은 시기에 부르는 노래가 가장 음악적이었다. 짝 유인과 세력권 방어라고 추정되는 기능들이 모두 수행된 뒤에도 노래를 계속 발전시키는 이유는 무엇일까? 홀 크래그스는 자신이 과학 전문가가 아니라 음악가임을 주장하며 답을 구하려 하지 않았다. 물론 표본이 겨우 새 한 마리뿐이기도 했다.

말러는 당시의 그녀 모습을 똑똑히 기억했다. "조앤은 어엿한 과학자로 존경받지 못한다는 사실에 다소 괴로워했습니다. 조앤은 자료가 많지 않았습니다. 그렇지만 그녀는 부족한 자료로 아주 알찬 일반법칙을 끌어냈습니다."(주13) 조앤이 일찍감치 새소리를 세심하게 경청하여 그 구조를 해독해낸 인물인데도 그녀의 연구성과가 논문에 드물게 인용되는 이유도 바로 여기에 있을 것이다.

의미를 찾는 것이 아니라 음악을 찾고 있다면 굳이 다량의 자료로 자신의 직관적 지식을 뒷받침할 필요가 없다. 단지 그런 지식을 제시하는 것만으로도 족하다. 좀 더 음악적인 노래가 좀 더 발전된 노래라고 생각하고 있던 홀 크래그스는 번식기 기간마다 그런 발전된 형태의 노래가 시종 증가하는 현상을 발견했다. 혹자는 그녀의 분석이 지나치게 '의인화 anthropomorphism(동물의 사회적 행동을 연구하는 과정에 인간의 감정과 관점을 동물에 투사하는 경향 – 옮긴이)'되었다고 여길지 모르나 그녀가 의도한 것은 묘사였지 설명이 아니었다. 홀 크래그스는 새의 노래를 경청하며 기록하다 그 노래가 필요 이상으로 음악적이라는 사실을 발견했다.

홀 크래그스가 비교한 검은노래하는지빠귀의 프레이즈 2종과 악보 2종

최종적으로 그녀는 검은노래하는지빠귀의 프레이즈 2개를, 바흐의 작품과 우리 귀에 익숙한 뱃노래 '그 놈을 때려눕혀Blow the Man Down'에서 각각 1개씩 발췌한 악보와 비교해 보았다. 프레이즈와 악보 모두에서 음악 형식상의 상행과 하행이 보이고 곡의 첫머리와 끝의 느낌, 형태감과 균형감이 느껴진다. 검은노래하는지빠귀는 이들 특성을 압축하여 특유의 빠른 박자감각을 구현했다.

　검은노래하는지빠귀는 이 두 프레이즈를 83번 반복해서 부르는 동안 단 한 번도 순서를 바꿔 부르지 않았다. 우리가 바흐의 작품과 뱃노래가 구성이 AB 구조일 때 흡족하듯, 이 새도 이 배열이 좀 더 만족스러운 듯했다.

　그렇다면 과학자들은 검은노래하는지빠귀의 노래에서 무엇을 들었을까? 좀 더 최근의 연구를 살펴보자. 홀 크래그스에 못지않게 검은노래하는지빠귀의 노래에 헌신적으로 귀기울인 덴마크의 생물학자 토벤 다벨스텐Torben Dabelsteen는 이 종의 노래에서 코다coda(한 작품 또는 한 악장의 종결 악구)가 겨우 요란한 장식 프레이즈에 불과하지는 않을 것이라고 생각했다. 현대적인 컴퓨터 분석기술을 활용함으로써 그는 뱃노래와 같이 다분히 인간의 감정에 관련된 미적 범주를 피했다. 다벨스텐은 좀 더 음악적인 모티브로 시작해 자신이 '트위터twitter'라고 명명한 소리로 끝나는 검은노래하는지빠귀 성체의 완전한 노래 3종과 음악적 모티브 혹은 고음의 트위터 중 하나만 갖춘 노래 2종을 찾아냈다. 아래 그림은 아주 강렬한 느낌의 완전한 노래와 트위터만 갖춘 불완전한 노래의 예를 보인 것이다. 다벨스텐은 이들 다양한 노래형(더 이상 나누어지지 않는 최소의 음의 단위를 음소note, element라고 말한다. 음소가 모여 음절syallable을 이루며, 음절이 모여 프레이즈phrase를, 프레이즈가 모여 노래형song type을 구성한다. 하나의 레퍼토리repertoire는 여러 개의 노래형으로 이루어져 있다. – 옮긴이)이 전달하는 특별한 정보에 호기심이 생겼다. 그는 이런 노래형에는 많은 정보가 담겨 있다고 주장했다. 여기에는 노래 부르는 새의 위치와 종, 성뿐 아니라 세력권 여부와 각성arousal의 정도, 성적 행동이나 공격 행위도 포함된다. 다벨스텐은 검은노래하는지빠귀가 트위터로 끝나는 나지막한 노래로 자신이 최고의 경계 상태에 있음을 상대에게 알리면서 아주 특별한 범주의 공격 반응, 즉 수컷 대 수컷의 대결을 예고한다는 사실을 발견했다.

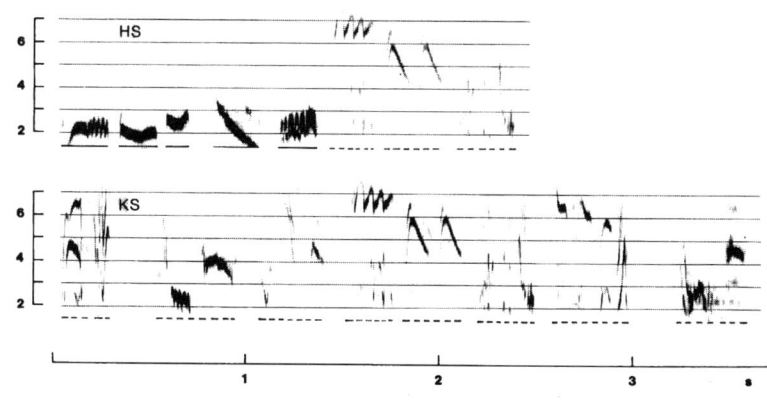

다벨스텐이 비교한 검은노래하는지빠귀 성체의
완전한 노래와 트위터만 갖춘 불완전한 노래

가장 호전적인 행동을 드러내는 노래는 가장 장황한 노래가 아니라 상대적으로 위협적이고 시끄러운 노래였다. 놀라운 사실인가? 사실 놀라운 일은 아니다. 홀 크래그스도 그와 같은 노래를 들었다. 다만 그녀는 그런 "전혀 음악적이지 않은 트릴"에 그다지 흥미가 없었을 뿐이다. 다벨스텐은 불쾌한 소리가 아주 가까운 거리에서만 효과적이라는 점에 주목했다. 좀 더 선율적인 노래는 잡목숲을 관통해 훨씬 멀리까지 전달되며 세력권 싸움에 꼭 필요하다기보다 근처의 암컷을 부르는 데 더 유용했다.

4장 노래분석기 133

복종　　　　　　미결정　　　공격

이처럼 좀 더 음악적인 공연을 하는 목적은 무엇인가? 다벨스텐은 장거리 의사소통이라고 주장한다. 그에 반해, 홀 크래그스는 새가 프레이즈를 되도록 음악적으로 다루려 한다고 추정한다. 노래를 노래로 부를 줄 안다는 것이다. 어떤 의미로 이들 대답은 서로 상보적이라고 볼 수 있다. 또한 여기서 새의 노래를 인지하는 사람들이 두 부류로 나뉜다는 사실도 알 수 있다. 한쪽은 새소리가 귀에 음악으로 들리고 다른 쪽은 그 소리를 의사소통 이론의 실험 대상으로 여긴다.

자연세계에서 실제로 발생하는 것이 자신들의 연구 대상이라고 주장하는 과학자들은 음악가들과 시인들이 듣고 싶은 것만 듣고 그 생소한 이 세상의 수수께끼에서 의미를 끌어내는 경향이 있다고 경고한다. 음악가들은 시끄러운 음악에 유사하든 감미로운 멜로디에 가깝든 간에 새소리가 지닌 그런 두말할 필요 없이 아름다운 면에 마음을 빼앗긴다. 하지만 과학자들은 새가 경청하고 있는 것이 무엇인지를 알고 싶어 한다. 과연 이 문제가 더 어려울까 아니면, 더 쉬울까?

인간의 관점에서 벗어나 생각하기는 불가능한 일일 것이다. 오랫동안 과학자들은 가능한 한 새에 가까이 다가가 잡음이 거의 없는 맑고 청아한 소리를 녹음하려 애썼다. 이런 노력은 양질의 녹음이 가능한 녹음 장비를 낳았고 새소리를 읽고 해독하기 쉬운 형태로 표현한 소노그램이 탄생했다. 하지만 새는 자신의 노래임에 분명하다고 여겨지는 소리에 가장 잘 반응하지 않을까? 다벨스텐은 검은노래하는지빠귀들에게 아주 가까이에서 녹음된 소리를 들려주면 쉬쉭하는 귀에 거슬리는 소리를 시끄럽게 지른다는 사실을 보여줬다. 진짜 싸움 대신 무의식적으로 소리를 질러대는 것이다. 불쾌한 소리와 대조적으로 선율적인 소리는 훨씬 멀리까지 전파되는 것 같다. 그렇다면 생각해 보라. 멀리서 들리는 자신의 가장 감동적인 노래와 과학자들이 가까이에서 재생한 맑고 청아한 노래는 새들에게 다르게 들리지 않겠는가?

1970년대 조류음향학계에 처음 이런 주장을 내세운 사람은 생물학자 유진 모턴Eugene Morton이었다. 그가 거리판단 가설ranging hypothesis이라고 명명한 이 이론에 따르면, 짝 유인과 세력권 방어라는 두 가지 기본 기능을 수행하기 위해 새의 노래는 한 가지 특이한 방식으로 작용한다. 즉, 이 가설의 명칭에서도 암시하듯 새는 노래의 명료도가 저하된 정도를 토대로 지금 노래를 부르고 있는 새와 자신이 떨어져 있는 거리를 측정할 수 있다는 것이다. 노래를 듣고 있는 쪽도 수컷이라면 그 수컷은 자신의 적이 어느 정도의 거리에 있는지를 가늠할 수 있게 된다는 의미다. 말하자면 주어진 환경에서 빠르게 명료도가 떨어지는 노래는 거리를 판단하는데 상대적으로 더 유용한 반면, 멀리까지 전달되는 노래는 거리를 따질 필요가 없는 기능을 수행하는 데 도움이 된다.

최초로 거리판단 가설의 실험 대상이 된 새는 캐롤라이나굴뚝새Carolina wren, Thryothorus ludovicianus다. 이 새는 몸집은 작지만 *티케틀 티케틀 티케틀*하며 우는 소리가 남달리 쩌렁쩌렁하다. 캐롤라이나굴뚝새 수컷은 자신의 노래를 들으면 두 가지 반응 중 하나를 보인다. 무얼 하고 있었던 간에 그 동작을 멈추고 즉시 노래가 나는 물체를 향해 달려든다. 혹은 그 자리에서 머리를 갸우뚱한 채 답례로 노래를 한 번 부르고 나서 하던 일을 계속 한다. 어떤 반응을 보일지를 결정하는 요소는 무엇일까? 노래의 크기는 아니라는 것이 더글러스 리처즈Douglas Richards의 결론이다. 길이나 복잡한 정도도 아니다. 가장 중요한 요소는 노래의 순도이다.(주14)

캐롤라이나굴뚝새는 가까이에서 녹음한 깨끗한 소리에는 아주 격렬한 반응을 보였지만, 덤불 깊숙이 있는 다른 캐롤라이나굴뚝새의 노래로 들릴 만큼 왜곡되고 불명확한 노래에는 노래를 조화시키는 한결 부드러운 반응을 보였다. 물론 다른 수컷의 도전에 반응을 보이는 새 자신이 명료도가 떨어지는 노래를 부를 리는 없다. 맑고 청아한 노래를 부른다. 하지만 멀리서 도전해온 상대에겐 그 노래는 명료도가 저하된 노래로 들릴 것이다. 이처럼 거리판단 학설은 새의 노래가 경쟁자 수컷들 간에 소리로 행하는 세력권 싸움의 수단으로 기능한다는 사실을 뒷받침한다 하겠다.

일부 과학자들은 이 싸움에서 거리판단이 노래 내용의 파악보다 훨씬 중요하다고 믿는다. 새가 정확한 발사 위치를 파악하기 힘든 음악이라는 무기를 사용하여 숲속 저 멀리로 노래를 전파하는 것은 소리 '무장 경쟁'의 일환이다. 포식 동물(혹은 들새관찰자!)은 노래가 들리는 방향을 가늠하기 불가능할지 모르나 잠재적인 짝은 멀지 않은 곳에 자신이 있음을 알 것이다. 다양한 레퍼토리를 가진 새는 귀에 익은 선율과 생소한 선율을 섞어 부름으로써 자신의 노래를 엿듣는 포식 동물이나 경쟁자 수컷을 혼란에 빠뜨릴 수 있다. 이 다양한 곡조에 홀려 새가 전달하는 의미를 곡해하는 우를 범하는 까닭이다. 조화를 이루는 두 노래를 주고받는 풍경은 수컷과 수컷 사이에서 상대적으로 많이 볼 수 있다. 암컷과 수컷간의 이중창은 상대적으로 고정적이기 마련인데, 이는 방울소리숲때까치 암수의 조화로운 곡조에서 보듯 암수의 유대관계를 돈독히 하는 데 기여한다.

평소 부르는 노래의 명료도가 일반적 수준으로 떨어지면 노래를 듣고 있던 새가 자신과 노래하는 새 사이의 거리를 판단할 여지가 있다. 물론 그에 이은 반응은 거칠 수도, 부드러울 수도 있다. 표준적인 수준보다 쩌렁쩌렁하게 울리는 노래는 말하자면 새의 속임수이다. 명료도가 되도록 떨어지지 않게 노래하든가 노래에 전혀 예상하지 못한 변화를 줌으로써 가까이 다가가지 않아도 경쟁자 수컷보다 우위를 점할 수 있다는 얘기다.

음악이 전투 식량이라서 노래를 멈추지 않는다고? 이것은 이 특별한 노래가 그토록 아름답게 들리는 이유에 관한 고상한 시각이 아니다. 기능적인 설명은 우리를 노래 그 자체로부터 멀어지게 하는 반면 그 노래로 이루고자 하는 목적에 초점을 맞춘다. 거리판단 가설은 과학을 돋보이게 하는 흥미롭고 반反직관적인 이론이다. 이 가설에서 중요한 점은 노래가 얼마나 아름다운가가 아니라 가능한 자아possible self의 희미한 메아리일 뿐인 그 노래를 아주 멀리 떨어진 곳에서 어떻게 식별하는가이다. 만일 내가 크고 청아한 노래를 듣고 싶어 성체 가까이 다가간다면? 녀석은 내 귀를 갈기갈기 찢어놓을 것이다.

숲지빠귀wood thrush, Hylocichla mustelina, 민무늬지빠귀veery, Catharus fuscescens, 붉은꼬리지빠귀 따위의 미국 숲속의 새들이 허공에 우아하게 소용돌이 모양을 그리면서 퍼져나가는 노래를 부른다는 것은 거리판단 가설에 비추어 아주 흥미로운 사실이다. 낄낄대는 듯한 어조의 그처럼 이상한 노래를 들으면 어째서 자연연구자와 시인들은 더없이 감동적인 말을 쏟아내고 과학자들은 또 왜 그처럼 진지하게 계산하는가? 소노그래프 기술이 적용되기 이전에 기록된 이 신비로운 소리에 대한 반응의 역사를 살펴보자.

헨리 데이비드 소로우Henry David Thoreau(1817~1862, 미국의 사상가·수필가)는 숲지빠귀의 노래에 관한 다음과 같은 기록을 남겼다. "난 숲지빠귀의 노래에 기운이 나고 쾌활해진다. (중략) 그 노래는 내 영혼의 몰약이어서, 모든 시각을 영원한 아침으로 바꿔 놓고 일상의 소소한 걱정거리를 사라지게 한다."(주15) 그런 일은 순식간에 일어나서 음 몇 개가 동시에 울리는 듯한데, 그 화음은 이 세상 것이 아닌 것 같다. 게다가 날카로운 울음소리를 울대를 통해 내는 기법은 오늘날 가장 급진적인 비르투오조들이 옹호하는 실험적인 플루트 연주기법을 닮았다. 존 버로스는 붉은꼬리지빠귀의 노래에서 풍기는 극도의 단순함에 사로잡혔다. "이 새는 멋진 트릴, 즉 떨림소리와 아주 세련된 전주곡에 이어 곡 중간중간에 이렇게 말하는 것 같다. '오, 기막힌 균형미여, 완벽함이여! 오, 거룩하고 거룩하여라. 오, 맑고 깨끗하구나! 오, 순수하도다, 청아하도다!'"(주16) 버로스는 이 새의 노래가 열정이나 감동으로 가득 차 있다는 것을 미처 깨닫지 못했지만 오히려 그런 사실 때문에 이 노래가 미국의 다른 어떤 새의 노래보다 음악적으로 와 닿았는지 모른다. 이것은 노골적인 신호음의 솔직함과는 거리가 멀다. 이 새의 노랫소리는 정확하면서도 불가사의한 형태를 취하며 신호음과 완전히 다른 그 무엇, 바로 최고의 순간에만 다다를 수 있는 "차분하면서 감미로운 느낌의 엄숙함"이 묻어 있는 소리이다. 게다가 버로스의 생각처럼 밤하늘에 보름달이 떠 있는 시원한 야외에서 이 새의 노래를 듣고 있노라면 문명의 자만심과 번영이 덧없고 하찮게만 보인다.

흉내지빠귀에 이어 월트 휘트먼에게 자신의 영혼과 리듬을 가르쳐준 새는 붉은꼬리지빠귀다. 이 새가 등장하는 휘트먼의 시 〈문 앞 안마당에

마지막 라일락이 피었을 때When Lilacs Last in the Dooryard Bloom'd〉(1865년 휘트먼이 쓴 링컨 대통령 추모시 네 편 중 하나이다. 훗날 「풀잎Leaves of Grass」(1891~92)에 '링컨 대통령을 추모하며Memories of President Lincoln' 편에 실렸다. - 옮긴이)는 흉내지빠귀에 매료된 소년의 이야기와 달리 노골적이지 않다. 이번에는 휘트먼이 궁극적인 자아의 이미지로서의 새를 찾고 있었는데, 존 버로스가 휘트먼 자신에게 붉은꼬리지빠귀가 적당한 새라고 넌지시 일러준 셈이었다.

(전략)

사랑하는 형제여 노래를 계속하라, 너의 갈대 피리로 노래를 불러라.
더없는 슬픔의 목소리로, 우렁찬 인간의 노래를.

오, 영롱하고 자유롭고 부드럽구나!
오, 나의 영혼에 거칠게 너그럽게 - 오, 경이로운 가수여!

(중략)

밤하늘에 퍼져 넘치는 순결하고 정결한 노래를,
소리 높여 힘차게 그 회갈색 새는 불어댔다.

(중략)

낮게 그리고 구슬프게, 그러나 청아한 가락이, 드높았다 가라앉았다 하며 밤하

늘을 충만케 하고,

　슬프게 가라앉고 꺼지며, 경고하듯이 경고하듯이, 그러나 다시 기쁨으로 벅차,
대지를 덮고 광막한 하늘을 채운다.

(후략)

　붉은꼬리지빠귀의 음악은 내겐 생소하여 강렬한 소리지만 휘트먼에겐 이상하게도 인간적인 소리였다. 자유롭고 거칠면서 너그럽고 경이로운 그런 소리 말이다.
　1888년 캐나다의 자연연구자 체임벌린M. Chamberlain은 이런 기록을 남겼다.

　붉은꼬리지빠귀의 음악은 결코 사람을 놀라게 하지 않는다. 주변과 완벽한 조화를 이루고 있어서 알아채지 못하고 지나치기 십상이다. 하지만 감상에 젖어 있는 사람의 감각에 어느새 해질녘의 고적미로 다가와 (중략) 언젠가 인디언 사냥꾼이 붉은꼬리지빠귀 떼의 합창을 한참 듣고 나서 나에게 감상을 말한 적이 있다. "어지럽군요." 숲의 금욕주의자인 이 북미인디언은 조금도 감화를 받지 않아 그렇게 말을 한 것이었다.(주17)

　불만에 가득 찬 그 불쾌한 소리는 눈에 띄지 않게 슬그머니 나무숲 이파리 사이로 멀리 전파된다.
　붉은꼬리지빠귀가 어떻게 슈일러 매슈스를 시의 세계로 빠져들게 했는지는 이미 살펴봤다. 하지만 아레타스 손더스는 붉은꼬리지빠귀에게서

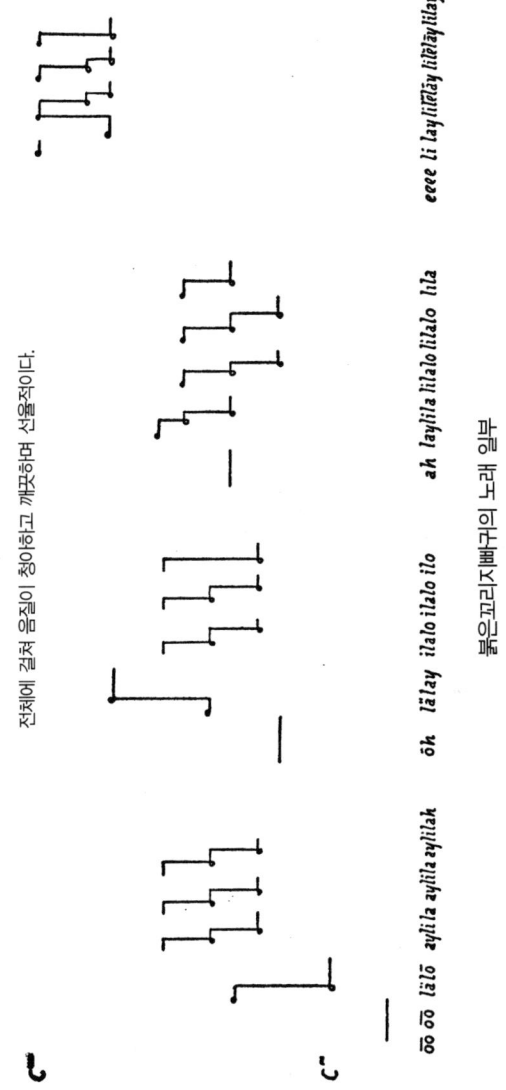

붉은꼬리지빠귀의 노래 일부

특별한 감명을 받지 않은 것 같다. 그에겐 이 새의 노래가 그저 또 하나의 지저귐일 뿐이며 새의 음악을 대표하진 않았다. 혼신을 다해 열중했던 자신의 표기법으로는 꼬불꼬불하게 휘갈겨 그린 곡선들이 상승하다 원을 그리는 모양으로만 나타났을 테니 그렇게 여길 만도 하다. 인간의 음악 세계에서 흔한 5음 음계를. 간이 플루트를 뛰어 넘는 음색을 풍기는 그 5음 음계를 미처 발견하지 못한 것이다. 선과 말로도 여전히 우리에게 붉은꼬리지빠귀의 낄낄대는 듯한 느낌이 전해지는데 말이다.

붉은꼬리지빠귀의 노래를 인간의 말로 표현한 또 하나의 예인 *렐라이 일라로 일라로 일로*는 슈비터스의 무의미 철자에서 직접 비롯된 좀 더 많은 음절이 사용되었다. 심지어 슈비터스보다 진지한 토머스 스턴스 엘리엇 Thomas Stearns Eliot(1888~1965, 미국 태생의 영국 시인 · 평론가 · 극작가)조차도 붉은꼬리지빠귀 특유의 노래에서 근원적인 자연 요소의 탁월함을 간파할 정도였다.

만일 물이 있고
바위가 없다면
만일 바위가 있고
물도 있다면
물
샘물
바위 사이의 물웅덩이
다만 물소리라도 있다면
매미 소리도 아니고
메마른 풀잎 소리도 아닌

> 바위 위로 흐르는 물소리가 있다면
> 붉은꼬리지빠귀가 소나무 숲에서 노래하는 곳
> 뚝뚝 똑똑 뚝뚝 또로록 또로록
> 하지만 물이 없다(주18)

엘리엇은 영국에서 붉은꼬리지빠귀의 노래를 한 번도 듣지 않았다. 확실하다. 모국에서 들었던 새소리를 기억해낸 것이 분명하다. 이해하기 힘든 이 음악에서 자연의 모든 것을 파악하고픈 욕심으로 엘리엇은 그 갈색의 새를 과장되게 그렸다. 우린 물소리 같은 그 노래에 모든 것이 담겨 있길 바란다.

이 모든 인간 관찰자들이 붉은꼬리지빠귀의 음악을 찬양하며 가장 깊은 인상을 받은 것은 그 소리가 인간이 정한 음악의 법칙이 아닌 새 나름의 조건에 의거하여 음악적이라는 사실이다. 이 새가 만드는 음악적인 프레이즈는 음악에 관한 우리의 생각과 전혀 다른 내적인 논리와 구조로 현기증이 날만큼 소용돌이 모양을 그리면서 펴져나간다. 우리가 그런 구성에 감탄하는 것은 그것이 인간의 음악이 아닌 새의 음악이기 때문이다. 인디언 사냥꾼을 그처럼 불편하게 만든 것도 바로 이 점이다.

헝가리의 음악학자 페테르 쇠케Peter Szoke는 붉은꼬리지빠귀 노래의 음악적 깊이를 분석하면서 소노그램을 가장 세세하게 악보와 결합한 인물이다. 그는 왜 부다페스트의 연구실에서 그 먼 북미에서 사는 새의 노래를 연구했을까? 맨 귀로는 파악할 수 없는 질서와 형식 따위의 이 새 특유의 음악성이 그에게 깊은 인상을 심어주었기 때문이다. 쇠케는 테이프 레코더를 조작해 재생 속도를 느리게 하는 방식으로 노랫소리의 음조를 인간의 귀에 적당한 음역에 맞췄다. 오늘날에는 적당한 소프트웨어를 이용해 컴퓨터로 간단히 처리할 수 있는 일이지만 1960년대에만 해도 이 작업은 임시방편적 수단을 동원할 수밖에 없었다. 노래의 길이를 32배로 늘리자 재생시간이 1.5초에서 약 50초가 되었다. 그 결과, 아주 정확하고 섬세한 음조와 구성, 장식이 한층 분명하게 드러났다. 멋진 장식음이 많이 붙은 긴 음창조의 선율을 드러낸 쇠케의 악보는 벨라 바르톡Bela Bartok(1881~1945, 헝가리의 작곡가 · 피아니스트 · 민족음악학자 · 음악교육자)이 헝가리 민속음악을 모아 발표한 여러 모음집 중 하나에 실은 양치기의 경쾌한 가락을 옮겨놓은 듯하다. 쇠케는 새가 내는 음에 초점을 맞추지 않았다. 그가 중점적으로 다룬 것은 노래의 리듬이었다. 매슈스가 검은노래하는지빠귀의 노래와 바흐의 작품 그리고 뱃노래에서 보이는 멜로디와 마찬가지로 5음 음계로 단순화한 바로 그 리듬 말이다. 최근의 연구로 붉은꼬리지빠귀가 자신의 노래를 5음 음계에 맞춰 부르지만 그것이 조율된 피아노의 검은 건반에 정확히 일치하지는 않는다는 사실이 밝혀졌다. 오히려 이 새의 음조는 플루트를 입술과 호흡의 조정에 의해 배음이 나도록 불거나 기타 줄을 튕길 때 나는 자연배음렬natural harmonics(어느 바탕음으로부터 배음 관계에 있는 음, 즉 부분음을 차례로 배열한 것 - 옮긴이)의 부분음(복합음 성분으로서의 순음 - 옮긴이)에 가깝다. 쇠케는 리듬이 아주 복잡하고 음악성이 물씬 풍기는 음창조의 선율을 당시의 모던 클래식modern classic 음악의 장식을 많이 이용하여 표기해 봤다. 붉은꼬리지빠귀의 노래를 속도를 느리게 하여 옮긴 악보는 그에게 아주 인상적이었다. "이것은 지금까지 우리가 알고 있던 동물 음악 중 가장 발전된 형태이다. (중략) 이것이 진정한 '미소微小 음악' 이다."(주19)

순식간에 지나가 버리는 이런 소리의 변이형들 모두가 새에게 중요한 것일까? 실제로 새는 아주 빠르게 지나가는 소리를 우리 인간보다 자세하게 들을 줄 아는 걸까? 신중하게 설계된 녹음 재생실험을 통해 바로 이런 유형의 물음에 대한 답을 얻으려 했던 과학자가 있다. 인간은 콘트라베이스의 최저음에 해당하는 수 Hz(헤르츠)와, 피아노나 플루트의 음역을 훨씬 뛰어 넘지만 이들 악기의 상음上音(물체가 진동하여 소리를 낼 때 가장 진동수가 적은 기본진동에 해당하는 소리를 말한다. 이 기본진동 외의 고유진동에 의한 음을 상음이라고 한다. – 옮긴이)을 벗어나지 않으며 작은 피리의 고음에 해당하는 15,000Hz 사이에 있는 주파수의 소리를 들을 수 있다. 반면, 새의 가청주파수 대역은 500~6,000Hz에 불과하다. 그렇지만 그 대역 내에선 인간보다 새가 소리의 변이형에 훨씬 민감하다. 미국 뉴욕 주에 위치한 바사 대학Vassar College의 제프 싱스Jeff Cynx는 새가 자신의 노래를 조옮김(음악에서 악곡 전체를 그대로 어떤 음정으로 올리거나 내려서 그 조성을 변화시키는 과정 – 옮긴이) 한 곡에 잘 반응하지 않는다는 것을 증명했다.

음정을 식별하는 방식과 관련해 새는 상대음감(기준이 되는 음이나 음계와의 음 관계를 비교하여 음정을 감지하는 능력 – 옮긴이)이 아니라 절대음감(다른 음과의 상대적인 음정에 관계없이 주어진 음의 음고를 정확히 인지하는 능력 – 옮긴이)이다. 그래서 조옮김된 음정을 잘 알아듣지 못한다. 하지만 로버트 둘링Robert Dooling에 의하면, 소노그램 상으론 1초의 몇 분의 얼마라는 짧은 순간에 복잡한 주파수 변화를 보이는 시끄러운 소리를 구별하는 능력은 인간보다 새가 월등히 뛰어나다. 새는 1~2ms(밀리세컨드, 1초의 1,000분의 1 – 옮긴이)의 시간 차이를 구별하는 데 반해 인간은 3~4ms의 차이가 나야 구별할 수 있다. 새가 인간보다 배로 뛰어난 셈이다.[주20]

따라서 쇠케가 설명한 음악의 세부내용을 전부 알지는 못할지 몰라도

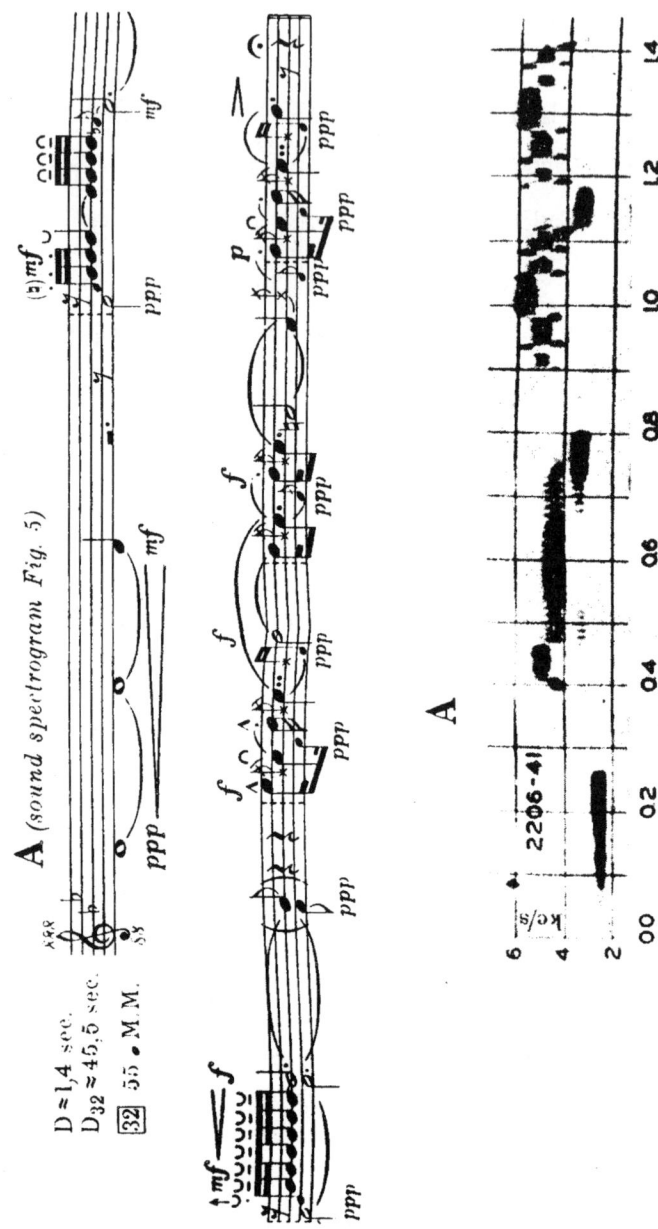

페테트 쇠케가 소노그램에 비해 속도를 느리게 하여 붉은꼬리지빠귀의 노래를 녹음한 공기

붉은꼬리지빠귀는 자신의 독창적이고 즉흥적인 노래를 우리 인간보다 더 상세하게 들을 수 있다. 쇠케는 붉은꼬리지빠귀의 프레이즈 하나의 구조가 그토록 복잡하다는 사실을 발견한 것이다. 그렇다면 많은 프레이즈가 어떻게 서로 조화를 이룰까? 이 새가 서로 다른 20~30종의 노래형을 순조롭게 부르도록 하는 엄중한 질서라도 있는 것일까?

찰스 돕슨Charles Dobson과 로버트 레몬Robert Lemon은 아주 흥미로운 소리를 내는 미국산 지빠귀류에 속하는 새 몇 종이 부르는 일련의 노래를 분석했다. 두 사람이 숲지빠귀, 붉은꼬리지빠귀, 민무늬지빠귀, 울새의 노래를 분석하면서 마르코프 체인Markov chains이라 불리는 간단한 수학적 확률모형을 활용했다. 이 모형은 오늘의 날씨에 기반하여 내일의 날씨를 예상하는 과정과 비슷하다. 우선 일련의 가능성 있는 날씨 유형을 규정한다. 맑음, 구름 조금, 비, 눈 따위로 말이다. 그러고 나서 과거의 날씨 정보를 최대한 많이 수집한다. 오늘 날씨를 정확히 예측하기 위해 과거 며칠까지의 날씨를 참고해야 하는가? 만일 오늘 날씨가 전날의 기후에만 영향을 받는다면, 이것은 1차 마르코프 체인이 적용되는 경우이다. 오늘 날씨가 전전 날의 기후에 영향을 받는다면, 이번에는 2차 마르코프 체인이 적용되는 경우이다. 언뜻 복잡해 보이는 날씨(혹은 노래)의 선택도 간단한 수학적 확률과정을 적용하면 그 구성 원리는 우리가 상상하는 것보다 훨씬 단순하다.

예를 들어, 어떤 새가 짧은 프레이즈 20종을 안다고 치자. 새가 프레이즈 4를 불렀다면 다음에 어떤 프레이즈를 불러야 할지 어떻게 알까? 이 과정에 적용되는 규칙이 1차 마르코프 체인이라면 다음 두 가지 사실이 성립한다. (1) 이전에 부른 프레이즈를 기억할 필요가 없다. 다음에 어떤 프레이즈를 부를 것인가는 순전히 현재의 프레이즈가 무엇인가에 좌우된다. 방금 부른 프레이즈 혹은 그 전에 부른 프레이즈가 무엇이었는지 알아야 한다면 2차 혹은 3차 마르코프 체인이 적용되는 셈이다. (2) 노래가 계속 진행되어도 이 규칙은 변하지 않는다.

돕슨과 레몬은 자신들이 연구한 모든 지빠귀들의 노래에서도 어느 수준의 마르코프 체인이 지배하고 있다는 사실을 발견했다. 노래가 간단할수록 적용되는 마르코프 체인의 수준도 단순했으며 변이성의 수준이 가장 높은 종은 붉은꼬리지빠귀였다. 이와 유사한 마르코프 모형 덕분에 기계에 불과한 컴퓨터가 하이든과 모차르트의 음악을 구별한 것은 말할 것도 없고 그동안 수많은 작곡가들이 구사한 프레이즈의 배열 방식을 닮은 새로운 작곡법을 속속 고안해 냈다. 이런 유형의 질서가 새소리의 배열에서 목격된다고 결코 놀랄 일이 아니며, 이는 이들 새소리의 총합인 새의 노래에 음악이 깃들어 있다는 우리의 생각을 뒷받침한다.

그런데 과연 이처럼 단순한 모형이 새가 다양한 소리들이 복잡하게 얽힌 노래를 부를 수 있게 하는 비법일까? 빠른 결과물을 낼 수 있기 때문에 수학자들은 마르코프 체인을 좋아한다. 그렇지만 이 결과물에는 깊이가 없다. 마르코프 체인 모형을 써서 컴퓨터는 표면적으로 인간의 언어와 닮은 무의미한 시를 아주 쉽게 짓는다. 하지만 우리는 이 시가 뜻이 통하지 않는 시임을 금세 알 수 있다. 컴퓨터가 새소리의 배열을 흉내 내는 경우는 어떤가? 이 경우, 우리는 구분하기 힘들다. 우리는 우리 자신의 모형이 만들어낸 작품이 꽤 훌륭하다고 믿기 쉽지만, 새가 그 작품에 속아 넘어갈 만큼 어리석은 경우는 드물다.

다른 지빠귀의 노래를 살펴보자. 민무늬지빠귀의 프레이즈는 하행하며 소용돌이 모양을 그리며 퍼져나간다. 이 새의 소리는 불만에 가득 차고 어지럽기가 붉은꼬리지빠귀의 소리보다 더하다. 매슈스는 민무늬지빠귀의 노래를 다음과 같이 묘사했다.

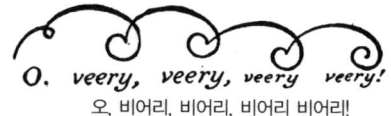
오, 비어리, 비어리, 비어리 비어리!

소스테누토sostenuto('소리를 충분히 끌면서 음을 유지하여' - 옮긴이). 이 기록과 다음 기록은 실제 음정보다 두 옥타브 낮게 기보된 것이다.

그리고 손더스는 이렇게 묘사했다.

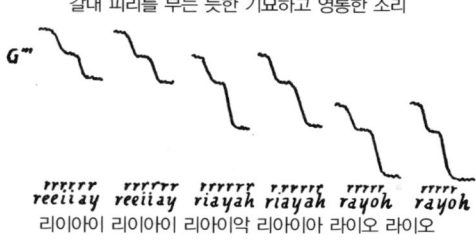
리이아이 리이아이 리아이악 리아이아 라이오 라이오

민무늬지빠귀의 노래

(전략) 휙 스쳐가는 낭랑한 한숨 소리 같은 노래가 나무 사이 위에서 들려온다. 우리의 전통적인 유미주의자들이 그것은 음악적이라기보다 차라리 오늘날의 전자 음악이 제공하는 소리를 합성한 듯한 분위기에 가깝다. 속도를 느리게 하였더니 경쾌한 멜로디가 들렸다. 마치 마일즈 데이비스Miles Davis(재즈 트럼펫 주자이며 퓨전 재즈의 효시 - 옮긴이)의 전통재즈에 전자사운드와 록비트를 접목시킨 퓨전 재즈의 시대의 프레이즈 같았다.

나는 이 새의 노래가 이런 식으로 표현되리라곤 예상하지 못했다. c단조에 G7 코드가 중간중간에 무늬를 덧대듯 끼어든, 흔들흔들한 선율이라니! 리듬도 전혀 예상하지 못한 것이었다. 쇠케가 바르톡을 염두에 두었듯이, 내가 재즈에 푹 빠져 지내서 그런지는 몰라도 내 귀에는 모든 새소리에서 싱커페이션syncopation(악센트나 박자의 정규 패턴이 바뀌어 리듬에 불규칙성(센박부와 여린박부의 위치 교체)이 생기는 것 — 옮긴이)이 느껴지는 모양이다. 하지만 과연 그래서만일까? 민무늬지빠귀의 노래가 별난 것이다.

레몬은 숲 속에서 민무늬지빠귀의 노래를 조금씩 변조한 곡을 재생하였을 때 이 새가 어떤 반응을 보이는지 알고 싶었다. 그는 이 새의 원래 노래보다 길이를 짧게 길게 하거나, 음정을 높게 낮게, 혹은 빠르기를 빠르게 느리게 하여 녹음한 소리, 그리고 이 모두를 섞은 소리를 각각 새에게 들려줬다. 실험 결과, 민무늬지빠귀는 음절의 순서가 바뀌지 않게 편집된 노래, 그러니까 전체적인 형태에 변화가 없는 노래를 재생하였을 때 아주 민감한 반응을 보였다. 이 새는 높은 음정에 비해 낮은 음정을 덜 고려했다. 올바른 구성이 유지되기만 한다만 음정이 낮은 곡을 제거해도 새는 여전히 반응을 보였다. 그렇다면 소리가 우아하게 소용돌이를 치며 퍼져 나가도록 하여 인간의 귀에 아주 특이하게 들리게 만드는 그 빠른 조바꿈(악곡의 도중에 어떤 조성을 다른 조성으로 바꾸는 일 - 옮긴이)은 이 새에게 어떤 의미를 가질까? 민무늬지빠귀는 그냥 소리를 듣고만 있는 것이 아니라 자신의 귀에 올바른 소리로 들리는가를 감안하며 듣는다. 숲 속 저 멀리에서 명료도가 저하된 채 들리는 소리라도 이 점만은 변함이 없다. *리이아이 라이오!* 이 소리는 민무늬지빠귀 자신의 소리에 가깝다. 다른 어떤 지빠귀도 이런 소리를 내지 않는다.(주21) 민무늬지빠귀는 그 소리를 듣자마자 자신의 음악임을 알아챈다. 자신의 귀에 올바른 소리로 들리는 소리는 특별한 형태와 형식을 갖고 있는 것이다. 그런 형태의 실제적인 특성에 어떤 중요성이 있는 것일까?

마지막으로 출간할 논문을 내기 위해 소프는 조앤 홀 크래그스와 공동 연구할 기회를 한 번 더 가지면서 패턴 인식이라는 일반 주제로 돌아갔다. 그들은 멜로디란 항상 요소의 단순한 총화總和 이상의 것이라서 반드시 그것만을 정의하고 구분 짓는 독특한 특징을 지니고 있다는 게슈탈트 심리학(심리현상의 본질은 그 역동적 전체성에 있으며 원자론적인 분석으로는 밝혀낼 수 없다고 보는 심리학설 - 옮긴이) 옹호자들의 견해에 영감을 받았다. 다시 말해, 멜로디는 요소의 총화로는 추론하거나 설명할 수 없는 게슈탈트Gestalt('패턴' 또는 '전체'를 일컫는 독일어 - 옮긴이)를 의미한다. 녹음 재생실험은 대부분의 종에 속하는 새들이 소리를 듣고 자신에게 맞는 소리와 맞지 않은 소리를 가려낸다는 사실을 설득력 있게 증명했다. 우리는 나선형으로 소용돌이 모양을 그리며 퍼져나가는 새의 노래를 듣고 이 노래의 임자가 민무늬지빠귀임을 눈치 챈다. 민무늬지빠귀는 여기에 한층 심오한 지식을 보탠다. 인간이 듣는 것과 똑같은 노래를 들을지라도 이 새는 그 노래가 자신에게 맞는 노래이며 필요한 노래, 즉 자신이 부르고 들을 만한 가치가 있는 유일한 노래라는 사실을 안다.

소프와 홀 크래그스의 관심은 결국 그녀의 그 유명한 검은노래하는지빠귀로 되돌아갔다. 검은노래하는지빠귀가 내는 소리 중에 어떤 것은 항상 노래의 도입부였고 또 어떤 것은 끝부분에 해당하는 것 같았다. 두 사람은 이 검은노래하는지빠귀의 노래를, 전체성과 적절성이 갖춰졌을 때만 의미 있는 일종의 게슈탈트로 여겼다. 그런데 이 새는 때로 실수를 저질렀다. 그리고 그런 실수를 저지르면 보통 처음부터 다시 노래를 시작했다. 마치 인간 음악가처럼 정확히 불릴 때까지 해당 프레이즈를 반복해서 불렀다. 한 번은 며칠간 노래를 부르지 않아 특정 프레이즈를 완성하는 능력을 상실한 적이 있었다. 이 새는 막히는 부분에 도달할 때마다 더듬거리면서 목에서 가르랑거리는 소리를 내며 음 몇 개를 반복했다. 그러나 결국 예전만큼 노래를 완벽하게 부를 수 없게 되자 이 새는 한 발 물러서 노래를 좀 더 부르기 쉽게 바꾸려 했다. 하지만 소화하지 못한 그 음절을 교체할 수는 없었다. 아예 프레이즈를 통째 없애야 했다. 왜 그랬을까? 프레이즈를 올바르게 부르는 방식이 있는데 더 이상 그 방식대로 부를 수 없으니 아예 해당 프레이즈를 없애 버린 것이다. 두 사람은 이 새가 "문자 그대로 연습이 부족했다."고 기록했다.[주22]

인간의 음악 작품을 들을 때도 그렇듯, 그 복잡성에 유념하며 새의 노래를 세심하게 들을수록 우리는 그 소리가 올바른 형식을 갖추고 있는지 여부를 입증할 증거를 많이 발견하게 된다. 그처럼 면밀한 연구는 녹음기술을 이용해 가능하며, 더구나 소노그램을 활용하면 인간이 들을 수 없는 것도 순식간에 지면에 시각적으로 표현할 수 있다. 읽고 이해하는 능력만 갖춘다면 그런 도식을 통해 우리는 우리가 인지할 수 있는 형태의 패턴과 새가 인지할 수 있는 패턴을 동시에 볼 수 있다. 그리고 이 둘이 항상 동일한 것은 아니다.

하버드대학교의 과학사 교수 피터 갤리슨Peter Galison은 과학이 신성시하는 목적, 즉 객관성이 실은 시간이 지나면서 과학적 판단과 함께 전개된 모종의 역사적 가치라고 주장한다. 과학자들은 데이터를 해석하기 위해 스스로를 단련했고 그런 노력은 종종 소노그램과 같이 참신한 시각적 방식으로 드러났다. 소노그램으로 표현된 정보를 해석하는 방법치고 쉬우면서 공정한 것은 없다. 피터 말로도 그것이 건물을 짓듯 하루아침에 이루어지는 능력이 아님을 인정했다. "분석력을 원해 그 능력을 얻고 나면 정보가 한 쪽으로 치우치게 묘사되지요." 도구가 개발되고 개량되었듯, 과학자들에겐 자신이 이미지로 나타난 것을 정확히 꿰뚫어 보는 능력이 생겨났다.

갤리슨은 이 과정을 예술 비평 혹은 미적 교육에 비유했다. 이 과학자는 자연의 일부가 그려진, 아마 논쟁의 여지가 없이 객관적일 그 그림 속에 무엇이 있는지를 아는 데서 멈추지 않았다. 지금 새가 취하고 있는 행동에 관한 상상을 표현한 이미지를 얻자면 소노그램을 그대로 혹은 불필요한 부분을 걸러 내서 참고할 필요가 있었다. 그 기법이 효과가 있고 우리가 읽는 법을 익히고 있다면 소노그램은 어떤 개인의 암기용 연상어나 악보보다도 더 권위를 갖게 된다. 하지만 그림은 그림일 뿐이다. 그림이 언어가 되기 위해선 누군가가 관련 규칙을 찾아내야 한다.[주23] 새의 노래를 갈기갈기 찢는 방식으론 우리는 결코 새가 될 수 없다.

다윈의 시대와 거의 같은 시대에 살았던 프랑스의 역사가 쥘 미슐레 Jules Michelet(1798~1874)는 새의 강렬한 미학을 서정적으로 묘사했다. "날개 달린 생물의 음성, 불꽃 소리, 천사의 목소리, 우리의 삶보다 질적으로 훨씬 나은 강렬한 삶의 방사물들, 순간적이고 변덕스러운 존재의 소리가 길손을 부추겨 차분한 사색에 잠겨 자유에 관한 밝은 꿈을 품은 채 잘 다져진 길을 걸을 운명을 지우네."[주24] 새소리에 귀기울이며 이처럼 새에 대해 생각해 보라. 당신도 새를 흉내 내며 그 음악에 동참하고 싶을 것이다. 바로 그것을 새들 자신들도 행하고 있지 않은가?

늪개개비

CHAPTER 5

네 노래? 내 노래?

단 하나의 기능만으로는 조류 세계가 선사하는 선율의 아름다움을 설명할 수 없다. 특히 다른 새들의 노래를 듣고 멜로디 단편을 모아 자신의 노래를 만드는 새들 사이에서 이런 사실이 분명하게 드러난다. 북유럽의 습지초원이나 덤불에서 번식하는 늪개개비를 생각해 보라. 이 새는 자신의 서식지에서 사는 모든 새의 소리를 차례대로 거의 모두 반복한다. 인식하기가 거의 불가능한 패턴 혹은 반복의 기법으로 매초 작은 단편 두어 개씩 압축한 효과는 새소리를 녹음한 식별 테이프identification tape를 두 배 속도로 튼 것과 비슷하다. 쉼 없이 노래하는 이 새는 소리곡예사이다. 수많은 훔친 릭(흥미를 끌기에 충분한 호소력을 지녀 다른 프레이즈와 확연히 구별되는 프레이즈 – 옮긴이)을 그것도 아주 빠르게 사라져 버리는 릭을 들은 기억대로 노래한다는 것은 묘기라고 볼 수밖에 없다. 동아프리카에서 겨울을 나고 봄이 되어 유럽에 돌아온 늪개개비는 관목숲에 자리를 잡고 앉아 연신 재잘거린다.

다음의 소노그램은 이 새의 노래를 나타낸 것이다. 흰턱딱새greater whitethroat, Sylvia communis의 경계신호음을 두 번 내고, 제비barn swallow, Hirundo rustica의 네 부분으로 이루어진 사회적 노래social song를 빠르게 반복한 후(123412341234), 박새great tit 혹은 European chickadee, Parus major의 경계신호음을 몇 번 내기까지 걸린 시간은 몇 초에 지나지 않았다.

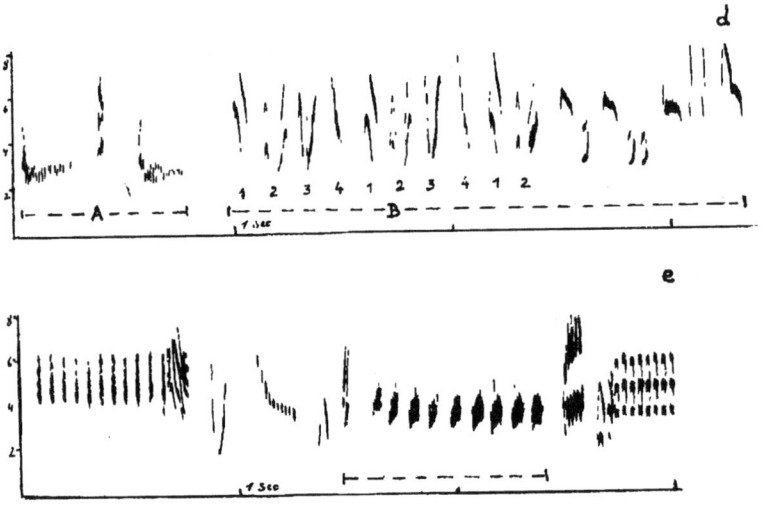

늪개개비의 노래의 절반 가량은 주변 다른 새들의 소리를 빠르게 끊임없이 이어놓은 듯하다. 그에 못지않게 다양한 소리로 이루어진 나머지 절반은 수십 년 동안 진정한 늪개개비의 곡으로 간주되었다. 다른 토착새는 트릴이나 포르타멘토portamento(현악이나 성악에서, 어떤 음에서 다른 음으로 옮겨 가는 경우 미끄러지듯 부드럽게 넘어가는 주법 – 옮긴이) 같은 기교와 귀에 거슬리는 날카로운 고음이 어울린 곡을 부르지 않기 때문이다. 하지만 그것이 이야기의 전부는 아니다.

프랑수아즈 도셋 르메르Françoise Dowsett-Lemaire가 15살 난 해에 늪개개비의 노래를 처음 접한 곳은 자신이 유년 시절을 보낸 집 밖이었는데, 그 집은 벨기에의 리에주Liège 근처에 위치해 있었다. 프랑스 남부 지방에서 나는 그녀에게 전화를 걸어 어떻게 맨 귀로 그토록 복잡한 노래를 이해할 수 있었는지 물어봤다.

이 새의 흉내 내는 능력이 그렇게 인상적일 수 없더군요. 그 노래에서 유럽산 새들의 신호음이 장황하게 이어지는 것을 알아챈 전 그 소리를 공책에 옮겨 봤습니다. 흉내 낸 곡 대부분은 지극히 짧았지만(채 1분이 되지 않았습니다), 당시 제 귀는 짧고 빠른 모티브를 포착하는 데 특별히 익숙했죠. 35년이 지난 지금은 그런 짧은 모티브를 식별하기 쉽지 않습니다만… 청각이 예전 같지 않아서요.^(주1)

어두컴컴하고 질퍽거리는 덤불에서 사는 이 작은 갈색의 새는 르메르가 리에주대학교University of Liège에 제출한 박사학위 논문의 주제였다. 그녀가 예민한 귀와 소노그래프의 도움을 받아 확인한 바로는, 늪개개비는 자신의 서식지에 사는 새들이 내는 대부분의 신호음과 노랫소리를 능숙하게 흉내 낸다. 모두 1500~8000 Hz에 해당하며 물리적으로 재생이 가능한 소리이다. 이 새가 흉내 내는 종은 보통 검은노래하는지빠귀와 집참새, 참새tree sparrow, Passer montanus(유럽에서만 사는 집참새와 달리 아시아와 유럽에 두루 걸쳐 산다. 우리가 흔히 참새라고 말할 땐 tree sparrow를 가리킨다. – 옮긴이)이며 그 외에 붉은가슴방울새linnet, Carduelis cannabina, 종달새, 검은딱새stonechat, Saxicola torquata, 까치magpie, Pica pica 등이 있다. 늪개개비의 노래는 리듬과 주제 면에서 조직화되어 있다. 특정한 종의 신호음과 노랫소리를, 그 둘의 관계를 인식하면서 동시에 부르는가 하면, 어떤 노래의 음과 다른 노래의 음 사이를 부드럽게 전환하기도 한다. 붉은가슴방울새의 노래에서 버들솔새willow warbler, Phylloscopus trochilus의 노래로 바뀌는 과정을 보여주는 다음과 같은 예처럼 말이다.

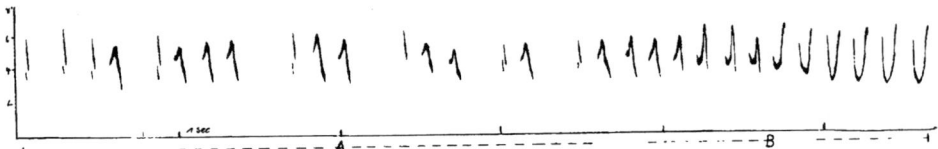

늪개개비 노래의 다른 절반은 어떤가? 르메르는 이 반쪽에 늪개개비가 남쪽으로 이주해 겨울을 나는 동안 주워들은 아프리카산 새들의 노래가 포함되어 있지 않을까 하는 생각이 들었다. 유일한 문제는 그런 식으로 곡을 익히는 흉내쟁이 새가 알려진 적이 없다는 것이었다. 흉내의 명수들 대개 철새가 아니거나, 설령 철새라고 해도 아직 열대 지방을 향해 떠나기 전인 태어나서 처음 맞는 번식기에 대부분의 소리 재료를 익힌다.

르메르가 늪개개비의 겨울서식지인 동아프리카로 첫 여행을 떠난 것은 1976년이었다. 거기서 그녀는 그 지역에서 흔히 볼 수 있는 새들의 소리를 익혔다. 다음 해 벨기에로 돌아온 르메르는 늪개개비가 이들 아프리카산 새의 소리를 꽤 많이 그것도 완벽하게 흉내 내자 깜짝 놀랐다. "유럽산 텃새의 신호음과 아프리카산 새의 신호음을 서로 다른 계절에 익힌 것이 분명하고, 이들 신호음이 모티브로 짜맞춰진 것은 그 후, 그러니까 '잡동사니' 노래가 성체의 노래로 변화하는 시기에 일어난 일이죠."(주2) 늪개개비의 매우 복잡한 노래에서 르메르는 아프리카산 새들의 노랫소리와 신호음을 들을 수 있었다. 아프리카직박구리black-eyed bulbul, Pycnonotus barbatus의 노랫소리와 휘파람새bleating bush warbler, Camaroptera brachyura의 신호음은 물론, 푸른볼먹는새blue-cheeked bee-eater, Merops persicus와 제비꼬리바람까마귀fork-tailed drongo, Dicrurus adsimilis 따위의 화려한 이름을 가진 가수들의 노랫소리나 신호음까지 들렸다. 늪개개비의 겨울서식지에 사는 새 중에서도 더 흔히 볼 수 있고 더 시끄럽게 울어대는 새의 노래일수록 이 새가 흉내 낼 가능성이 높았다. 결국 늪개개비는 독창적인 소리를 전혀 갖고 있지 않은 셈이었다. 레퍼토리 전체가 다른 새들의 소리로 구성된 것이었다! 독창성은 자신의 음역 내에 있는 그 모든 소리를 노련하게 모방하고 기교적으로 재조합하는 데 있었다. 늪개개비는 심지어 겨울서식지로 가는 도중이라 익힐 새 없이 듣기만 했을 새소리까지 흉내 냈다. 튀니지를 지나면서 주워들은 시스티콜라 보데사Boran cisticola, Cisticola bodessa와 스트렙토펠리아 비나시아vinaceous dove, Streptopelia vinacea의 노래가 그것이다. 프랑수아즈 도셋 르메르가 찾아낸 새는 일종의 노래길 songline(오스트레일리아 아낭구Anangu족의 창조신화에 등장하는 눈에 보이지 않는 미로. 꿈의 시대 Dreamtime, Tjukurpa에 아낭구족 토템 신앙의 조상들이 이 길을 따라 오스트레일리아 전역을 방랑하며 자신이 본 모든 것들−새, 동물, 식물, 바위, 물웅덩이 등−의 이름을 불렀고 그래서 그 노래를 통해 세상이 창조되었다. − 옮긴이)을 이동하며 자신이 본 모든 것을 들려주는 현세의 새이다. 이 새의 이동경로를 쫓으면 음악 그 자체의 지도가 그려진다.

이 새는 왜 그처럼 다른 새들의 소리를 엄청나게 흉내 내어 세상에서 가장 복잡한 노래로 발전시키는 걸까? 짝짓기 때문은 아니다. 늪개개비 암컷이 수컷을 고르는 기준은 세력권의 크기이지 노래의 질이 아니다. 암컷은 엄청나게 복잡한 수컷의 노래에는 다소 무관심한 것 같다. 르메르는 이렇게 말했다. "세력권이 넓을수록 언제든 이용 가능한 둥지터가 많을 것이고 따라서 그곳을 찾은 암컷이 계속 머물 가능성도 크죠. 게다가 노래가 너무 복잡하고 레퍼토리를 연이어 전부 노래하는 데 30분이 넘게 걸린다면 수컷의 음악적 기교를 평가하기 위해선 오랫동안 꼼짝 않고 그 자리에 머물며 듣고 있어야 할 겁니다. 물론 암컷이 그렇게 할 리 없죠." 암컷이 모습을 드러내는 순간 수컷은 곧바로 노래를 멈춘다. 음악회가 끝난 것이다. 수컷은 암컷이 둥지로 쓸 명당자리를 찾는 일을 거드는 데 전념한다. 그 과정에 짧은 노래의 단편만을 흥얼댈 뿐이다. 암컷은 진정한 수컷의 노래를 들을 기회를 갖지 못할 수도 있다.

르메르의 말에 따르면, 늪개개비 암컷은 때때로 수컷과 같은 유형의 노래를 부르기도 하지만 한 번에 겨우 1분간이다. 그녀는 암컷이 갖고 있는 소리에 관한 지식은 수컷과 똑같지만 그 지식을 쓸 필요가 적은 탓이라고 생각했다. 성차별적인 새소리 세계의 전체에 걸쳐 그와 유사한 패턴이 발견된다. 암컷이 충동적으로 노래를 부를 때도 있다. 하지만 평소에는 신경 써야 할 일이 많은데다 음악하고픈 마음이 들게 유도하는 호르몬이 일상을 젖혀놓을 정도로 분출되지도 않는다.

늪개개비의 노래는 세력권 방어와 짝 유인으로 추정되는 목적을 이루기 위해 필요한 정도보다 훨씬 복잡하다. 르메르는 "일이 끝나 평화롭게 노래 부르는 기간"에 이웃한 수컷들이 무리를 지어 함께 노래를 부르는 현상에 대해서도 언급했다. 수컷들은 새끼새에게 먹을 것을 물어다 주고 둥지에 머무르며 휴식을 취하는 암컷 옆에 있지 않는다. 수컷 2~4마리가 가지 위에 바싹 붙어 앉아 함께 노래한다. 볕 좋은 맑은 날에나 먹을 것을 찾는 데 혼신의 힘을 쏟는다. 비 내리는 흐린 날에는 노래만 부른다. 르메르는 이처럼 수컷들이 모여 합창하는 것을 노래 시합이나 노래 결투로 여기지 않고 일종의 사회적 놀이로 간주했다. 늪개개비 수컷들은 "노래를 만끽하며 어떤 면에선 음악이 즐겁다는 것을 알고 있는 게 분명합니다. 의심의 여지가 없어요." 물론, 이 생각에는 추호도 의심의 여지가 없다. 누군가가 과학적 맥락에서 그런 유형의 진술을 시도하기 전까진.

늪개개비가 노래 부르기에 재미를 느낀다는 걸 어떻게 증명할 수 있을까? 나이팅게일의 불어난 체중을 측정하듯 늪개개비의 고조된 감정을 측정하면 되지 않을까? 노래 부르고 싶은 일시적 감정을 측정하는 데 있어 과학의 본질은 평가요소를 찾는 것이다. 피터 말러는 조심스럽게 말했다. "새들은 충동에 사로잡힌 겁니다. 충동을 빼놓고 노래를 얘기할 수는 없는 것이죠. 이건 강한 내적 동기의 영향을 받은 행동입니다. 그런 충동은 주관적인 암시를 지닌 감정과 같다고나 할까요? 우리는 새가 기쁨에 넘쳐 있다고 추측하는 경향이 있습니다. 그것은 사실일 수도 아닐 수도 있지만 전 오래 전부터 그런 퍼즐에 관심을 가져 왔죠." 이 퍼즐에는 많은 조각이 빠져 있다. 과학은 기쁨을 계산할 수 있는 정도까지 발전하지 않았다.

도셋 르메르가 보기엔, 늪개개비가 노래하면서 기쁨을 느끼고 있는 것이 분명했다. 유난히 예민한 귀로 최근에 등장한 조류음향학 역사상 그 유례가 없을 만큼 주의를 다해 그녀는 거의 15년 동안 이 새의 노래를 철저히 들었다. 늪개개비의 노래는 조직화되어 있고 독창적이긴 해도 인간의 관점에서 보면 선뜻 음악으로 분류할 수 없었다. 그것은 양 대륙의 새들이 만들어 낸 사운드스케이프soundscape 音風의 단편들이 뒤섞인 시끄럽게 윙윙거리는 소리였다. 늪개개비의 노래를 실제 속도의 1/2, 1/4, 1/8로

차츰 느리게 하며 들어보면 이 소리가 프랙털fractal(아무리 규모를 확대하거나 작게 하여도 여전히 같은 형태를 지니는 형상 – 옮긴이)처럼 아무리 작게 하여도 여전히 복잡한 음들로 이루어져 있다는 사실을 알게 된다. 늪개개비가 자신이 들은 대부분의 소리를 제 것으로 흡수하여 멋진 솜씨로 다듬어 개량까지 할 수 있다는 점이 그저 놀라울 뿐이다.

새가 자신이 속한 종이 아닌 다른 종의 소리를 흉내 낸다는 사실은 그 새의 노래를 들은 인간 관찰자에게 깊은 첫인상을 남긴다. 고대 로마의 대大플리니우스Gaius Plinius Secundus(23-79, 로마의 정치가·박물학자·백과사전 편집자)는 까치의 소리를 듣고 이 새가 지적인 고뇌에 빠져 있다는 다소 고상한 견해를 피력했다. "까치들은 특유의 말들을 내뱉는 데 재미가 붙어서, 그 말들을 단순히 익히는 것이 아니라 사랑하고 남몰래 냉정히 숙고하기까지 하며, 드러내놓고 그 일에만 매어…(중략). 어려운 말에 허를 찔리면 이 일로 이 새들이 죽음을 맞이한다는 것은 기정사실이다!"[주3] 진정 과학적으로 새소리를 다룬 최초의 연구 논문은 찰스 위첼Charles Witchell의 〈새소리의 진화The Evolution of Bird-Song〉(1896)이다. 여기서 그는 상당한 분량의 지면을 할애하여 새의 모방을 다루었다. 위첼은 많은 영국산 새들이 서식지 내의 다른 새들을 흉내 낸다고 믿고 있었는데, 그의 눈에는 이런 사실이 새가 노래를 선천적으로 알고 있다기보다 학습을 통해 익힌다는 것을 입증하는 첫 번째 증거로 비쳐졌다. 물론 실제로 존재하지 않는 새소리를 모방한 경우도 있었지만, 어쨌든 새가 환경과 조화를 이루고 있다는 생각은 동물이 시간의 경과에 따른 주위환경의 변화에 반응하여 진화한다는 진화론적인 꿈에 특히 신빙성을 더했다. "우리는 종종 새의 지저귐이 새 자신이 매일 접하는 소리와 다소 유사하고…(중략) 이런 식으로 근처에서 나는 소리와 조화를 이룬다는 사실에 놀랄 필요가 없다. 새의 빛깔이 주변 환경과 한데 섞이는 경우가 종종 있듯이 말이다."^(주4)

이런 신자연선택론을 내세우며 자연연구자 특유의 세심함까지 갖춘 위첼은 애초 자신의 주제를 경험론적으로 다루려 했지만, 새소리에 꼼짝없이 사로잡힌 사람들이 대개 그렇듯 그는 자신도 모르게 시인이 되곤 했다. 그럴 때면 나이팅게일의 노랫가락은 졸졸 흐르는 물소리로 들렸고 리듬은 한밤중의 숲을 관통하는 여러 줄기의 달빛을 반영했다. "지금 새는 변론을 한다! 아니다. 웅변을 한다. 기묘하게 격렬하게, 의기양양하게, 그리고 반쯤 들뜬 소리로. 누군가 이 소리를 들으면 이 새가 거의 동시에 낄낄대고 조롱하며 싸움을 거는 줄 알겠다."^(주5)

사실 그 어느 것도 조류 세계에 모방이 보편적 현상인 이유를 제대로 설명하지 못하지만 위첼 이후에도 이를 적응으로 설명하는 주장들이 다양하게 제기되었다. 세력권을 방어하기 위한 수단으로 흉내 내기를 이용한다는 가설도 그런 주장 중 하나이다. 이런 주장을 내세우는 사람들은 온갖 종류의 침입자를 세력권 밖으로 한 번에 몰아내는 방법 중에 침입자 특유 형식으로 소리를 흉내 내 겁을 줘서 쫓아버리는 방식만한 것이 있겠느냐고 묻는다. 이 가설은 흉내지빠귀가 종종 호전적인 새로 비치는 이유를 바로 여기서 찾는다. 이 새가 갖가지 노래의 단편을 불러대면 어느 새도 싸움을 걸 마음이 사라진다는 것이다. 적어도 음악으로 겨뤄볼 엄두는 못 낸다는 말이다. 혹자는 이런 주장을 유명한 영화의 제목을 따 '보 제스트Beau Geste(갸륵한 행동, 아름다운 행위, 용감한 행동이란 뜻 – 옮긴이)' 가설이라고 부른다. 영화에선, 프랑스의 외인 부대병사가 요새가 병사로 가득 찬 것처럼 보이게끔 병사들의 목소리를 흉내 내 텅 빈 요새를 혼자서 지켜낸다. 멋진 발상이긴 하지만, 새의 세계에도 그런 전법이 통한다는 것을 입증한 사람은 없다.

또 하나의 적응적 설명은, 서로 멀리 떨어져 있어서 얼굴을 볼 수 없는 환경에 놓인 새들간의 의사소통과 모방이 관련되어 있다는 것이다. 만일 그렇다면 새소리 모방은 앞 장ᵃ에서 살펴봤듯이 먼 곳까지 전파하기에 최상의 소리인 지빠귀류 특유의 목소리를 떨며 지저귀는 소리와 다소 비슷한 작용을 할 것이다. 하지만 이것 역시 사실이 아니다. 흉내쟁이들은 조밀한 식생에서부터 성긴 식생에 이르기까지 온갖 식생에서 산다. 모방이 포식자를 혼란에 빠뜨리거나 반대로 먹잇감을 유인하기 위한 수단으로 쓰인다는 주장도 있다. 결코 입증될 수 없기는 이 주장도 마찬가지다. 흔히 새들은 다른 종의 노랫소리보다 신호음을 더 많이 흉내 낸다. 이런 사실을 바탕으로 우리가 증명할 것이 있다. 신호음은 훨씬 특별한 의미를 갖고 있지만 그 의미는 신호음과 함께 모방되지 않는 것 같다. 앵무새는 거문고새가 완벽히 흉내 낸 자신의 신호음에 반응하지 않는다. 새들은 왜 다른 새가 흉내 낸 자신의 신호음에 전혀 관심이 없는 걸까? 분명한 사실은 이들 새가 우리가 모르는 뭔가를 알고 있다는 것이다.

어느 날 밤 야외에서 나이팅게일의 노랫소리를 들은 것이 계기가 되어 존 클레어는 여생을 새와 함께 했다. 새의 음악을 음미하는 데 필요한 것은 청취가 전부다. 하지만 새소리 모방에 관한 연구를 시작하려면 오랜 시간 새의 전체적인 습성을 관찰할 각오가 되어 있어야 한다. 야생상태에서만 노래하는 과묵한 새보다 포획상태에서도 노래를 잘 부르는 새에 관한 연구가 더 많이 이루어졌다. 특히 흉내쟁이의 노래가 어떤 식으로 구성되어 있는지에 관한 가장 흥미로운 연구 중 일부는 새 한 마리를 상대로 행해졌다. 적어도 미국에선 외래종 중 가장 혐오 받는 새인 알락찌르레기가 그 주인공이다.

19세기 뉴욕에 에드워드 쉬펠린Edward Schieffelin이라는 괴짜가 살았다. 그는 셰익스피어의 작품에 등장하는 영국의 새들을 몽땅 신세계로 들여와야 한다는 별난 사명감에 사로잡혀 있었다. 알락찌르레기는 〈헨리 4세 Henry IV〉에 등장한다. 홋스퍼는 헨리 왕이 자신의 의제義弟 모티머의 이름을 입에 올리는 것조차 금지하자 멋진 묘안을 생각해 냈다. "찌르레기를 가르쳐 '모티머'라고만 울도록 하겠습니다. 그 새를 그(왕)에게 보내, 그 소리를 들을 때마다 울화가 치밀도록 하겠습니다." 셰익스피어 작품 중 유일하게 알락찌르레기를 언급한 이 작품을 토대로 쉬펠린은 이 새 50~200마리를 센트럴 파크(미국 뉴욕 시에 위치한 대공원 - 옮긴이)에 풀어놨다. 이 찌르레기의 이름에서 '알락(본바탕에 다른 빛깔의 점이나 줄 따위가 조금 섞인 모양이나 자국 - 옮긴이)'은 여름만 되면 검은 깃털을 배경으로 하얀 점이 빛을 발하기 때문에 붙은 것이다. 셰익스피어의 작품 전체를 통해 단 한 번 언급된 것으로 보아 에이번의 음유시인(에이번은 셰익스피어의 고향 스트랫퍼드 어폰 에이번Stratford-upon-Avon을 가리킨다. - 옮긴이)은 알락찌르레기가 훗날 대단한 새가 되리라고 예상하지 못한 것이 분명하다. 쉬펠린도 미국을 영국처럼 문명화할 요량으로 행한 조치의 결과를 예상하지 못했다.

당시엔, 체격 좋은 잡식성 새 한 종이 새로운 환경에 도입했다고 해서 생태계의 균형을 교란시키며 수십 종의 토착종(서식지 변경 없이 오랫동안 고정된 서식지에서 자라온 종 - 옮긴이)을 몰아내고 광활한 경작지를 황폐화하리라고는 누구도 알지 못했다. 셰익스피어의 작품에 등장하는 새들은 센트럴 파크에서 미국 전역으로 퍼져 나갔다. 5년이 지나지 않아 이 새는 브루클린(미국 뉴욕 주 동남부의 섬인 롱아일랜드의 서부에 있는 뉴욕 시의 자치 행정구 - 옮긴이)에 나타났고, 20년만에 나이아가라 폭포(미국 동북부와 캐나다 온타리오 주에 걸친 큰 폭포 - 옮긴이)에 출현했으며, 50년 후에는 미국 서부의 콜로라도에서 목격되었다. 오늘날, 플로리다에서 알래스카에 이르기까지 미국 전역에 서식하는 찌르레기의 개체수는 2억에 이른다. 지구상 대부분의 지역에서 볼 수 있는 이 새의 총 개체수의 3분의 1에 해당하는 엄청난 수이다. 아닌 게 아니라 '모티머'를 부르는 소리가 사방팔방에서 들리는 듯싶다. 조류도감에 등장하는 매혹적인 새들 대부분을 구경하거나 소리를 듣기 힘들게 된 데는 알락찌르레기와 집참새가 미국에서 성공적으로 적응·번성한 것도 한몫했다. 둘 중에서도 찌르레기가 더 쩌렁쩌렁하게 울어대고, 사회적이어서 한 번에 10만 마리씩 떼를 지어 움직인다.

미국에서 찌르레기의 노래는 제대로 가치를 인정받고 있지 않다. 보통 미국인들은 나무에서 무아지경에 빠진 수백 마리가 정신없이 쏟아내는 귀에 거슬리는 고음으로 접하기 때문일 것이다. 이 새에 대한 반감이 덜한 유럽인들은 찌르레기의 노래를 이렇게 평한다. "걸걸한 지저귐과 짹짹거리는 소리, 짧고 날카로운 소리, 목에서 가르랑거리는 듯한 소리가 어우러진 유쾌하고 두서없이 흐르는 멜로디에 음악적으로 들리는 날카로운 울음소리가 간간히 섞여 있고, 전체적으론 삐걱거리는 듯한 독특한 음색을 풍긴다."[주6] 찌르레기의 노래는 다른 새들의 소리에 특유의 음색 및 음질을 가미한다. 찌르레기는 이것저것 가리지 않고 닥치는 대로 먹는 식성만큼이나 자신의 미적 가치관과 들어맞는 온갖 종류의 특이한 소리를 가려내 제 것으로 받아들인다.

이처럼 적응력이 강하고 관찰이 용이한 새인 까닭에 최근 찌르레기의 노래는 철저히 그 구성이 해독되었다. 찌르레기 노래의 구성을 가장 포괄적으로 해독한 이는 또 한 명의 벨기에 생물학자, 마르셀 언스Marcel Eens였다. 1997년, 언스는 약 1분간 지속된 찌르레기 성체의 완전한 노래를 분석하여 80쪽 분량의 논문을 발표했다. 이 새의 노래는 각 노래형이 두 번 이상 반복된 뒤 다음 노래형으로 넘어가지만 그 노래형은 독특한 형태의 프레이즈 4종으로 구성되어 있다는 것이 언스의 결론이었다. 프레이즈의 배열은 대체로 다음과 같다.

(1) 서로 다른 2~12종의 소리로 구성된 레퍼토리에서 선택된 하행하는 일련의 날카로운 울음소리 1~2종

(2) (1)의 소리보다 낮고 지속적인 지저귐(종종 찌르레기의 세력권 내에서 생활하는 다양한 새들의 노래를 흉내 낸 곡이 삽입된다.)

(3) 최고 1초에 15번의 빠르기로 불리는 일련의 짧고 날카로운 소리(쉼 없이 재잘거리는 울음소리 혹은 자동차 브레이크를 풀거나 채울 때 기어가 맞물리며 나는 소리)

(4) 높은 음조의 날카로운 장음이 여러 번 반복(찌르레기의 노래에서 가장 시끄러운 부분으로 힘차고 시끄럽지만 명확한 끝맺음을 보여준다.)

전체적으로는 167쪽 그림과 같다.

여기까지 이해했다면 밖으로 나가자. (지금 어디에 있든 간에 근처에서 쉽게 맞닥뜨리는) 찌르레기의 노래에 귀를 기울여보라. 예전에 미처 듣지 못한 소리가 들릴 것이다. 지금까지 소음으로만 들리던 소리의 윤곽이 잡힐 것이다. 첫머리에서 하행하던 노래는 곡이 중간을 거쳐 끝으로 진행될

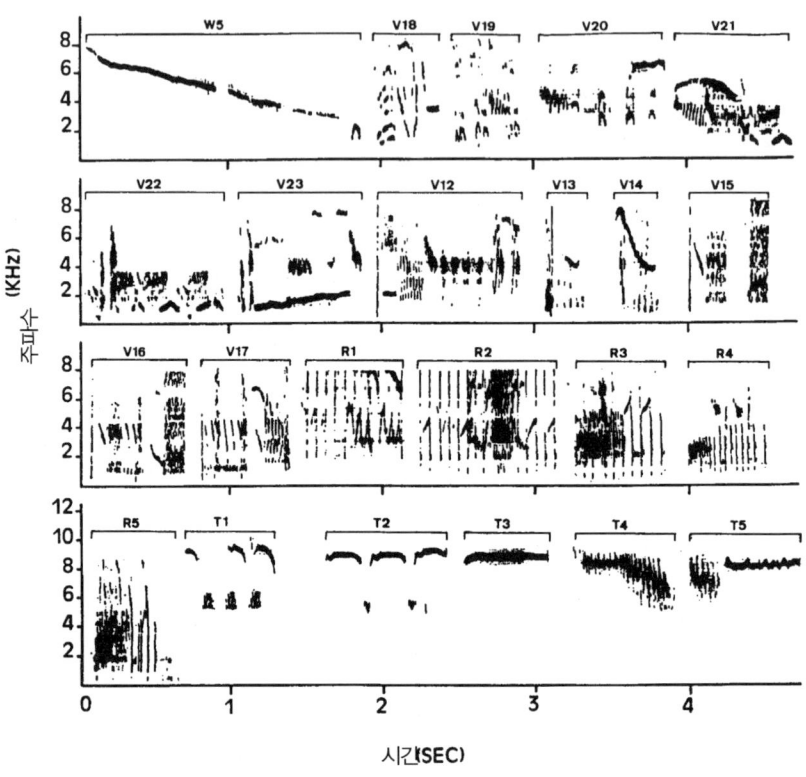

찌르레기의 노래에서 프레이즈의 배열을 보여주는 언스의 소노그램
(W = 날카로운 울음소리, V = 변이형, R = 재잘거리는 울음소리, T = '최종적인 고주파의 울음소리.'
각 프레이즈의 반복되는 부분은 생략했다.)

수록 점점 빠르고 우렁차며 날카로워진다. 각 유형의 프레이즈의 구체적인 내용이 새의 종에 따라 크게 차이가 나는 명확하고 극적인 형식이 머릿속에 그려질 것이다.

이후에 이루어진 연구들에서 이러한 노래는 수컷의 세력권 방어에 별 영향을 미치지 않는다는 사실이 밝혀졌다. 따라서 암컷의 마음을 흔드는 것이 이 노래의 목적이라고 추정된다. 수컷마다 노래가 극단적인 차이를 보인다면 암컷이 자신의 짝을 알아보기 쉬울 것이다. 이로 미루어, 찌르레기 개체마다 다른 개체들과 유사한 형식을 갖춘 자신의 테마곡뿐 아니라, 독창적인 프레이즈와 모방한 프레이즈를 여러 개씩 가지고 있음을 알 수 있다. 사실 찌르레기 수컷은 보통 다른 암컷들보다 자신의 짝을 염두에 둔 노래를 가장 발달시킨다.

찌르레기 커플은 늪개개비 부부보다도 수다를 훨씬 많이 떤다. 찌르레기 수컷이 복잡한 노래를 부르는 것은 짝으로서 갖춰야 할 자질의 일부를 쌓았다고 자기 선전하는 행위란 것이 통설이다. 하지만 그것이 어쨌다는 건가? 이런 노래가 그렇게 복잡해야 하는 이유는 분명하지 않다. 하지만 찌르레기의 경우에는 그러한 불확실성을 무시해 버리는 것이 부당하다. 개체수도 많고 포획상태에서도 키우기 쉽지 않은가. 좀 더 이 새에 대해 알아보자. 이 새가 만들어내는 끝없이 이어지는 소음이 훨씬 많은 흥미를 끌지도 모른다.

메러디스 웨스트Meredith West와 앤드루 킹Andrew King은 손수 기른 찌르레기 아홉 마리를 대상으로 인디애나 주립대학University of Indiana에서 10년간 연구했다. 두 사람은 아홉 마리를 두 그룹으로 나눠, 네 마리는 자기들끼리만 지내도록 하고, 나머지 다섯 마리는 사육자들 곁에서 살면서 인간과 폭넓고 친밀한 교감을 나누게 했다. 이들 새에게 노래나 특정 단어를 가르치지는 않았다. 그 이유는 찌르레기들에게 억지로 소리를 주입하고 싶지 않았기 때문이다. 두 사람은 세부적인 프로그램을 진행하지 않고 새들이 일상을 공유하며 자력으로 소리를 익히도록 놔뒀다. 그 결과, 매일 인간과 폭넓게 접촉한 다섯 마리만이 인간의 소리를 흉내 냈다. 이 그룹에 속한 새들은 간단한 구句들을 곧잘 인식했는데 이상한 방식으로 재결합하기도 했다. 예를 들어, '베이직 리서치Basic research(기본 연구)'라고 말하는 찌르레기가 한 마리 있었는데 이 새는 '베이직 리서치, 이츠 트루, 아이 게스 대츠 라잇Basic research, it's true, I guess that's right(기본 연구, 그건 사실이야, 그 말이 옳다고 봐)', 이런 식으로 조합했다. 그런가 하면, 발톱이 병균에 감염되어 잘라내려고 손으로 잡자 몸을 꿈틀거리며 엉뚱하게도 "아이 해브 어 퀘스천(I have a question, 질문 있어요)!"라고 소리치는 새도 있었다.

보통 찌르레기들은 언스가 묘사한 것과 동일한 형식을 취하는 노래를 불렀다. 즉, 날카로운 울음소리로 시작해 음조가 그보다 낮은 지속적인 지저귐과 짧고 날카로운 소리를 거쳐, 귀를 찢는 듯한 음조의 소리로 끝냈다. 하지만 인간과 교감을 나눈 두 번째 그룹에 속한 새들은 단순히 새소리를 흉내 내는 것으로 그치지 않았다. 이들 새의 노래엔 묘한 위치에서 끝나는 구句도 섞여 있었다. 예를 들어, 정확하게 단어로 말하지는 않았지만, 포스터 작사, 작곡의 '스와니 강Swanee River'(원곡명 '고향 사람들Old Folks At Home' - 옮긴이)(1851)의 가사 "웨이 다운 어펀 더 스와니 리버Way down upon the Swanee River(머나먼 저곳 스와니 강물)"를 연상시키는 소리를 낸 새가 있었다. 그런데 피아노 연주로 수백 번 들려주며 연습시켰지만 이 새는 계속 "웨이 다운 어펀 더 스와Way down upon the Swa"까지만 부르고 멈췄다. '니 강물nee River'을 덧붙일 마음이 도통 생기지 않는 모양이었다. 나는 이것이 찌르레기의 미학을 분명하게 보여주고 있다고 생각한다. 이 새는 단지 상대적으로 짧은 프레이즈를 선호했을 뿐이다. 한 번 따라서 불러봐라. "웨이 다운 어펀 더 스와, 웨이 다운 어펀 더 스와." 그럴싸하지 않은가? 이런 선호가 찌르레기 노랫소리의 다다이즘에 섞여 있다고 상상하기는 어렵지 않다. 홀 크래그스의 검은노래하는지빠귀와 마찬가지로 찌르레기는 노래를 올바르게 부르기 위한 연습 따위 하지 않는다. 그저 자신이 원하는 소리를 취해 자신의 스타일인 그 기이한 찌르레기 음악에 편입시킨다. 웨스트와 킹은 찌르레기와 함께 지낸 경험담을 이렇게 묘사했다.

모닝커피를 마시는 우리 옆에 앉아 있다거나, 가족 중 누군가와 샤워를 한다거나, 아이의 칭얼대는 소리를 흉내 낸다거나, 실험 관련 의견을 나누는 대화에 끼어들려할 때는, 이 새의 과학적 역할을 잊어버리기 쉬웠다. (중략) 찌르레기들은 주변 환경을 잠재적인 발성의 장으로 여기는 것 같다. 이 새들이 '음악만들기 music making' 중이라는 것을 분명하게 보여주는 표시는 휘파람 소리와 음악, 찻주전자에서 물 끓는 소리에 귀를 기울이며 조용히 머리를 앞뒤로 움직이는 동작이다. (중략) 사실 시끄럽게 우는 찌르레기를 달래는 가장 좋은 방법은 새로운 소리를 제공하는 것이다. 음성 부스러기를 소화하느라 음성 발성을 중단해야 하기 때문이다.[주7]

일단 새로운 소리를 제 것으로 흡수하기로 작정하면 이 새는 그 소리를 인간의 문맥과 분리하여 찌르레기 세계에 편입시킨다. 이 새가 내뱉는 말의 상당수는 새와 인간이 맞서고 있는 초현실적인 곳에서 비롯된 소리이다. 브립, 비주스, 브립, 비튼, 비식스 breep, beezus, breep, beeten, beesix 같은 소리는 새가 실제로 자신의 소리를 만들어가는 전체 과정을 암시한다고 봐도 좋다. 그런데 불쑥 이런 소리가 난다. "두 데이 해브 어 톨 프리

넘버?Do they have a toll-free number?(무료전화번호를 알고 있나요?)" 하지만 우리는 이 말이 어디서 비롯된 것인지만 알 뿐 새가 어째서 이런 소리를 내는지는 모른다.

애완용 앵무새와 마찬가지로 찌르레기는 소리를 발생시켜 상황 전개를 살핀다. 킹과 웨스트는 이런 체계를 사회적 소나social sonar('소나'는 수중 음파 탐지기를 말한다. - 옮긴이)라고 불렀다. 인간의 말 외에도 찌르레기들은 문이 삐걱거리는 소리와 접시가 쨍그랑하며 깨지는 소리, 개가 멍멍하며 짖는 소리, 입맛을 다시며 쩝쩝거리는 소리, 그리고 음식을 삼키며 꿀꺽하는 소리도 흉내 냈다. 킹과 웨스트의 연구소에 소속된 연구생 메리앤 엥글Marianne Engle은 논문 작성차 수행한 연구에서 이 가설을 뒷받침했다. 그녀는 집에서 찌르레기 몇 마리를 기르며 두 스승의 연구를 계속 진행했다. 찌르레기들은 자신을 향한 소리나 인간과 새의 상호작용과 관련된 소리를 흉내 내는 경향이 있었다. 왜일까? 관심을 더 얻으려고? 인간의 음성을 다시 듣고 싶어서? 복잡한 노래를 부르는 많은 새들이 그렇듯 야생 상태에서 찌르레기는 자신의 노래를 구성하고 있는 음을 이웃한 새들과 어느 정도 공유한다. 찌르레기는 대규모로 무리를 지어 살면서 그렇게 공유된 음을 들으면 서로 친밀감을 느낄지 모른다.

언스는 찌르레기의 노래가 장황하고 복잡할수록 짝짓기 성공률이 높아진다는 것을 증명했다. 하지만 그러한 복잡성의 구체적인 내용에 대해서 연구한 것은 아니었다. 왜냐고? 한마디로, 변수가 너무 많았기 때문이다. 피터 말러는 나와 나눈 인터뷰에서 이렇게 말했다. "찌르레기의 노래는 인간의 이해력이 미치는 한계에 걸쳐져 있습니다." 1분짜리 노래라도 우리의 분석법으론 버겁다. 장시간 찌르레기와 함께 생활한 사람들에겐 이

새에 대한 자료만 있는 것이 아니다. 그들에겐 새와 직접 부대끼며 알게 된 산지식이 있다. 그리고 그런 경험에는 으레 일화가 따르기 마련이다. 메리앤 엥글은 찌르레기가 자신의 노래 속에 포함된 음들 중 흉내 낸 음들을 종종 그 노래와 별도로 내뱉기도 한다는 사실을 알았다. '엘머' 라는 찌르레기도 그랬다. "엘머는 특히 연속적으로 쪽쪽하는 키스 소리에 환장했지요. 마치 고양이를 부르려고 쪽쪽거리는 것 같았습니다. 엘머는 노래를 부르다가도 내가 가만히 다가가 쪽쪽 하면 지금껏 부르던 노래를 멈추고 즉시 내게 그 키스 소리를 내곤 했죠."(주8)

키스할 때 나는 쪽쪽하는 소리는 찌르레기와 특별한 관련성이 있는 것 같다. 웨스트와 킹도 그와 똑같은 현상을 목격한 적이 있다. 엥글이 기른 찌르레기 중에는 새장 위에 설치된 형광등이 깜빡이며 내는 자그마한 소리를 흉내 내는 새도 있었다. 특히 집에 정전이 되던 날에는 이 새는 다시 불이 들어오길 바라며 저러지 싶을 만큼 유난히 요란을 떨었다. 찻주전자 속에서 물이 끓으며 나는 삑삑 하는 소리를 잘 흉내 내는 찌르레기도 있었다. 엥글은 소리가 나지 않게 물을 끓이는 주전자를 하나 장만했다. 이 새는 엥글이 스토브 위에 그 주전자를 올려놓을 때에도 매번 삑삑 하는 소리를 흉내 냈다. 찌르레기 삼총사는 자신들을 둘러싼 세계 외의 다른 소리의 세계를 알고 있었고, 그래서 자신이 들은 소리를 그 세계를 배경으로 파악했던 것이다.

이 세 가지 일화는, 광범위한 소리를 흉내 내는 능력이 어떤 환경 속에서 새가 갖는 존재감과 관련 있을지도 모른다는 암시를 준다. 이러한 발상에 관한 연구는 특히 야생상태에서 진지하게 수행되어야 한다. 그동안 포획상태에서 이루어진 노래 학습에 관한 연구에서는 대개 여러 가지 방식으로 새를 무리에서 격리시켜 놓고 갖가지 통제자극을 줬다. 하지만 우리는 다양한 측면을 지닌 노래가 수행하는 좀 더 중요한 기능을 간과하고 있는지도 모른다. 찌르레기와 같은 사회적 종social species은 짝 유인이나 세력권 방어보다 훨씬 함축적인, 미묘한 상호교류의 수단으로 노래를 활용하는 것 같다.

최근 애머스트University of Massachusetts at Amherst를 은퇴한 도널드 크루즈마Donald Kroodsma는 송 레퍼토리song repertoire, 즉 한 새가 갖고 있는 노래형의 전체집합의 복잡성과 관련해 세계적인 전문가 중 한 명이다. 회색고양이새gray catbird, Dumetella carolinensis와 흉내지빠귀 같은 새는 왜 그처럼 다양한 유형의 노래를 부르는 것일까? 이 레퍼토리에 담긴 노래형들은 어떤 방식으로 학습한 것일까? 한창 노래에 열중하고 있는 나이 든 수컷이나 다른 종의 개체를 흉내 낸 것일까? 직접 창작한 노래는 어느 정도나 될까? 연구로 밝혀진 바에 따르면, 복잡한 노랫소리는 대개 학습을 통해 익힌다. 신호음이 선천적으로 타고난 것과 다른 대목이다. 특별한 의미를 지닌 그 짧은 신호음은 태어날 때부터 알고 있으면서 기능적인 면보다 의사나 감정을 드러내는 데 치중된 노래는 노력과 연습을 요한다니 이상하지 않은가? 하지만 새의 입장에서나 인간의 입장에서나 음악이 녹록치 않기는 마찬가지다. 크루즈마는 새의 노래를 본격적으로 연구하기 시작한 지 40년이 지났지만 새의 노래 중에 그토록 불가해하고 복잡한 소리가 존재하는 이유에 대해 우리가 아는 바가 거의 없다는 점을 인정했다. "우리는 아직도 흉내지빠귀가 왜 노래를 흉내 내는지 그 이유를 모릅니다."

어쩌면 이런 까닭에 크루즈마가 흉내지빠귀 대신 회색고양이새를 유명한 학습실험의 대상으로 삼았는지도 모르겠다. 회색고양이새는 북미에

흔하며 크기가 중간만하고 격렬하고 공격적인 자세를 보이는 새로 잘 알려져 있다. 높은 나뭇가지의 노출된 끝부분(캣버드시트catbird seat가 "대단히 유리한 위치나 입장", "일이 술술 잘 풀리는 상황", "확실한 좌석"을 뜻하는 것도 여기서 연유한 것이다)에 앉아 맘에 드는 대상을 흉내 내고, 거기에 감미로운 멜로디 단편을 덧붙이고, 낄낄대는 듯한 어조의 프레이즈와 프레이즈 사이에 귀에 거슬리는 짧은 음 몇 개를 끼워 넣는다. 이 시끄럽고 불쾌한 고음은 때로 야옹하고 우는 고양이 소리와 아주 흡사하게 들린다.(회색고양이새는 자신의 영역이 침입자에게 침범당할 위기에 직면하면 고양이처럼 '야옹' 하는 소리를 지른다. - 옮긴이) 치페와족(북미 인디언의 일족. 오지브웨이족으로도 불린다. - 옮긴이)이 '마-마-디베-비-네-쉬Ma-ma-dive-bi-ne-shi,' 즉 '슬픔에 겨워 우는 새'라고 부른 이 새를 우리가 회색고양이새라고 부르는 것도 여기서 유래했다. 새뮤얼 하퍼Samuel Harper의 흥미로운 고전 「새와 시와 함께 하는 열두 달Twelve Months with the Birds and Poets」은 일기체의 자연문학 작품이자 명시선집이다. 이 책에 소개된 새를 소재로 지어진 진기한 시들 중엔, 회색고양이새 노래의 기묘한 이중적인 음색을 묘사한 다음의 시도 있다.

너는, 악의적인 기교를 부려
남의 본분을 흉내 내고
시끄러운 소리를 내어
비열한 이름-불협화음!-의 권리를
주장하는 너는 왜,
더 나은 자아에게 진실되지 못하고,
매력적인 노래의 재능을 지녔으면서,

그 후한 선물을 그처럼 잘못 쓰는가?

(중략)

오! 너는 너의 본분을 크게 잘못 알고 있구나,
이런 불협화음을 아름다움과 일치시키며,
미공을 비추는 해 떨어진 하늘의 한가운데서,
날카로운 비명으로 평온한 대기를 괴롭히며,
어처구니없는 불협화음으로
부드러운 산들바람을 괴롭히며.

나는 나이팅게일처럼 부드러운,
너의 이야기를 들었다,
일찍 일어난 지빠귀보다 더 감미로운
동틀녘 덤불에서 들리는 노랫소리를,
너와 내가 함께 밖에서 서성이던
지난 밤 기분 좋은 날씨에,
네가 음악의 소나기마냥 퍼붓던
영롱한 가락을 한 번 더 소생시켜라.
하나는 대지의 것, 또 하나는 하늘의 것인
두 개의 음을 누구에게 들려줘야 하는가?
대지의 음이 널리 퍼져야 한다는 것이
부끄러워할 이야기가 아니라면.

(후략)^(주9)

하퍼는 이 책에 실린 시 중에 '작자 미상'인 시는 이것이 유일하다고 주장했다. 내 생각으론 그가 직접 이 시를 지었지만 새와 함께 '캣버드시트'에 앉고 싶지 않았던 것이 아닌가 싶다. 자신이 원하는 방식이 아니라며 새에게서 기인하지 않은 음악에 불쾌감을 드러내는 방법이 시 외에 또 있는가? 회색고양이새는 나름대로의 미적 감각을 갖고 있다. 그것은 우리의 미적 감각과도 다르고 찌르레기의 것과도 다르다. 네 노래 아니면, 내 노래? 새로운 규칙과 구조를 익히려면 편견부터 버려라. 음악적 재능을 지닌 회색고양이새는 다른 새의 노래를 흉내 내어 아름다운 노래에 야옹하는 고양이 울음소리와 귀에 거슬리는 고음을 삽입하면서 시간을 보낸다. 감미로운 멜로디 이상의 뭔가로 세상을 격렬하게 흔들어놓는 이 새를 아방가르드적인 재즈 연주자로 봐도 좋을 것이다. 우리와 동시대인인 시인 리처드 윌버Richard Wilbur(1921~ , 미국의 시인)에겐 회색고양이새의 이런 기묘한 접목이 진실과 허구 사이 그 어디쯤에 해당하는 것으로 들렸다. "(전략) 그것은 지류支流이다. / 반쯤 눈을 감은 채 들은 / 진실을 염두에 둔 그 위대한 거짓말들의 강으로 흘러드는. (후략)"^(주10)

우리는 소리를 들을 땐 그 소리에 담긴 진실을 알려 하지만 그 소리가 우리를 염두에 둔 것이 아니면 귀를 반쯤 막은 채 엿듣는다. 새장에 갇힌 회색고양이새의 경우는 어떤가? 크루즈마는 실험실에서 회색고양이새 새끼들을 길렀다. 이곳에서 회색고양이새는 총 다섯 그룹으로 나뉘어 노래학습이 통제된 상태에 놓여 있었다. 두 그룹은 회색고양이새가 정상적인 상태에서 지저귀는 소리 중 10초 길이의 단편만 반복적으로 들었다.

다른 두 그룹은 훨씬 긴 16분 길이의 단편을 반복적으로 들었다. 다섯 번째 그룹은 새의 노랫소리가 녹음된 테이프를 전혀 듣지 않았다. 크루즈마는 다른 종을 대상으로 수행한 이와 유사한 연구에서처럼 각 그룹에 속한 새가 들은 노래 연습재료의 양과 새가 실제로 부르게 될 노래와의 사이에 어떤 상관관계가 있을 것으로 예상했다. 그런데 다소 놀라운 일이 벌어졌다. 조류음향학자들은 새들이 누구의 도움도 받지 않고 혼자 힘으로 곡을 만들어 가는 과정을 임프로비제이션improvisation(즉흥시, 즉흥곡, 즉흥연주 따위의 의미가 있다. - 옮긴이)이라고 부르는데, 각각의 회색고양이새가 주로 이 임프로비제이션을 거쳐 자신만의 독특한 노래를 발전시켰던 것이다(노래를 완성하는 일은 연습을 수반하는 작업이므로 음악가의 한 사람으로서 나는 이 과정을 작곡이라고 부르고 싶다).

크루즈마의 연구에 동원된 회색고양이새들은 모두 각기 다른 수백 개의 노래 음절song syllable로 이루어진 독특한 레퍼토리를 발전시켰다. 노래학습의 결정적 시기에 같은 종의 노래를 들어본 적이 없는 새들조차도 자신만의 독특한 노래를 창작해냈다. 나중에 야생 세계의 품으로 돌아가서도 이들 새는 이 노래에 호의적인 반응을 보였다. 그 노래에 애착을 갖는 것은 그것이 어떤 특정의 소리를 흉내 낸 것이라거나 제 것으로 만든 것이라서가 아니라 자신만의 독특한 노래이기 때문인 듯 보였다.

'캣버드시트'에서 회색고양이새는 정확히 무엇을 부르고 있을까? 크루즈마는 자신의 팀이 확인한 수백 가지 소리의 독특한 특성에 대해선 아무런 언급을 하지 않았다. 다만 각각의 새의 훈련 정도와 관계없이 그 소리들이 다양하며 회색고양이새 소리다우며 감동적이라고 말했다. 회색고양이새들은 모두 자신의 곡에 사로잡힌 창조적인 개인주의자들이었다. 킹과 웨스트가 수행한 연구를 이 연구와 비교해 보라. 두 사람의 실험 대상이 된 새는 지금까지 알려진 가장 큰 음역인 4옥타브 이상의 음역을 가진 갈색머리탁란찌르레기였다. 카나리아 떼 속에서 자란 갈색머리탁란찌르레기 수컷들은 오직 카나리아의 노래만 흉내 냈다. 하지만 이들 갈색머리탁란찌르레기 수컷은 갈색머리탁란찌르레기 암컷들에 둘러싸이자 암컷이 전혀 소리를 내지 않는데도 열광적으로 임프로비제이션을 시작했다.[주11] 소리 자극이 아닌 사회적 자극social stimulation에 반응하여 수컷이 노래를 바꾼 것이다.

이와 같이 새들은 모방과 창작을 통해 레퍼토리를 확장한다. 그런데 도대체 왜 다양한 레퍼토리를 만드는 것일까? 아마 더 긴 노래가 결코 더 지루하지 않기 때문일 것이다. 찰스 하트숀Charles Hartshorne(1897~2000, 미국의 철학자·신학자·교육자)은 20세기 최고의 신학자이자 철학자로 기억되고 있다. 그는 신을 초월적이고 전능하며 불변하는 존재가 아닌 우주의 진화에 참여하고 있는 존재로 보는 '과정 철학'을 옹호했다. 이러한 과정 사상의 근저에는 스승인 앨프리드 노스 화이트헤드Alfred North Whitehead(1861~1947, 영국의 철학자·수학자)의 생각이 깔려 있었다. 하트숀은 거의 한 세기인 103년의 생애를 이 프로젝트를 수행하며 보냈다. 하지만 그는 조류학자로도 유명했다. 새소리의 구조에 관한 비교적 난해한 문제들을 다룬 명저 「타고난 가수Born to Sing」가 바로 하트숀의 저서이다. 이마누엘 칸트는 단순한 노래를 끊임없이 반복하는 새에게 우리는 지루해 하거나 못견뎌하지 않는다고 말했지만, 하트숀은 그 의견에 찬성할 수 없었다. 그는 새 자신의 미적 감각에도 '지루함의 역치monotony threshold'가 존재한다고 생각했다.

단순한 노래를 부르는 새들은 늘 노래하고 있지는 않는다. 한 곡이 끝나면 다음 곡을 시작하기 전까지 긴 휴식을 취한다. 노래를 놀랄 만큼 끊임없이 부르는 새들은 시시각각 변화하는 복잡한 노래를 갖고 있을 가능성이 높다. 하트숀은 숲속에서 흔히 볼 수 있는 가마새ovenbird, Seiurus aurocapillus와 갈색지빠귀사촌을 비교해 봤다. 가마새에겐 즐겨 부르는 특유의 프레이즈가 하나 있다. *티처 티처 티처* 횟수만 달리하여 티처를 반복하는 이런 프레이즈가 끊임없이 되풀이되는 노래를 듣는다면 인간뿐 아니라 같은 종인 다른 가마새들도 금세 물리고 말 것이다. 다행히 이 새는 노래와 노래 사이에 최소 20초의 휴식 시간을 갖는다. 이에 반해, 이 세상에서 특유의 노래를 가장 많이 가진 새로 여겨지는 갈색지빠귀사촌의 레퍼토리에 담긴 곡의 수는 거의 2,000을 헤아린다. "이 새는 프레이즈 대부분을 한두 번만 반복하고 바로 다음 프레이즈로 진행한다. (중략) 중간 휴식은 너무 짧아 그 시간을 잴 수 없을 정도다. 이런 식으로 공연하는 새는 거의 노래만 부른다." 가마새는 노래 대신 "주로 다른 일에 몰두한다."[주12]

과학자들은 하트숀의 가설을 주목했지만 그렇다고 이 가설이 늘 진지하게 받아들여졌다는 것은 아니다. 하트숀의 가설은 새도 미적 가치관을 지니고 있을 것이라는 다윈의 추정을 다시금 주목하게 만들지만 미적 가치관을 정량화하기란 어려운 일이다. 그렇지만 크루즈마는 한 가지 결정적인 의미에서 하트숀이 옳다고 생각했다. 복잡성을 야기하는 것은 노래형의 전체 개수가 아니라 프레이즈 간의 대조라는 점 말이다. 변이성이란 그것이 계속 진행될 때 인지되는 것이 분명하며 그런 변이성이 계속 지속된다는 것은 진화론적으로 우위에 있음을 나타낸다.

생명의 영원한 전개를 통해 신이 우리 세상에 모습을 드러낸다고 믿은 하트숀은 자신이 기꺼이 사육한 새들의 노래에서 새소리 외에 어떤 소리를 들었다. 그것은 지복至福의 소리였다.

 본래 노래는 유쾌하면 안 되는 것인가? 장담컨대, 이것만큼이나 자유롭게 그리고 지속적으로 발휘되는 다른 형태의 기량, 사실상 모든 형태의 기량은 향유된다. (중략) 곤충이나 양서류 혹은 조류와 인간 간에는 다양한 삶의 질만큼이나 다양한 음악적 감각의 수준이 존재한다.[주13]

 우리는 수컷과 암컷 사이뿐 아니라 경쟁자 수컷들 간에도 노래가 성적 자극제인 경우가 있다는 사실을 알고 있다. 이 사실도 인간의 삶에 무조건 부조화한 것이라고 볼 순 없다. 여기서 어려움은 유사점을 찾아내는 데 있는 것이 아니라 찾아낸 유사점을 오해를 불러일으키는 것이 아닌 쓸모 있는 것으로 바꾸는 방법을 아는 데 있는 것이다.

 비록 듣는 훈련이 덜 된 사람들에 못지않을 만큼 이런 노래를 사랑하긴 해도 대부분의 조류음향학자들은 하트숀의 호기심을 자극한 질문들에 대답하기조차 피한다. 새의 노래에서 정확히 어떤 부분이 음악적인가? 최고의 가수 새는?

 하트숀은 인간의 음악에서 상상할 수 있는 거의 모든 속성을 어떤 새의 노래에선가 발견했다. 그는 살색부리참새field sparrow, Spizella pusilla와 목도리들꿩ruffed grouse, Bonasa umbellus에게서는 아첼레란도accelerando(점점 빠르게)를, 노랑부리뻐꾸기yellow-billed cuckoo, Coccyzus americanus에게서는 리타르단도ritardando(점점 느리게)를, 아프리카산 흰눈매지빠귀(Heuglin's robin chat 혹은 white-browed robin-chat, Cossypha heuglini)의 노래에선 크레센도crescendo(점점 세게)를, 남미산 노랑되새Misto yellow-finch 혹은 Grassland yellow-finch, Sicalis Luteola에게선 디미누엔도diminuendo(점점 여리게)를 각각 찾아냈다. 그뿐 아니라 오스트레일리아산 뿔종꿀빨기새crested bellbird, Oreoica gutturalis와 남태평양 피지가 원산지인 휘파람새류의 노래에선 화성적 관계를, 등줄참새Bachman's sparrow, Aimophila aestivalis에게선 주제와 변형을 발견했다. 온갖 새소리를 세심하게 들을수록 구조와 질서, 패턴, 설계가 더 많이 파악되었다. 하트숀은 과연 인간 작곡가가 보통 새가 자신의 곡에 할당하는 만큼의 짧은 시간에 이보다 더 잘 작곡할 수 있을지 의문이 들었다.

지루함의 역치 이상을 유지하는 데에는 장황한 노래가 적격이다. 갖가지 명금들의 특징을 가장 먼저 비교·평가한 사람은 그전에도 있었지만 그것을 미학적으로 대담하고도 엄밀하게 평가한 사람은 하트숀이 처음이었다. 그는 노래 발달의 정도를 나타내는 여섯 가지 요소(성량과 복잡성, 연속성, 음색, 종지, 주변의 소리에 대한 반응성)와 이들 요소 모두를 하나로 엮을 방정식 하나를 제시했다. 모호하기 짝이 없는 이들 특징을 정확히 계산하여 그는 최고 가수들을 총망라한 목록을 작성했다. 우리가 좋아하는 새들은 몇 등일까? 거의 200위까지의 순위에 드는 '명가수들' 명단에는 우리 친구 몇몇도 올라 있다.

1위. 큰거문고새

2위. 알버트거문고새

22위. 점박이가슴 웃는지빠귀spotted-breasted laughing thrush, Garrulux merulinus

53위. 흉내지빠귀

61위. 갈색지빠귀사촌

70위. 나이팅게일

71위. 지빠귀밤울음새Sprosser/thrush nightingale, Luscinia luscinia

114위. 붉은꼬리지빠귀

129위. 늪개개비(당신 생각은?)

이들 새의 노래가 귀에 익숙하다면 하트숀이 은은한 시적 아름다움보다 복잡성과 패턴, 엄청난 성량에 후한 점수를 매겼음을 알 수 있을 것이다. 그는 붉은꼬리지빠귀의 상행선율에 매료되지 않았다. 대부분의 사람들과 마찬가지로 그는 늪개개비의 기이한 멜로디 단편을 분석할 수 없었다. 심지어 하트숀은 날카롭게 끼익하는 소리를 내는 찌르레기나 회색고양이새도 목록에 올리지 않았다. 이것은 구스타프 말러Gustav Mahler(1860~1911, 오스트리아의 작곡가 · 지휘자)와 모차르트를 비교하는 것과 같다. 순위를 어떻게 매기든 어차피 미적 기준은 사람마다 다르다.

평가자가 인간이 아니라 새라고 해도 그럴까? 회색고양이새와 갈색지빠귀사촌, 흉내지빠귀는 모두 친척뻘이고(모두 흉내지빠귀과Mimidae에 속한다. - 옮긴이) 노래 실력이 하나같이 출중하다. 각각의 새는 자신의 노래와 다른 새의 노래를 구별할 수 있을까? 이 의문을 풀기 위해 지금까지 야생상태에서 실시된 녹음 재생실험들 중 가장 중요한 실험 하나가 실시되었다.

조류도감에 나온 간단한 몇 가지 가이드라인에 따라 인간은 이들 3종의 새의 노래를 구별할 수 있다. 회색고양이새는 성량이 풍부한 노래에 난데없이 귀에 거슬리는 음들을 끼워 넣는데, 각 프레이즈가 특정음의 반복으로 이루어진 경우는 거의 없다. 흉내지빠귀는 다른 새의 노래를 3~7번씩 반복적으로 부르는데 종종 10~22개의 프레이즈로 첫머리와 중간,

끝이 명확히 구분되는 곡을 만드는 높은 조직화 수준을 보이기도 한다. 갈색지빠귀사촌은 한창 연주에 몰입했을 때면 각 모티브를 두 번씩 반복하는 습성이 있다. 이 새는 지금까지 연구된 그 어떤 조류보다도 많은 독특한 모티브를 활용한다. 노래 패턴이 너무 다양해서 갈색지빠귀사촌이 자신의 테마곡을 부르고 있어도 노래의 주인공이 이 새임을 알기가 불가능할 정도다. 주목할 점은 음절이 제시되는 방식이다. 회색고양이새는 1번씩, 흉내지빠귀는 3~7번씩, 갈색지빠귀사촌은 2번씩 반복한다. 이 새들 자신도 자기 노래와 유사한 노래를 식별하는 데 이와 같은 규칙을 활용할까?

이를 밝히기 위해 마이클 바우웨이Michael Boughey와 니콜라스 톰슨Nicholas Thompson은 클라크 대학교Clark University에서 정교한 야외 프로젝트를 수 년 간 수행했다. 갈색지빠귀사촌에게 갈색지빠귀사촌의 노래를 변형한 곡들을 들려주고 반응을 살피는 연구였다. 두 사람은 갈색지빠귀사촌 고유의 노래를 활용했다. 첫 번째 변형된 곡은 갈색지빠귀사촌의 노래 중 반복되는 부분을 제거해 '회색고양이새'의 노래처럼 들리게 한 것이었다. 두 번째는 반복 부분을 신중하게 재녹음하여 덧붙여 '흉내지빠귀'의 노래처럼 들리게 변형한 것이었다. 컴퓨터를 활용해 사운드 편집을 텍스트 편집만큼 쉽게 할 수 있기 전에는 이런 식으로밖에 할 수 없었다. 바우웨이와 톰슨은 회색고양이새의 노래와 흉내지빠귀의 노래를 인위적으로 두 번 들리는 느낌이 나는 가짜 '갈색지빠귀사촌'의 노래도 만들었다. 두 사람은 이 변형곡이 녹음된 테이프와 스피커를 가지고 야외로 나갔다. 그들은 일단 갈색지빠귀사촌의 소리가 들린다 싶으면 그 새에게 자신의 노래를 변형한 곡들을 들려줘 가장 좋아하는 변형곡이 어떤 것인지 알아보곤 했다. 두 사람은 이렇게 기록했다. "좋아하는 곡을 알아본다는 것은 틀린 표현일 것이다. 싫어하는 곡이 더 적절한 표현일 것이다."[주14] 상당히 싫어하는 반응을 보인 사례 중 하나는 세력권 싸움을 벌이며 갈색지빠귀사촌들이 지나가면서 가볍게 툭 치듯 스피커에 가까이 다가가 측면을 스치듯 친 것이었다.

두 과학자는 스피커가 실제로 발휘한 효과에 깜짝 놀랐다. 갈색지빠귀사촌들은 독특한 이중성을 띤 노래가 울릴 때 확성기에 더 자주 가까이 다가갔다. 하지만 이중성 뒤에 숨은 의미는 그렇게 단순하지 않다. 갈색지빠귀사촌은 항상 각 음절을 두 번씩 반복하지 않는다. 때로는 세 번씩 반복하고 전혀 반복하지 않을 때도 있다. 과학적이기보다 암기용 연상어에 의존적이던 시기의 사람들은 갈색지빠귀사촌의 노래를 듣고 어떻게 묘사했을까? 소로우는 월든 호숫가 숲속에서 보낸 경험을 기록한〈월든 : 숲속의 생활Walden : or, Life in the Woods〉(1854)에 이렇게 실었다. "씨를 뿌리세요, 씨를 뿌리세요, 흙을 덮으세요, 흙을 덮으세요, 씨를 뽑으세요, 씨를 뽑으세요, 씨를 뽑으세요."(월든 호수는 미국 동북부의 대서양 연안에 위치한 매사추세츠 주에 있다. 미국 남부에서 겨울을 지낸 갈색지빠귀사촌은 봄이 되면 북쪽으로 이주한다. 이 부분은, 노래로 자신의 도착을 알리는 것을 마치 이 새가 경작지 옆의 자작나무 가지 위에 앉아 농부에게 씨를 심기를 독려하는 듯 묘사한 대목이다. - 옮긴이) 그리고 우리 친구 슈일러 매슈스는 다음과 같이 표현했다. "껍질을 벗겨, 껍질을 벗겨, 씨를 뿌려 씨를 뿌려, 갈아, 갈아, 괭이로 파, 괭이로 파." 1929년 쿡H. P. Cook이라는 이름의 여성은 갈색지빠귀사촌이 전화를 받고 있다고 상상했다. "여보세요, 여보세요, 예, 예, 예, 누구세요? 누구세요? 글쎄, 글쎄, 글쎄, 아마도, 아마도, 어째서? 어째서? 모르겠어, 모르겠어, 뭐라고? 뭐라고? 물론이야, 물론이야, 글쎄, 글쎄, 글쎄,

그건 모르겠어. 그건 모르겠어. 내일? 내일? 그럴 거야. 그럴 거야. 알았어. 알았어. 안녕. 안녕."(주15)

바우헤이와 톰슨은 갈색지빠귀사촌이 그토록 분명하게 주목하고 반응을 보였던 이중성의 의미가 엄밀하지 않다는 사실에 당혹했다. 왜 간단한 규칙 하나가 이 새의 행동을 지배해서는 안 되는가? 그러는 쪽이 훨씬 편하지 않단 말인가? 그건 그렇다 치고, 각 음절을 모두 두 번씩 반복한 것이 아니라면, 긴 프레이즈를 정확히 2등분할 때도 있다고 봐야 하는가? 때로는 껍질을벗겨껍질을벗겨씨를뿌려-갈아갈아괭이로파쳐럼 노래하기도 하고? 한 프레이즈에 이어 부른 것이 다른 프레이즈였지만 두 프레이즈가 유사해서 어떤 것을 '두 번' 부른 때도 있다고 여겨야 하나? 그렇다. 갈색지빠귀사촌의 노래를 규정할 단 하나의 특성을 찾으려는 그 모든 시도는 헛수고일 것이다.

인간은 갈색지빠귀사촌의 소리를 10~20초 듣고서 그 소리의 임자가 갈색지빠귀사촌임을 안다. 우리 귀에는 두 번씩 들린다. 항상 두 번씩은 아니지만 평균적으로 두 번씩 반복하는 까닭이다. 바우헤이와 톰슨은 새들은 인간보다 오랫동안 듣고서야 자신의 노래임을 안다고 결론 내렸다. 갈색지빠귀사촌 노래가 그토록 장황하고 장식적이며 변이적인 이유도 바로 여기에 있을 것이다. 이 새들이 대수의 법칙(주사위의 던지는 횟수를 많이 할수록 각 눈이 나올 확률은 1/6에 가까워지듯이, 어떤 사건의 발생비율은 1, 2회의 관찰로는 측정이 어렵지만 관찰 횟수를 늘려 가면 일정한 확률에 가까워진다는 확률 통계적 법칙 - 옮긴이)에 따라 서로를 알아보기 때문이다. 그래서 1분에 프레이즈 40개씩, 한 번에 20분간 노래하는 것이다.

그렇지 않으면 그 노래를 듣는 입장에서는 곧 흥미를 잃고 말 것이다.

이런 사실은 얼핏 하트숀이 제시한 '지루함의 역치' 가설을 뒷받침하는 듯 보인다. 아마도, 아마도, 좋아, 좋아, 좋아. 고작 이 정도의 의미를 지닌 노래를 들으려고 새들이 그처럼 애를 쓰는 이유는 여전히 명확하지 않다. 물론 자연이 늘 그런 단순한 길을 선택하는 것은 아니다. 아마 복잡성은 우리가 아직 파악하지 못한 어떤 가치를 지니고 있을 것이다.

음악을 이해하려고 노력해본 사람들에게 이것은 놀라운 사실이 아니다. 대학교에서 강의 시간에 배웠듯이 선율의 부드러운 진행에 적용되는 '규칙들'이 정말로 있을까? 이 규칙을 익힌다면 바흐의 음악을 새롭게 보인다. 바흐는 완전히 그런 규칙들의 테두리 안에서 자신의 멋진 합창곡들을 지었다. 음대 작곡가 학생이라면 모두 알고 있듯, 그런 규칙들을 모두 지키면서 멋진 곡을 짓기는 거의 불가능하다. 바흐가 아닌 이상 우리는 그런 규칙들을 깨뜨리지 않고서는 곡의 의미를 제대로 전달할 수 없다.

새의 노래 부르기가 '음악 만들기' 과정이라고 가정할 때 우리가 맞닥뜨리리라 예상되는 점. 분명 새의 노래의 형식과 내용을 암시하는 규칙들은 있지만 그런 규칙들을 알고 있다고 해서 자동적으로 새의 노래를 예측할 수 있는 것은 아니라는 사실이다. 음악이 표현하는 생각은 오직 그 생각 자체를 뜻할 뿐. 다른 어떤 생각이 되어 하늘로 방출되지 않는다. 노래 그 자체는 공식화의 대상이 될 수는 없지만 조개껍데기에 새겨 있는 환상적인 무늬처럼 단순한 반복을 통해 생긴 질서로서 나타날 수 있다.

복잡성으로 이어지는 가장 쉬운 길은 모방일 것이다. 길고 장황한 노래가 암컷에게 매력적으로 들리는 이상. 그런 노래를 얻는 쉬운 방법은 자신의 주위를 둘러싼 소리를 모방하는 것이다. 이것이 아주 독창적인 가요집을 엮는 수고보다 수월하다. 하지만 그저 다른 새의 노래만을 부른다면 어떻게 자신이 눈에 띄겠는가? 붉은홍관조의 노래를 들으면서 어떻게 그 노래가 붉은홍관조가 부르는 것이 아니라 찌르레기가 흉내 내는 것이라고 장담할 수 있는가? 비결은 다른 새들의 노래를 결합하는 방식에 있다. 모방은 결코 표절에 불과한 것이 아니다. 그것은 모든 노래를 종 특유의 방식으로 바꿔 부르기 때문이다. 늪개개비가 자신과 마찬가지로 아프리카와 유럽 양지역에 속하는 조류 세계의 음악을 소화하는 특별한 능력을 갖춘 즉흥연주의 상대 역시 늪개개비임을 알 수 있는 것도 바로 이런 이유에서다. 성체의 완전한 노래를 모방하는 것은 종 특유의 '노래만들기songmaking' 전략의 일부 혹은 스타일이다. 그 둘 중 어느 쪽이냐는 우리가 그런 모방을 예술로 보느냐 혹은 놀이로 보느냐에 달려 있다.

나는 결정적인 규칙이 없다는 사실을 알게 된 것이 기쁘다. 난 언제라도 새의 세계에 귀를 기울이고 또 기꺼이 그 세계에는 함께 노래 부르고 해독할 거리가 늘 많다는 점에 놀랄 준비가 되어 있다. 학습은 모방과 창작을 합친 것이다. 새들은 서로 소리를 주고받으며 마구 쏟아낸다. 물론 어른 새에게서 그 방법을 전수받는 새들도 있다. 하지만 어떤 새들은 그저 자신을 뻥 둘러싼 환경에 귀를 기울이면서 생기 넘치고 가슴 설레는 그 사운드스케이프에 손질을 가해 개량할 방법을 스스로 터득한다.

늪개개비의 노래는 단지 상세히 분석할 생각만으로도 현기증이 일어날 정도로 지루함과는 거리가 멀다. 이 작은 새는 어떻게 주변의 소리란 소리를 모두 모방하여 그 많은 노래를 그토록 잘 부르는 법을 아는 것일까? 프랑수아즈 도셋 르메르를 제외하고 이에 대해 자세히 알려줄 사람은 없다. 그녀는 나에게 이렇게 말했다. "아빠 새가 아들 새를 가르칠 것 같지만, 아뇨! 그런 일은 없습니다. 일단 배가 부르면 아빠 새는 노래를 멈추니까요. 상당수의 수컷들은 다음 식사 시간까지 며칠간 노래를 부르지 않고, 교미하자마자 멈추는 경우도 있습니다." 따라서 생후 11일이 된 어린 새들은 둥지 밖으로 나온 즉시 주변의 소리에 귀기울이며 그 소리로 확고부동의 최종적인 자신만의 노래를 만들어가야 한다. 어른 새들이 침묵을 지키므로 주변에는 이들 새에게 노래를 가르칠 만한 동일종의 새가 없는 셈이다.

늪개개비 새끼들은 자신의 노래를 자력으로 만들어야 한다고? 내가 늘 궁금했던 것은 이뿐만이 아니었다. 이들 새는 어째서 다른 새의 복잡한 모티브들을 1-2-3-4, 1-2-3-4와 같은 방식으로 배치하며 짜 맞추는 거지? 이 방식은 매 세대 모방되는가 아니면, 창작되는가? 이 모든 질문에 대한 답을 얻고자 하면 어린 늪개개비들을 방음실에 가둬 기르면서 같은 종의 소리뿐 아니라 다른 종의 소리까지 포함된 다양한 모티브들로 테스트해야 할 것이다. 아, 여기서도 정밀한 녹음 재생실험이 해야 한다. 하지만 그러자면 소리가 쩌렁쩌렁 울려 퍼지는 늪개개비가 살던 야생의 서식지가 아니라 통제된 환경에서 실험이 이뤄져야 한다. 늪개개비의 매력은 자신이 처한 주위 상황에 대한 철저한 평가에 있다. 이 새는 도중에 지중해 연안을 경유하여 동유럽에서 동아프리카로 향하는 이주에서 모방과 창작이 이룬 개가인 노래길을 우연히 발견했다. 우리는 이 새의 노래를 느리게 하여 들어볼 수 없다 해도 그 스타일에 대해 조금이나마 안다. 반면 찌르레기와 회색고양이새, 갈색지빠귀사촌은 늪개개비만큼이나 독특한 음악을 지녔음에도 이들 새의 노래에 진지하게 귀를 기울이는 사람이 거의 없다. 요컨대 이처럼 복잡한 새소리를 들으며 그 형태와 형식을 깊이 음미하는 것은 드문 경우이거니와 그만큼 어렵기도 하다.

CHAPTER 6

리듬과 세부내용

유사성은 희미한 이해의 서광을 비춘다. 어떤 노래를 알고 있다는 것은 그 노래가 전에 들어본 노래와 비슷하다는 뜻이다. 모방이 새소리의 구조에서 세심한 주의를 끄는 첫 번째 측면이라는 것은 놀랄 일이 아니다. 노래 구조의 복잡성을 속속들이 알려면 그저 새장에 가둬놓고 관찰하는 것만으로는 부족하다. 변덕스러운 야생 세계에서 오랜 세월을 가만히 귀를 기울이며 주의 깊게 관찰해야 한다. 그런 시련을 잘 헤쳐나간 사람들은 좋은 의미에서 자신의 연구 주제에 사로잡혀 지냈던 사람들이다. 세심한 연구를 통해 그들은 새처럼 노래한다는 것이 어떤 느낌인지를 알려고 애썼고 나아가 노래 그 자체의 리듬과 세부내용을 파헤치려 노력했다.

조류행동 전문가 중에 마거릿 모스 나이스Margaret Morse Nice(1883~1974, 미국의 조류학자이며 자연 보호론자) 여사만큼 근면한 사람도 없다. 1930년대 여사는 오하이오 주의 주도州都 콜럼버스로 이사하여 그곳에서 8년간 노래참새의 행동(외부환경에 주어지는 어떤 자극에 대해 반응을 나타내는 움직임 – 옮긴이)과 이 새가 활동하는 방식을 관찰하여 정확한 기록을 남겼다. 교외에 위치한 나이스 여사의 집 뒤쪽에는 40에이커에 달하는 넓은 범람원이 펼쳐져 있었다. 여사가 '인터폰트Interpont'라고 명명한 이곳은 노래참새의 서식지였다. 장비는 보잘 것 없지만 남다른 열정으로 나이스 여사가 수행한 연구 과제는 오스트리아 빈에서 콘라트 로렌츠Konrad Lorenz(1903~1989, 오스트리아의 동물학자·동물심리학자)와 공동연구한 후 자신의 마음을 사로잡았던 난제였다. 새들은 기계처럼 외부 환경에 본능적으로 반응하는가 아니면, 의식적으로 행동하는가? 여사가 목표로 삼은 영역은 철학계에서 현상학이라고 부르는 영역이었다. 선입관을 가능한 갖지 않은 채 보이는 그대로의 현상에 집중적인 주의를 기울이는 것 말이다.

나이스 여사는 연구 장소인 뒤뜰의 지리와 그곳에 피실험자들이 어떻게 분포되어 있는지를 철저히 파악했다. 여사는 각 개체의 세력권을 표시한 지도를 작성하고 식별이 가능하도록 한 마리씩 다리에 색깔을 가진 유색링을 끼웠다. 각 새에겐 글자와 숫자로 조합된 코드명이 부여되었고 행동 하나하나가 충실히 기록되었다. 이 새들이 보인 행동의 변이는 다양했다. 겨울이 될 때마다 떠나 이듬해 봄에 다시 찾는 새가 있는가 하면, 그렇지 않고 그곳에서 겨울을 나는 새도 있었다. 대부분은 번식기가 되면 이전과 다른 짝을 골랐다. 같은 피가 섞인 암컷과 한 동안 짝을 이룬 수컷도 있을 정도였다. 이 모든 행동을 상세하게 소개한 나이스 여사의 기록은 책으론 두 권, 쪽수론 5백 쪽이 넘는 지면을 빼곡히 채운다. 단 하나의 조류 개체군에 관한 연구 논문 중에 이에 비길 만한 논문은 그 전에도, 그리고 그 후에도 발표되지 않았다.

노래참새에게 노래는 생명의 원천이다. 이 새의 라틴어 학명이 '멜로디가 아름다운 가수melodious singers'를 뜻하는 Melospiza melodia일 정도다. 매슈스는 새소리를 채보한 자신의 필드북에 이 새가 "깃털 달린 종족 가운데 노래의 모티브를 가장 잘 부르는 새"라고 기록했다. 손더스는 네우마 기법을 써서 꼬불꼬불하게 휘갈긴 곡선으로 묘사하며 이 새의 노래가 유쾌하고 매혹적이라고 칭찬했다. 흔히 볼 수 있는 다른 명금들의 노래에서보다 이 새의 노래에서 그런 속성을 지속적이고 자주 발견했던 것이다. 채 2초도 되지 않는 소우주에서 노래참새는 우선 리드미컬한 음창조의 소리를 한바탕 쏟아낸 다음 그와 관련된 리듬으로 옮아간다. 그 프레이즈는 이해하기 쉽고 명료하며 종종 익숙한 인간 음악의 테마와 흡사하다. 나이스 여사가 들은 것은 베토벤의 '운명Beethoven: Symphony No.5 in C minor, Op.67'(1808)의 첫머리였다. 그리고 매슈스가 들은 것은 베르디의 오페라 '리골레토Rigoletto'의 제3막에 등장하는 아리아의 시작 부분이었다. "여자의 마음은 변하네!" 이렇게도 들린다. "울어라, 울어라, 변덕스러운 아내는, 나를 버리고 도망쳤네!" "슬퍼하라, 슬퍼하라, 얼마나 슬픈 이야기인가! 그녀가 내일 돌아올지도 몰라." 물론 새의 말 그대로 들리기도 한다. 웨쯔, 웨쯔, 웨쯔, 윗-윗-윗-윗-윗-윗 스피-기-위-기-디.

갈색지빠귀사촌의 노래에서처럼 각 프레이즈는 약간의 차이를 보이지만 모든 프레이즈는 식별 가능한 노래참새의 본질을 지니고 있다. 나이스 여사가 살펴본 노래참새 수컷들은 6~12종의 노래를 갖고 있었다. 손더스가 노래참새의 노래를 800곡 이상 녹음하여 개체별로 분류한 결과, 대부분의 수컷들이 가지고 있는 노래 모티브 수는 희한하게도 3의 배수여서 9종이나 12종이 아니면, 18종이나 24종이었다. 나이스 여사의 정원에 둥지를 튼 수컷 세 마리(1M, 4M, 187M)를 관찰하며 프레이즈를 모두 받아 적어본 결과, 1M은 칩 칩 치 예 직 직 직 직과 치 치 치들 헤어 터피 터피 터피, 그리고 티 티 티 이예 후폄 후폄 후폄을 포함한 6종, 4M은 스핀크 스핀크 스핀크 스핀크 이레터리와 후 흐리이이이 트윗 트윗 트윗 트윗 트윗을 포함한 9종을 갖고 있었다.

나이스 여사는 손더스의 표기법을 알고 있었지만 그 방식은 지나치게 전문적이고 특이해서 자신의 목적에 부합하지 않았다. 노래참새의 노래는 세 부분이 다음과 같은 순서로 이루어진 것으로 알려져 있다.

(1) 리드미컬한 음 2~3개

(2) 일련의 트릴, 즉 떨림소리

(3) 상대적으로 예측하기 힘든 음들

나이스 여사가 들은 노래는 이보다 훨씬 많이 변이된 것들이었다. 288시간 동안 나이스 여사는 집에서 아주 가까이에서 사는 노래참새 삼총사가 부르는 노래를 모두 녹음했다. 여사는 자신의 책에서 다음과 같은 단락을 통해 별의별 특이한 마무리로 끝나는 노래들을 소개했다.

대개 노래참새는 자신의 레퍼토리를 전부 마친 후에야 다음 노래로 넘어가는데, 두 번째 레퍼토리의 곡의 순서가 첫 번째 것을 그대로 반복하는 경우는 드물다.⁽㈜¹⁾ 6종의 곡을 가진 새는 1시간 만에 통제된 상태에선 4곡을, 통제되지 않은 상태에선 6곡 전부를 부른다. 또한 자극을 가하면 같은 시간에 6곡 전부와 다시 3곡을 더 부르며 자극을 높이면 2회까지 반복한다. 9종의 곡을 가진 새는 자극이 가해진 상태에선 9곡 전부를, 자극을 높이면 깜짝 놀라며 두 번째 공연에서도 9곡을 내뱉는다. 24종의 곡을 가진 새는 어떤 패턴으로 노래할지 알 수 없다.

이런 자료가 수백 쪽에 실려 있다. 그 복잡한 통계 중에 최근의 조류음향학이 뒷받침하는 것은 거의 없다. 나이스 여사는 관찰의 양보다 질에 관심을 가졌다. 여사는 열거보다 설명을 좋아하는 편이었다.

나이스 여사의 바람은 어디까지나 통제하지 않은 상태에서 새를 관찰하는 것이었지만 분명한 것은 당시의 최신 동물행동학 이론 하나가 여사의 관심을 끌었다는 사실이다. 니콜라스 틴버겐Nikolaas Tinbergen(1907~1988, 네덜란드 태생의 영국 동물행동학자)은 새소리의 기능은 짝 유인보다 세력권 방어에 훨씬 무게가 놓여 있다고 주장했다. 그의 주장은 나이스 여사의 관찰 내용과도 부합했다. 노래참새 수컷은 다른 수컷에게 자신을 과시하거나 세력권을 선언하거나 혹은 방어할 때 가장 격렬하게 노래했던 것이다. 암컷이 둥지에서 낳은 알을 지키는 상황에서도 노래는 잦아들지언정 멈추지 않았다.

짝이 알을 품고 있노라면 수컷이 둥지에서 내려오라는 '신호용 노래'를 부른다. 만사가 순조롭게 돌아가고 있으며 자신이 알을 지키겠다는 표시다. 암컷이 둥지 밖으로 나간 사이 그 근처에서 수컷은 침입자가 있으면 언제라도 쫓아버리겠다고 경고로 노래를 부른다. 암컷이 알을 품고 있는 동안 수컷이 부르는 노래는 만사가 잘 진행되고 있다는 만족감을 표현하는 동시에, 혼자 있는 무료한 시간을 달래기 위한 방식일 것이다. 새끼를 돌보는 동안에는 노래를 부를 정력이 거의 남아 있지 않다. 가족에게 먹을 것을 가져다주고 나서, 특히 배설물을 치우고 나서 한 곡조 뽑을 정도

다. 청명한 가을날에 부르는 노래는 정력이 넘친다는 표현인 것 같다.[주2]

단지 정력을 발산시키기 위해 땡볕 속에서 노래 부르는 것일까? 나이스 여사는 영국의 위대한 생물학자 줄리언 헉슬리Julian Huxley(1887~1975)의 견해를 인용했다. 새의 노래가 지닌 기능은 그 정도에서 끝나지 않는다는 것이 헉슬리의 생각이었다. "노래는 단지 배출구일 뿐이다. 즐거운 감정을 표출하는 배출구 말이다." 새들은 "격앙된 순간이나 광희狂喜의 순간엔 노래를 멈추는 법이 없다."[주3] 광희? 이 감정은 과학자들이 측정할 수 있는 것이 아니다. 나이스 여사의 새들은 단순한 기계 이상이었다. 이들 동물은 기억력이 비상했다. 세력권과 다른 새들의 노래, 돌아갈 집, 특히 강한 감동, 즉 본능과 학습의 혼합으로 풀이되는 감정을 잘 기억한다.

나이스 여사는 자신의 노래참새들이 적과 만났을 때 소리와 자세로 다양한 '위협의 방식'을 취하는 것을 관찰했다. 예를 들어, 완전한 노래로 자신의 존재를 알리기 위해 몸을 꼿꼿이 세워 크게 보인다. 마치 "여기 내가 있다. 이곳은 내 땅이다. 난 이 모든 노래를 부를 줄 안다."라고 말하는 듯이 말이다. 그리고 부리를 벌리는 것은 적개심을 드러내는 것이며, 관모를 내리고 몸을 웅크리면서 목을 길게 내민 채 부리로 적을 향하는 것은 깃털을 부풀리는 것과 마찬가지로 위협을 주려는 것이었다. 또한 제자리에서 느리게 정지비행(날개짓을 빠르게 하여 공중의 한 점에서 움직이지 않고 나는 비행 – 옮긴이)하며 깃털을 부풀린 채 노래하면서 날개를 떠는 과시행위인 '부풀기-노래하기-떨기'는 도전의 뜻이다. 그리고 노래참새는 급습pouncing이라고 불리는 독특한 구애행동을 보인다. 수컷이 급강하하여 암컷을 스치며 정력적으로 노래를 불러 자신이 호감을 갖고 있음을 알리는 것이다. 짝짓기 자체는 몇 주 후에나 이루어진다.

나이스 여사가 가장 좋아한 가수는 4M이었다. 여사는 1928년부터 시작해 그 후 몇 년간 이 새의 삶을 면밀히 관찰하여 인터폰트에서 4M이 마지막으로 맞이한 극적인 번식기를 자세히 묘사했다. 그 전까지 여러 해 둥지를 트는 데 성공했던 4M은 1935년에 접어들자 짝을 찾는 데 애를 먹다 겨우 짝을 찾아냈다. 하지만 나이스 여사는 이 암컷이 마음이 들지 않았고, 그래서 과학적인 자세를 잃고 이 암컷에게 소크라테스의 악처의 이름 (크산티페)을 붙였다. 이 노래참새 암컷은 "진짜 크산티페처럼 고결한 지아비를 학대하는 쌀쌀맞고 잔소리가 심한 여자였다." 이웃인 수컷 225M의 세력권에 몰래 침범하여 4M이 달려가서 가볍게 밀며 집으로 돌아오게 해야 했던 경우도 한두 번이 아니었다. 둥지를 짓는 동작도 느릿느릿했고 그나마 그 둥지에 낳은 알도 고작 2개뿐이었다. 크산티페는 굴뚝새 몇 마리가 둥지에 다가와 알을 쪼아대자 결국 달아나고 말았다. 나이스 여사가 참 시원했겠다!

닷새 후인 1935년 5월 11일, 4M은 나이스 여사가 지금껏 수행한 노래참새 연구에서 관찰하지 못한 행동을 보였다. 태양이 떠오르기 전부터 노래를 엄청나게 쏟아내기 시작한 것이 해가 저문 후까지 하루 종일 계속되었다. 오전 4시 44분에 노래 D로 시작된 노래는 1분에 5곡이 일정한 순서대로 반복되며 1시간에 200곡씩 낮 동안 내내 중단 없이 이어졌다. 비통해서? 새 짝을 맞고 싶어서? 안도? 후회? 정력이 남아돌아서? 아니면, 이 모든 이유 때문이었을까? 이날 이후에도 몇 주 동안 4M은 다른 짝을 찾을 생각은 않고 더욱 신중하게 노래만 계속 불러댔다. 늦여름 어느 날 4M은 떠나 버렸다. 그리고 다시는 인터폰트로 돌아오지 않았다.[주] 나이스 여사가 관찰한 바에 따르면, 4M은 암컷 11마리와 사귀었고 둥지 17개를 지었으며 새끼 13마리를 길렀다. 홀아비가 된 횟수는 7번이었다.

나이스 여사의 연구 결과는 최근에 이루어진 노래참새에 관한 연구와 어떤 식으로 비교해볼 수 있을까? 어차피 여사에겐 노래참새의 노래를 연구하는 데 도움을 줄 테이프 녹음기나 소노그램이 없었다. 믿을 것이라곤 오직 자신의 귀와 눈 그리고 시간뿐이었다. 녹음 재생실험을 수행할 수 없으니 노래참새에게 자신의 노래의 다양한 변이형들을 들려주며 반응을 살필 수도 없는 노릇이었다. 나이스 여사는 오직 자신의 식별력(거의 동일한 두 개의 자극을 구별하여 감지할 있는 능력 – 옮긴이)에만 의지했다. 새들에게도 같음과 다름을 판단하는 나름대로의 기준이 있을까? 어쩌면 우리에게 다르게 생각되는 노래형들이 실제로 새들에겐 문제되지 않을 수도 모른다. 우리가 구분하지 못하는 다른 변이형들이 새들 귀에는 들릴지도 모른다.

그런 의문을 탐구할 실험의 대상으로는 노래참새가 적격이다. 이 새는 인간들 사이에서 잘 자라고 온순하여 관찰이 용이하다. 노래참새의 노래는 복잡하긴 해도 찌르레기나 늪개개비의 노래를 들을 때만큼 우리의 귀를 혹사하지 않는다. 각각의 노래참새는 겨우 30종의 노래형을 일정한 순서대로 반복한다. 회색고양이새와 나이팅게일의 장황한 공연보다 탐구하기가 훨씬 용이하다는 뜻이다. 노래참새는 자신의 레퍼토리 일부를 이웃들과 공유하기도 하는데 공유된 정도를 측정하여 수치화하는 것이 가능하다. 레퍼토리의 크기가 클수록 그 레퍼토리에 속한 노래형들 간의 유사성도 크다. 갈색지빠귀사촌이나 흉내지빠귀와 달리, 노래참새는 무제한 학습하지는 못한다.

1990년대 초, 피터 말러와 제프리 포도스 Jeffrey Podos가 주도하는 일단의 과학자들은 노래참새 노래의 모티브들을 가장 작은 조직화 단위로 분할하려 애썼다. 음향학 상으로 가장 작은 소리단위는 음소이지만, 2개 이상의 음소가 항상 동시에 동일한 배열로 발생하는 경우가 있다. 이들은 바로 이 구성단위를 '최소생산단위minimal units of production, MUPs'라고 불렀다(음의 최소단위를 의미하는 용어라기보다 산업계에서 쓸 만한 용어다). 녹음 재생실험을 통해 과학자들은 크루즈마가 이전에 가졌던 생각, 즉 노래참새 수컷이 동일한 노래형의 미묘한 변이형들 간의 차이보다 서로 다른 노래형들 간의 차이에 더 격렬하게 반응할지도 모른다는 추측이 사실임을 확인했다. 과학자들은 MUP에 민감했지만 노래참새들은 그렇지 않았다. 노래참새들은 노래형을 이루는 음의 최소단위가 바뀌는 것보다 특정 노래형에서 다른 노래형으로 바뀌는 데에 더 관심을 가졌다.

또 다른 실험은 노래참새에게 이웃 새의 노래를 들려주면 동일한 모티브로 응답하지 않고 이웃 새와 공유하고 있는 노래의 목록에서 다른 리프를 골라 대응한다는 사실을 보여줬다. 이 실험을 수행한 연구진은 이 현상을 타입 매칭type matching과 대비하여 레퍼토리 매칭repertoire matching이라고 불렀다.(과학자들은 전문용어를 새로 만들거나 기존의 것을 재정의하곤 한다. 그들은 동료들이 그 새로운 용어를 계속 써주길 바랄 테지만, 그런 기대가 무산되는 경우도 많다.) 하지만 이웃이 아닌 낯선 수컷에게서 생소하기 짝이 없는 노래를 들은 노래참새 수컷은 되도록 그 소리에 가까운 소리로 노래 부른다! 도대체 왜? 연구가들 중 일부는 유사한 형태의 노래로 맞서는 것이 이웃 새와 공유하는 프레이즈를 주고받는 경우보다 좀 더 공격적인 대응이라고 결론 내렸다. 이런 상황은 재즈 연주자 두 명이 무대 위에서 마주친 상황과 비슷하다. 한 명이 '내가 좋아하는 것들

My Favorite Things'('사운드 오브 뮤직The Sound of Music'의 OST 중 하나 - 옮긴이)을 독주하고 있는데 나머지 사람이 동일한 화음을 동시에 변화시켜 독주를 방해한다면, 그것은 한 판 붙어보자는 암시일 수 있다. 반대로, 두 번째 연주자가 "아, 내가 아는 친구잖아. 이 친구 '서머타임Summertime'(미국의 작곡가 조지 거슈윈George Gershwin(1898~1937)의 오페라 〈포기와 베스Porgy and Bess〉(1935)에 나오는 소프라노 아리아지만 재즈곡으로도 리메이크되었다. - 옮긴이)을 좋아하지."라고 말하면서 '서머타임'으로 바꿔 연주한다면, 이건 우호적인 대응인 셈이다. 상대에게 존경심을 드러내는 이런 상황에선 승자를 가릴 이유가 없다. 그리고 보면 노래참새들도 함께 모여 노래 부르는 이 두 방식 모두를 알고 있는 것 같다.

연구진은 세 번째 실험을 시도했다. 모방이 리프 대응보다 더 공격성을 드러내는 방식이라면 번식기 초, 그러니까 본격적인 짝짓기 활동에 앞서 세력권 방어에 많은 시간을 보내는 시기에 모방이 널리 행해질 터였다. 실험 결과, 번식기의 73%에서 모방이 리프 대응보다 우세한 걸로 드러났다. 나이스 여사와 손더스가 신기하게도 6, 9, 12, 18, 24처럼 3의 배수의 개수만큼의 노래형으로 이뤄진 레퍼토리를 들은데 반해, 최신 기술로 무장한 이 연구진은 어떤 새에게서도 그처럼 3으로 나누어 떨어지는 개수의 노래형을 갖춘 노래목록을 발견하지 못했다. 하지만 어떤 의미로는 연구진이, 노래하는 새들에게 중요한 것이 기본적인 규칙을 찾고 있는 인간 관찰자들에겐 그다지 인상적이지 않다는 사실을 밝힘으로써 초기의 관찰자들보다 새들에게 더 가까이 다가간 셈이었다. 사람들이 유사성을 찾는데 반해 노래참새는 차별성을 원했다. 포도스와 말러는 이런 사실을 새들에게 그들의 노래를 들려주며 반응을 살펴봄으로써 알아낸 것이다.[주75]

새노래 연구의 기술로서 녹음재생 기법의 활용은 녹음기술이 과학자에게 가져다준 커다란 이익 중 하나임에 분명하다. 하지만 과학 그 자체는 녹음재생 기법의 활용에 다소 신중한 태도를 보였다. 예를 들어, 도널드 크루즈마는 녹음재생과 관련하여 다음과 같은 위험성을 경고했다. 새가 생소한 노래나 소리에 어떤 반응을 보일지 알고 싶어 새에게 그런 노래나 소리를 들려줬다고 해보자. 처음에는 그 소리를 생소하게 받아들여 거기에 맞는 반응을 보일 것이다. 하지만 곧 그 소리에 익숙해질 것이다. 이 상황에서의 소리에 대한 반응이 생소한 소리에 대한 반응과 관련성이 있는지 여부를 판단하기는 어렵다. 크루즈마는 무엇을 암시한 것인가? 요컨대 단 하나의 소리로 재생실험을 여러 차례 하지 말라는 것이다. 조금씩 변화를 준 일련의 소리를 사용해 실험해야 한다. 이것이 크루즈마가 말한 가짜반복pseudoreplication을 피하는 길이다. 다시 말해, 오류를 줄이기 위한 실험상의 반복이 본래의 실험과 무관한 실험이 되는 우를 범하지 않게 하는 방법이다. 더구나 테이프의 노래에 익숙해지고 나면 노래참새는 그 노래를 반응할 만한 가치 있는 소리로 여기지 않을지도 모른다.

방금 살펴본 노래참새에 대한 재생실험들은 모두 크루즈마의 비평이 있은 후에 이루어진 것이다. 훗날 크루즈마는 한 논평을 통해 이들 실험이 세심한 주의를 기울여 수행되었다고 극찬했다. 그렇지만 이들 재생실험도 인위적인 환경에서 이루어졌다. 특정 가설을 입증하기 위해 제한된 조건에서 실시된 실험의 결과물은, 노련한 들새관찰자가 실제 세계에서 새가 어떻게 살아가고 노래하는지를 관찰한 결과물일 수 없다. 그런 결과물은 통계적이고 일시적이기 마련이다.

녹음 재생실험은 과학보다 예술에 가까운 속성을 지닌 실험, 즉 엄밀한 실험이라기보다 종간種間의 음악적 교류에 더 유사한 실험일지도 모른다.

새에게 클라리넷을 들려주고 그 새에 반응에 귀기울여 본 적이 있는가? 첫 번째 음을 낼 때부터 나는 이미 그 새의 소리세계에 끼어든 훼방꾼이 된다. 나는 무언가를 증명하려는 것이 아니라 단지 음악의 고리를 형성하려 할 뿐이다. 그리고 내가 새를 흉내 내거나 새가 나를 흉내 내는 지극히 단순한 모형을 확인하려는 것이 아니라, 새가 보여주는 행동방식으로부터 무언가를 배우고자 한다. 그러한 단순한 모형 외에 그 새가 보여줄 수 있는 반응은 많다. 노래참새의 이야기에서 나는 희망을 갖게 되었다. 음악 자체를 위한 공동의 목적과 풍부한 음악성, 모험 따위를 새와 공유할 수 있다는 희망. 아마 그 새는 자신과 내가 동일한 종류의 노래를 좋아한다는 사실을 알게 될 것이다.

하지만 특히 새들은 종마다 독특한 음악 문화를 갖고 있다는 사실을 명심하라. 우리는 이웃 새들과 노래 일부를 공유하는 노래참새와 같은 새의 노래를 일반화하여 이 문제를 다룰 수는 없다. 그렇다면 새 한 마리가 혼자서 청아한 목소리로 끝없이 부르는 장황한 노래의 경우는 어떨까? 특정의 새에 관한 가장 긴 논문은 학습으로 습득된 복잡한 노래를 주제로 삼지 않은 것이 아니다. 그 논문은 세 종류의 소리로 구성된 일련의 짧은 멜로디에 관한 것인데, 이 노래는 전혀 학습으로 습득한 것인 아닌 선천적인 노래로 봐도 무방하다. 1943년 윌리스 크레이그는 〈뉴욕 주립박물관 회보 New York State Museum Bulletin〉 특별호에 〈숲타이란트새의 노래-새 음악 연구 The Song of the Wood Pewee Myochanes virens linnaeus: A Study of Bird Music〉란 제목으로 논문을 발표했다. 거의 200쪽에 달하는 엄청난 분량이었다.^(주6)

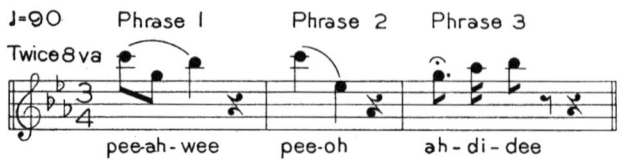

미명의 노래를 구성하는 프레이즈 3종

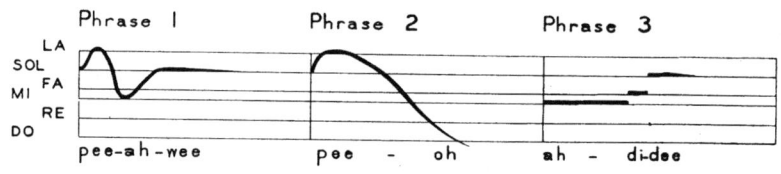

프레이즈 3종의 도식적 표현

센텐스 3132, 숲타이란트새의 가장 완벽한 센텐스

 숲속에서 생활하는 산적딱새과Tyrannidae의 작은 회색의 새 숲타이란트새는 간단한 프레이즈 3종만으로 노래 부르는데, 알아보고 식별하기가 쉬운 이들 프레이즈가 합쳐져 일련의 청아한 소리가 난다. 크레이그는 하필이면 왜 이처럼 단순한 구조의 노래에 몰두한 것일까? 그것은 그의 귀에 숲타이란트새의 노래가 순수하고 아름답게 들렸기 때문이다. 숲타이란트새는 갈색지빠귀사촌이나 흉내지빠귀처럼 끝없는 노래의 변이형들을 갖고 있지 않다. 그렇다고 노래참새처럼 이웃 새와 소리를 조화시키는 복잡한 사회생활을 영위하는 것도 아니다. 이처럼 은은하고 맑은 숲타이란트새의 노랫소리는 어떤 부분이 그렇게 음악적이란 말인가?

크레이그는 미국 동부와 중서부에 사는 들새관찰자 22명을 섭외해 숲타이란트새의 노래를 녹음해 줄 것을 부탁했다. 그들이 미명未明의 노래를 녹음한 테이프를 모두 합치자 144개나 되었다. 프레이즈 수로는 약 93,000개에 달했다. 실로 엄청난 분량의 노래를 살펴본 것이 아닌가! 그들은 무엇을 발견했을까? 숲타이란트새는 새벽녘에 16~32분, 평균 24분간 노래했다. 보통 노래 한 곡에 프레이즈 750개가 담겼지만 가장 긴 노래는 그 수가 1,273개나 되었다.(주7) 숲타이란트새의 노래는 세 가지 가능한 프레이즈 사이에서 일정한 패턴을 쫓았다. 한 패턴에서 다음 패턴으로 이어지는 경향은 붉은꼬리지빠귀의 노래가 마르코프 체인에 따라 그 모티브의 순서가 결정되던 양상과 유사했다. 물론 크레이그는 수학적 확률모형을 예상한 것이 아니라 음악적 경향을 봤다. 진정한 음악이 그렇듯, 숲타이란트새의 노래는 오로지 노래 그 자체만을 표현할 뿐이다. "숲타이란트새는 미명의 노래를 부르는 동안에는 현실 세계와 어느 정도 격리되어 있다."

숲타이란트새가 부르는 미명의 노래를 놓치지 않으려면 전날 밤 칠흑 같은 어둠 속을 서둘러야 했다. 이 새가 잠이 덜 깬 신호음으로 서막을 알렸다. 그러고 나자 몇 분간 정적이 감돌았다. 아직 하늘에서 빛을 찾기는 어려운 시각이다. 크레이그의 말에 따르면, 숲타이란트새는 숲이든 나무든 자신이 살고 이는 서식지에서 이른 아침에 일어나는 변화에 익숙하다. 점점 노래가 격렬해지며 끊임없이 이어진다. 프레이즈 3종이 갖가지 방식으로 조합되어 차례차례 반복된다. 크레이그는 이 새의 노래가 다음과 같은 구성 요소로 이루어져 있음을 확인했다.

손더스가 관찰 13일째에 기록한 숲타이란트새의 미명의 노래.
1932년 6월 25일 코네티컷 주 페어필드 카운티.

(새 벽 3시 24분 도 착) (새 벽 3시 44분 경) 1 1 1 12 312 312 132
31312 312 3132 31312 3132 (31312 2회) 3132 (31312 4회)
15회   36회   50회
3132 (313132 2회) (31312 2회) 3132 (313132 8회) 31312
      74회   86회   100회
3132 313132 31312 3132 (313132 6회) 3 1 3 312 3 1 3 312
      157회   172회   208회
3132 (313132 11회) 1 . . 2 3 1 3 3 2 13132 (313132 2회)
      224회   293회   302회
3133132 (313132 2회) 3 1 3 312 3132 (313132 2회) 3133132
314회   321회   343회   355회
3132 313132 … 1312 (3132 2회) 3133132 3132 3133132 3 1 3
                384회   395회
312 3132 3133132 3132 3133132 313132 3 1 3 3 2 1 3 (3132 2회)
            412회   423회   437회   443회
3133132 (313132 2회) (3133132 2회) 313132 - 1 3 1 - 12 3132
451회   458회   470회
3133132 313132 3133132 3132 (3133132 3회) - 1 3 312 3132
499회   512회   523회

(3133132 2회)   3132   (3133132 2회)   313132 3 - 1 - 2 313132

동틀녘 숲타이란트새의 노래를 듣고 기록한 프레이즈들 중 일부

크레이그는 평소 미국 최고의 새소리 전문가로 여기던 아레타스 손더스의 기록을 숲타이란트새가 자신에게 들려주는 노래를 기록하는 데 활용하기도 했다. 상단에 제시된 글은 1932년 6월 25일 손더스가 새벽 3시 42분부터 숲타이란트새의 노래를 듣고 받아 적은 기록의 전반부이다. 보다시피 각 패턴은 결코 무작위로 배열되어 있지 않다. 크레이그가 "숲타이란트새의 가장 완벽한 센텐스"이라고 명명한 가장 흔한 패턴은 3132이다(각 숫자는 앞쪽의 해당프레이즈를 의미한다). 이것을 새소리 암기용 연상어로 표현하면 이쯤 된다. "아 데이 곤? 아이 던 노우. 아 데이 곤? 노우.Are they gone? I don't know. Are they gone? No." 크레이그는 이 균형 잡히고 완벽한 센텐스에 담긴 음악성을 어떤 식으로 해석해야 할지 생각해 보았다. 그리고 다음과 같은 결론에 다다랐다. 프레이즈 A는 음악적 '질의'에 해당하는 단편이며 '응답' 쪽을 향하고 있다. 프레이즈 B1은 끝을 향해 밀고 나아가지만 마지막 순간에 위로 향해 방향을 틀어 버린다. 다시 '질의'가 제시되고 프레이즈 B2에서 하향하며 좀 더 완벽한 '응답'으로 끝을 맺는다. AB1AB2 구성은 인간의 노래에서 유행하는 형식이기도 하다. 1904년 헨리 올디스Henry Oldys는 숲타이란트새의 노래가 이 구성으로 이루어져 있다고 처음 언급하면서 그 노래를 '머나먼 저곳 스와니 강물'과 비교했다. 그렇다면 이 새의 노래를 찌르레기에게 들려줘 볼까? 크레이그는 '완벽한' 센텐스 3132가 새의 음악을 구성하는 형식 중에서 인간의 귀에 익숙한 가장 고도로 발달된 형식이라고 믿었다.

크레이그는 숲타이란트새가 장황하고 느긋하게 새벽 내내 부르는 그 리드미컬한 노래가 진정한 음악이며 단순히 감정을 있는 그대로 분출하는 것이 아니라고 결론을 내렸다. 동이 트기 전 숲타이란트새가 노래하면서 보인 태도에선 차분함만 풍길 뿐, 전혀 흥분된 기색은 보이지 않았다. 어둠 속에서 이 새는 자신이 부르고 있는 노래에 완전히 몰입했다. 어둠 속에서 몇 시간 동안 그 음악을 빠짐없이 기록했던 들새관찰자 22명만큼이나 이 새는 자신의 음악에 사로잡혀 있었다.

"우리의 주요 관심은 음악으로서의 새의 노래에 있다." 이 한 마디에서 명백히 드러난 목표를 탐구한 과학 연구는 일찍이 없었다. 크레이그는 이전에 수행된 새 노래 관련 연구들이 지나치게 노래의 기능을 위주로 이루어진 결과, 정작 노래 그 자체의 특징을 살피는 데 등한시했다고 생각했다. 크레이그 이후의 상황도 별반 달라지진 않았다. 하트숀의 저서 「타고난 가수」와 당신이 지금 읽고 있는 바로 이 책 정도가 크레이그의 독특한 방침을 계승했을 뿐이다. 그런데 도대체 월리스 크레이그는 어떤 인물이며 어떻게 그 누구도 예상 못한 그런 곳에서 음악을 찾게 되었을까?

크레이그의 저서 중 가장 유명한 것은 1918년도 논문 「본능의 요소로서의 욕구와 반감 Appetites and Aversions as Constituents of Instincts」이다. 그는 이 논문에서 동물이 단순히 반사反射 reflex에 기초하여 작동하는 기계라는 생각, 즉 동일한 자극을 받을 때마다 자동적으로 예측 가능한 반응을 보인다는 견해를 일찌감치 아주 조리 있게 반박하였다. 크레이그는 새를 일련의 중복적인 행동주기를 보이며 살아가는 생명체로 봐야 한다고 주장했다.[78] 먹이 먹기, 세력권 방어, 짝짓기, 노래 부르기 따위가 모두 그런 주기를 나타내는데, 각각의 행동주기는 새의 주의력을 끌어 저마다 지닌 욕구를 채우려 경쟁한다. 각각의 주기에 쏟는 새의 주의력은 커졌다 작아졌다를 되풀이한다.

숲타이란트새를 연구하기 시작할 무렵 크레이그는 이미 30년 이상 새의 행동을 연구하고 있었다. 여러 종의 비둘기에 관한 연구를 통해 그는 다른 동물과 마찬가지로 새도 초창기 동물행동학자들이 생각했던 것보다 훨씬 복잡한 생물이라는 견해를 일찌감치 지지하고 있었다. 제자인 마거릿 모스 나이스 여사에게서 크레이그를 소개받은 콘라트 로렌츠는 자신의 자서전에 다음과 같이 크레이그를 소개했다. "월리스 크레이그는 내게 가장 큰 영향력을 끼친 스승이다. 본능적인 행동이 연쇄반사(하나의 자극에서 다음의 자극으로 차례로 전해져서 완전한 행동으로 나타나는 일련의 반사 – 옮긴이)에 근거하고 있다는 나의 확고한 신념이 지닌 흠을 찾아낸 분이 바로 크레이그 선생님이다." 크레이그는 유기체가 자극이 주어질 때마다 자동적으로 동일한 반응을 보이지는 않는다는 점을 로렌츠에게 납득시켰다. 그 대신 동물들은 자극이 나타나자마자 즉시 그 자극을 해소할 상황을 적극적으로 추구하기 시작한다는 것이다. 여전히 기계론적인 발상이지만 아주 맹목적인 기계론은 아니다.

일반대중에게 로렌츠는 각인刻印 imprinting이라는 개념을 고안하여 거위 새끼들이 사육자를 어미로 알고 쫓아다니는 현상을 설명한 인물로 가장 잘 기억되고 있다. 그는 오리의 날개에 이상한 색깔의 반점이 생기는 이유도 설명했는데, 그것은 아름다운 색깔이 아닌 별난improbable 색깔을 띠는 반점이 개체가 종을 제대로 식별하는 반응을 야기하는 데 완벽하게 맞춰져 있기 때문일 것이라고 가정했다. 그러자 1940년 크레이그가 로렌츠에게 편지를 썼다. 새의 노래가 종 특유의 음악적인 복잡성을 띠는 것도 이와 같이 설명할 수 있는가? 여기에는 별난 사건 이상의 의미가 없는가? 로렌츠는 이 물음에 다음과 같이 답했다.

전 결코 모든 것을 해발인解發因(동물에 특정 행동을 유발시키는 소리, 냄새, 몸짓, 색채 따위의 자극 - 옮긴이)으로 해석하려는 것이 아니며, 새의 노래를 이루는 세부내용들이 해발인으로 기능하는지에 대해서는 미심쩍은 생각이 드는군요. (중략) 새의 노래는 분명 필요 이상으로 아름다우며 이런 점에서 대체로 인간의 예술과 유사합니다. 예술은 현실이므로, 결국 다른 종에서도 비슷한 현상이 일어날 가능성을 부정하는 것은 우리의 진화론적 관념에서 보면 다소 터무니없는 생각일 겁니다.(주9)

예술은 현실…. 동물행동학의 거장 자신의 믿음 또한 그러했다. 크레이그는 여전히 본능이 숲타이란트새의 노래를 이끈다고 확고하게 믿었다. 어쩌면 산적딱새과의 작은 회색의 새인 숲타이란트새의 새끼가 자신의 노래를 성체인 교사 새로부터 배운 것이 아니라 선천적으로 물려받았는지도 모를 일이었다. 크레이그의 접근법은 경청이었다. 그는 숲타이란트새의 노래에 열심히 귀기울였다. 심지어는 숲타이란트새의 노래에서 진화의 과정이 작용하고 있는 소리가 들린다고 주장할 정도였다. 크레이그는 특별히 세 부분으로 이루어진 노래 구조가 진화한 것은 그 구조가 "음악적인 면에서 볼 때 지속적으로 리드미컬하게 노래를 부르는데 적당"하기 때문이라고 생각했다. 그는 이런 프레이즈를 추구하는 경향이 프레이즈 그 자체보다도 오래되었다고 여겼다.

크레이그는 각 프레이즈의 경향을 이렇게 보았다. 우선. 프레이즈 3은 수 분 간의 지속과 수백 번의 반복에 적합하도록 진화되었다. 음악적 시각에서 보면 프레이즈 3은 전방을 향하고 상승조다. 프레이즈 2는 종국성終局性을 지니고 있지만 리듬이 뚜렷하지 않다. 이 프레이즈는 처음 생겼을 때만해도 낮에 느긋하게 노래 부르는 데 적합하도록 진화된 것이었는데 시간이 흐름에 따라 이 새 특유의 좀 더 격렬한 새벽녘의 노래에 편입되었던 것이다. 이 프레이즈는 서부숲타이란트새western wood pewee, Contopus sordidulus 혹은 Myiochanes richardsoni의 노래에서도 발견된다. 크레이그는 서부숲타이란트새가 숲타이란트새보다 오래된 종이라고 생각했다. 서부숲타이란트새가 아침에 부르는 노래는 그다지 독특하지도 양식화되어 있지도 않은데다 프레이즈 1이 빠져 있었던 까닭이다. 프레이즈 1은 프레이즈 2와 프레이즈 3을 절충한 것, 즉 빠른 템포뿐 아니라 하트숀의 지루함의 한계에 가까운 느낌까지 좋아한 결과물이다. 이는 반복과 참신함의 미묘한 균형을 선호한다는 뜻이다.

새벽녘 내내 숲타이란트새가 *아 디 디, 피 아 위, 아 디 디, 피 오*라고 울어대도 듣는 이는 전혀 지루하지 않다. 이 노래는 계속 울려 퍼지도록 고안되었다. 이 새는 수금을 타는 오르페우스Orpheus처럼 동틀녘의 꼭두새벽에 일출을 찬미하는 노래를 계속해서 부르는 버릇을 진화시켰다. 이 고대음악古代音樂(원시음악에 뒤이은 고대 문명시대의 음악. 단순한 선율과 리듬에 음악적 흥미가 집중되어 있는 것이 특색이다. – 옮긴이)의 발생적 모티브에서 크레이그는 자연선택의 일부로서의 미학의 원리를 뒷받침할 증거를 들었다. 그는 새의 노래에서 다윈이 상상했던 미학의 원리를 탐구한 유일한 사람이었다.

고작 괴짜로 인정한 것이 조류음향학의 주류가 크레이그에게 내린 가장 후한 평가였다. 도널드 크루즈마는 내게 이렇게 촌평했다. "이쪽 분야는 온통 자신의 지론을 밀어붙이려는 사람들로 가득하지요." 그들은 증거를 들이대며 자신의 견해가 옳다고 주장하는 한편 증명하기 곤란한 개념을 묵살해 버리기 십상이다. 다른 과학자들이 최소생산단위나 패키지package를 들은 대상에서 크레이그는 음악을 들었다. 크레이그가 우리에게 일깨워주는 것은 미학이 아름다움보다 훨씬 많은 것을 의미한다는 사실이다. 미학이 진화의 결과라는 데는 논쟁의 여지가 없다. 하지만 새의 노래는 우리 인간을 위한 음악이 아니라 새를 위한 음악이어서 생물학이 보호할 대상으로 적절하지 않다고 생각하기 쉽다. 그렇지만 미래의 조류학은 새의 노래를 연구하는 데 있어 음악성을 고려해야 한다. 크루즈마는 이런 견해에 동조하는 과학자들이 거의 없다는 사실에 한탄했다. "40년 이상 새의 노래를 연구한 저만 해도 음악에 관해 알고 있는 것이 한 가지도 없죠. 바야흐로 태도에 변화를 줄 때인 것 같습니다."

대서양 반대편에서도 그 같은 시도를 한 사람이 한 명 있었다. 핀란드의 푸른 숲 한가운데에서 동물학자이자 곤충 전문가인 올라비 소타발타Olavi Sotavalta는 크레이그가 작성한 숲타이란트새에 관한 방대한 보고서를 우연히 접하고서 그런 문제를 인식했다. 소타발타는 그 음악적 분석법을 정말로 복잡한 새소리에게도 시험해 볼 수 있지 않을까 생각했다. 동유럽에서 아시아에 걸쳐 서식하는 지빠귀밤울음새Sprosser/thrush nightingale, Luscinia luscinia는 서유럽의 낭만적인 시에 등장하는 나이팅게일nightingale, Luscinia megarhynchos보다 리드미컬하고 득득 긁는 듯한 노래를 부른다. 영국의 나이팅게일은 50~200종의 서로 다른 프레이즈로 노래

나이팅게일

를 많은 변형과 변화를 가미하여 노래 부른다. 소타발타는 지빠귀밤울음새가 그에 못지않게 많은 개수의 독특한 프레이즈를 노래하지만 그보다 유명한 새에 비해 각 프레이즈의 구조가 변화가 그다지 크지 않으며 좀 더 양식적이라는 데 주목했다.

소타발타는 그 자신이 동물학자이면서도 절대음감을 갖고 태어난 별종이었다. 특별한 기술을 이용하지 않고서도 자신이 들은 것을 옮겨 적을 자격이 있는 셈이었다. 1940년대 그는 온갖 종류의 벌레가 날개짓하는 빈도수에 관한 목록을 작성할 적에는 자신의 옆을 휙 지나치며 날아가는 소리만 듣고서도 그 빈도수를 알아낼 정도였다.[주10] 평소 상음과 기본음을 가려낼 경우에 대비, 오래 연습한 결과였다. 그가 작성한 날개짓 빈도수 목록은 정확하기로 정평이 나 있으며 오늘날에도 여전히 활용되고 있다. 곤충학자인 코넬 대학교의 교수 토마스 아이즈너Thomas Eisner는 1950년대 하버드 대학교에서 강의하던 소타발타가 꼭 유럽 대륙의 수도사 같았다고 술회했다. 훤칠한 키에 수염을 기른 남자가 어깨에 망토를 걸친 모습이 다른 시대의 인물 같았다는 것이다.

크레이그에 감화를 받은 소타발타는 나이팅게일의 노래를 열심히 들었다. 음색은 그다지 화성적이지 않았다. 두들기는 듯한 리듬과 청아한 음이 결합되어 거칠면서 복잡한 느낌을 줬다. "맑은 음들이 피콜로(소형 플루트. 플루트보다 더 높은 음을 낸다. – 옮긴이)가 내는 듯한 소리, 로우플루트low flute의 둔탁한 소리, 첼레스타(건반이 있는 피아노 모양의 작은 타악기 – 옮긴이)의 맑고 깨끗한 금속음 혹은 실로폰 같이 나무토막을 두들기는 듯한 소리가 때로는 길게 때로는 짧게 울린다." 그는 나이팅게일의 노래를 말로 표현해 보려고 애썼다.

"가장 흔한 소음 유형은 종지에서 나타나며 탬버린의 요란한 소리와 닮았다."^(주11)

지빠귀밤울음새 노래의 가장 두드러진 특성은 일련의 특이한 비트인데, 하나의 보편적인 비트 패턴이 이 새가 부르는 각 프레이즈에 퍼져 있었다. 소타발타는 크레이그의 센텐스sentence와 같은 의미로 이 비트 패턴을 피리오드period라고 불렀지만 난 이 새의 연주 전체가 한 곡의 긴 노래라는 의미를 유지하기 위해 프레이즈phrase라고 부를 것이다. 소타발타는 1947년과 1948년에 각 한 마리씩 총 두 마리의 지빠귀밤울음새를 연구했다. 첫 번째 새는 15종의 기본 프레이즈를 갖고 있었고 두 번째 새는 17종을 갖고 있었다. 프레이즈의 수준에서 한 가지 일정한 형식이 확인되었다. 지빠귀밤울음새의 노래에서는 리듬이 음고音高보다 더 중요한 듯 보인다. 소타발타가 확인한 두 마리 모두의 거의 모든 프레이즈에 어울리는 기본적인 구조는 다음과 같다.

intro: 도입부
antecedent: 선행구
bridge(link): 경과구(링크)
characteristic: 특유의 모티브
postcedent: 후행구
final: 최종 화음
cadence: 종지

도입부에선 날카로운 울음소리가 나지막하게 한두 번 난다. 도입부에 이어 낮은 음조의 선행구antecedent가 진행되고 짧은 링크를 거쳐 프레이즈 특유의 모티브로 연결된다. 인접한 두 프레이즈는 이 모티브에서 뚜렷한 차이가 난다. 넓은 음정이 2회나 3회, 혹은 그 이상 여러 차례 반복된다. 뒤이어 낮은 음들이 연속적으로 반복되는 후행구가 진행되다가 삑하는 높은 소리가 한 번 들리고 나서 "실로폰 같이 나무토막을 두드리는 듯한" 최종 화음에 이어 탬버린을 두드릴 때 나는 요란한 소리로 끝을 맺는다. 처어엄. 지빠귀밤울음새의 노래는 해독되었는가? 적어도 일부 구조는 알려졌다. 소타발타가 두 마리 중 한 마리에게서 들은 기본 프레이즈 15종 중 4종을 아래에 나타냈다. 그 '타악기' 음악은 음악적 표현이라기보다 타악기를 연달아 두드리는 소리에 가깝다. 지빠귀밤울음새의 기교에 대한 찬사에도 불구하고 그 음악은 우리의 눈과 귀에 정말 놀랍도록 낯설다. 최근에 독일의 생물학자 마르크 나기브Marc Naguib도 이와 동일종의 새가 부른 여러 프레이즈를 연구했다. 소나발타의 이 열광적인 떨림과 트릴을, 좀 더 현대적인 나기브의 소노그램과 비교해 보라.

소타발타가 지빠귀밤울음새에게서 들은 프레이즈 15종 중 4종

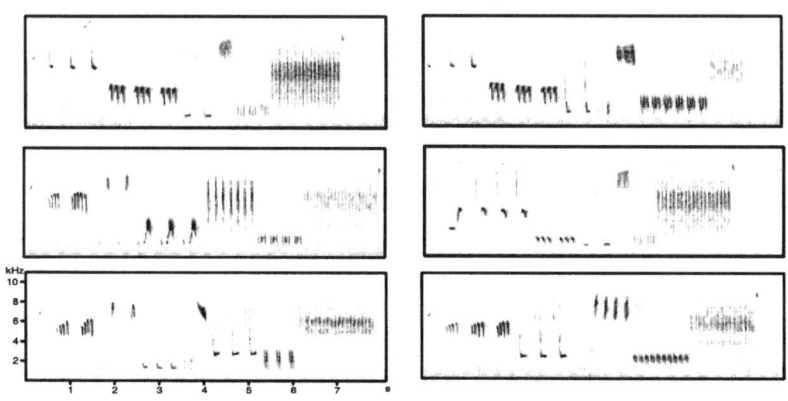

지빠귀밤울음새의 프레이즈를 나타낸 나기브의 소노그램

이 경우에는 악보가 겉보기에 인간적이긴 해도 프레이즈의 미묘한 뉘앙스를 더 잘 드러낸다. 프레이즈의 배열을 자세히 분석해 본 소타발타는 지빠귀밤울음새가 프레이즈를 부르는 순서가 부정확하다고 결론 내렸다. 지빠귀밤울음새의 노래는 전체적으로 프레이즈들이 중복적인 순환 구조를 보이지만 각각의 배열에는 어느 정도의 변화가 있었다. 레퍼토리가 규

칙적으로 진행되는 느낌이 있지만 (215쪽의 들쭉날쭉한 선이 보여주듯) 어떤 프레이즈들의 배열도 그 다음 배열과 정확히 일치하는 경우가 없었다.

이처럼 소타발타는 예리한 통찰력으로 지빠귀밤울음새의 노래를 귀담아 듣고 해독하여 이 노래에는 명확한 규칙이 작용하고 있음을 알아냈다. 하지만 그의 결론에 기초하여 이루어진 연구는 아직 없다. 나이스와 크레이그처럼 그는 소노그래프와 녹음재생 그리고 계산으로 이루어진 조류음향학의 주된 방식이 아닌 독자적 방식으로 새소리를 청취한 인물이었다. 훗날 나이팅게일 연구가들은 소타발타의 연구가 겨우 새 두 마리를 대상으로 이루어졌다고 비웃었다! 게다가 소타발타가 양화사(명제에서, 술어의 주어에 대한 언명이 전체적인가 부분적인가에 따라 명제의 양은 전칭과 통칭으로 구분된다. 예를 들어, "모든 남성은 동물이다"는 전칭의 양을 갖고 "어떤 과학자는 정치가가 아니다"는 통칭의 양을 갖는다. 이때 명제의 양을 알려주는 '모든every all' 과 '어떤some' 혹은 '모든 ~은 …이 아니다none', '많은many', '거의 없는few' 따위의 용어를 양화사quantifier라고 부른다. – 옮긴이)를 써서 양을 명시하기 어려운 일종의 음악 논법으로 자신의 주장을 펼쳤다는 것이다. 그렇지만 그보다 나이팅게일 음악의 비밀을 정확하게 파헤친 사람은 그 이후로 나타나지 않았다. 소타발타 등의 예는 나이팅게일의 이미지가 거대한 은유적 힘을 지녔음에도 이 새의 노래를 기초로 한 서양음악이 사실상 거의 없는 이유를 드러낸다. 하지만 과학의 밖에서 나이팅게일은 전세계적으로 찬양받는 새이다.

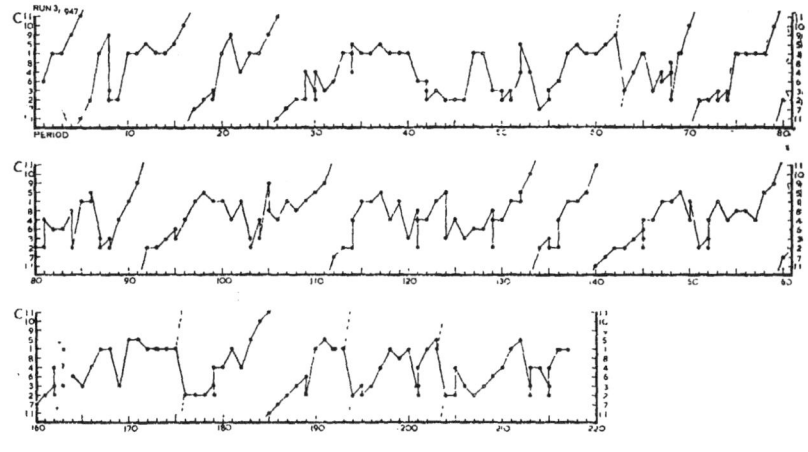

앞서 말한 지빠귀밤울음새의 연속적인 프레이즈들을 나타낸 소타발타의 도식

나이팅게일이 페르시아 문학의 음악 신화에서 오랫동안 중심적인 역할을 담당한 영향은 오늘날에도 이란과 아프가니스탄의 국경 안에 그대로 미치고 있다.(나이팅게일은 이란의 국조國鳥이다. - 옮긴이) 이 지역에서 나이팅게일은 '천 개의 이야기hâzar dastân'라고 불리는데, 이는 이 새가 주고받기식rad bâ rad으로 부르는 노래를 매번 다르게 부르기 때문이다. 또한 음악가를 나이팅게일이라고 부르는 것은 극찬의 표현이어서, 흔히 그런 위대한 음악가에겐 최고의 경의를 표하여 이름에 볼볼bolbol(나이팅게일)이란 칭호가 덧붙곤 한다. 원리주의의 색채가 덜해 음악이 비난이나 금지의 대상이 아니었던 시절엔, 새의 노래는 무에진(이슬람교 예배당의 탑에서 기도 시간을 알리는 사람, 모스크의 첨탑에서 큰 소리로 기도 시간을 알리는 사람)의 기도문처럼 일종의 지크르(이슬람교의 신비주의자(수피)들이 신을 찬송하고 정신적 성숙에 도달하기 위해 암송하는 기도문이며, 신을 상기하라는 「코란」의 명령에 근거를 두고 있다. - 옮긴이), 즉 신을 상기하는 방식이다.(주12) 문구 그 자체의 의미보다 신의 이름을 되

풀이하는 행위를 통해 신이 '기억' 된다. 모든 종의 새는 하나같이 천지 창조를 찬양하는 자신만의 지크르를 갖고 있다. 새들의 우두머리인 볼볼은 결코 같은 말을 되풀이하는 적이 없고 항상 신을 위한 새로운 이름을 제시할 뿐이다. 바로 이런 점이 예배 문화에서 새의 노래가 최고의 영예를 누리는 이유이다. 생물학이 지금까지 고려했던 어떤 목적보다 고결한 목적을 종교에서 갖는 셈이다.

이처럼 새의 노래가 숭배의 대상이긴 하지만, 아프가니스탄의 음악가들은 그런 노래를 자신의 멜로디나 음악 형식에서 그다지 특별하게 사용하지 않았다. 1994년 아프가니스탄 음악 문화의 유럽인 권위자 중 한 명인 존 베일리John Baily는 파키스탄에서 그곳에 망명하여 살고 있던 아프가니스탄 음악가 몇 명에게 영국산 나이팅게일의 노래를 녹음한 테이프를 들려줬다. 그들은 즉시 활기를 띠었다. 테이프에 녹음된 노래를 듣자 음악가들은 '북 언어drum language'로 '응답' 했다. 우선 그들은 타블라(인도의 전통 북 - 옮긴이)를 연주하기에 앞서 리듬의 구어적 표현인 볼bol을 읊조리기 시작했다. 이전에는 누구도 눈치 채지 못했지만, 나이팅게일의 프레이즈는 16개 박拍으로 구성된 순환적 박자 단위인 틴탈tintal에 잘 어울렸다. 틴탈은 인도·파키스탄에서 가장 대중적인 4/4박자이다.(16개 박이 4박씩 묶어 세부 단위를 만들므로 외형상 서양음악의 4/4박자와 비슷하다. - 옮긴이) *다 티 타 다/티 타 다 티/다 다 티 타/다 다 투 나*Dha Ti Ta Dha / Ti Ta Dha Ti / Dha Dha Ti Ta / Dha Dha Tu Na 이윽고 아프가니스탄 음악가들은 타블라 북과 리밥(활로 켜는 현악기로 바이올린 형태이다. - 옮긴이)을 꺼내 테이프 노래와 맞춰 즉흥연주를 벌였다.(주13) 고수鼓手들에게 나이팅게일의 프레이즈는 완벽한 구조를 가진 타블라 독주용 곡이어서 제 것으로 소화하기도 쉽고 '응답' 하기도 쉬웠다. 하지만 이

제껏 아프가니스탄의 전통은 나이팅게일의 리듬을 노골적으로 이용한 적이 없었다. 그 결과 새로운 유형의 종간種間 음악처럼 들렸다. 이 음악에서 나이팅게일은 다른 형식을 취하거나 결말을 내려하지 않고 무정하게도 콜 앤 리스펀즈call and response(응답 형식이나 호응 형식 혹은 선창-후창 형식으로 불리며, 솔로와 코러스가 번갈아 노래를 부르는 것을 말한다. 재즈에서 솔로 악기와 나머지 악기의 리프riff가 교대로 연주되는 것을 가리키기도 한다. - 옮긴이) 형식만을 취했고, 음악가들은 도전의 덫에 걸린 채 자신이 들은 것을 그대로 연주할 뿐 아니라 나아가 그 노래를 인간의 수준까지 끌어올리려 애썼다.

이란에는 페르시아 음악의 전통으로 타리레 볼보리Tahrir-e Bolboli라는 일종의 음악 장식이 있다. 빠른 트릴과 나이팅게일이 하는 듯한 재치 있는 대구로 가수와 반주자가 서로를 모방하는 기법이다. 다음은 이란에서 최고의 여가수 중 한 명으로 추앙받는 카마르 올 모루크 바지리Qamar ol-Molouk Vaziri(1905~1959)에 얽힌 이야기이다.

하루는 카마르가 테헤란이 내려다보이는 풍광 좋은 작은 산 다르반드Darband에 산책겸 야외에서 노래 연습하러 올랐다. 카마르는 숲 속을 거닐며 〈타리레 볼보리〉를 부르기 시작했다. 그러자 나뭇가지 위에 앉아 있던 나이팅게일 한 마리가 그녀의 아름다운 노랫소리를 듣고 함께 부르기 시작했다. 나이팅게일은 카마르처럼 노래 부르려 애썼고 카마르는 나이팅게일처럼 노래 부르려 애썼다. 전통 페르시아 음악에서 가수와 연주자가 융합하듯이 말이다. 인간과 새는 더 빠르고 더 크게 노래 부르는 과정에서 감정이 격앙되었다. 그때였다. 별안간 나이팅게일이 앞으로 고꾸라지며 그만 죽고 말았다. 위대한 카마르를 따라잡을 수 없었던 것이다. 이틀간 카마르는 깊은 슬픔에 잠겨 울었다. 그녀는 음악으로 새를 죽인 자신이 용서가 되지 않았다. 이 모든 아름다움과 강렬함이 단지 죽음에 이르는 싸움에 불과하단 말인가? 노래는, 그것이 새에게서 비롯되었든 인간에게서 비롯되었든 틀림없이 전쟁 이상일 것이다.[주14]

나이팅게일의 열망은 유명한 「새들의 회의Mantiq al-Tayr」에서 두드러지게 나타난다. 파리드 앗 딘 아타르Farid ud-Din Attar(1136?~1230, 페르시아의 신비주의 시인)가 쓴 이 신비주의적 우화시는 페르시아 문학을 통틀어 가장 널리 알려진 작품이다.

화려하게 치장한 새들의 우두머리인 후투티가 모든 새들을 모아놓고 함께 신성한 계곡을 찾아 나서자고 독려하는데, 나이팅게일은 그 합류의 요청에 시큰둥해 한다.

가장 먼저 요염한 나이팅게일이 열정에 불타 오른 채 정신없이 앞으로 나섰다. 이 새는 수많은 곡조 하나하나에 감정을 쏟아 노래했다. 곡 하나하나에는 무수한 비밀이 담겨 있었다. 나이팅게일이 이런 신비를 노래하자 다른 새들은 모두 잠잠해졌다. 나이팅게일이 말했다. "나는 사랑의 비밀을 알고 있습니다. 나는 밤새 사랑의 노래를 되풀이합니다. 내가 그 간절한 사랑의 시편을 불러줄 불행한 다윗은 없습니까? 플루트의 달콤한 소리도 류트(16세기를 중심으로 유럽에서 유행했던 발현악기 - 옮긴이)의 애조띤 곡조도 모두 나로 말미암은 것입니다. 나는 연인들의 가슴뿐 아니라 장미의 가슴에도 파문을 일으킵니다. 나는 항상 새로운 신비를 가르치며 매순간 새로운 슬픔의 노래를 되풀이합니다. (중략) 만일 사랑하는 장미와 헤어진다면 나는 불행할 겁니다. 나는 노래를 그치고 나의 비밀을 누구에게도 말하지 않고 (중략)"

후투티가 대답했다. "장미가 아름답다고는 해도 그 아름다움은 금세 사라져버립니다. 자기완성을 추구하는 자는 그런 덧없는 사랑의 노예가 되어서는 안 됩니다."(주15)

페르시아의 음악과 문학 그리고 아프가니스탄 인을 대상으로 한 베일리의 실험을 통해, 우리는 새의 노래가 지닌 음악성이 음고 및 명료한 멜로디의 조직화에 있을 뿐 아니라 그에 못지않게 리듬의 사용에도 상당히 있음을 알고 있다. 나는 새소리가 우리 귀에 말보다 음악으로 들리는 것이 과연 우연일까 하는 의문이 든다. 만일 마거릿 모스 나이스 여사의 결론처럼 새들이 "좋은 기억력에 감성이 풍부한 피조물"이라면 훌륭한 음악가의 자질을 갖고 있는 셈이다. 소타발타는 수 세기 동안 사람들이 열광적으로 이야기해온 음악을 해독했다. 그리고 비록 정확히 기억되는 음절은 아니었지만 그런 음절이 항상 반복되고 있는, 그런 질서의 경향을 발견했다. 소타발타에게는 나이팅게일의 노래에서 진정한 음악을 찾은 것만으로도 충분했고 그 음악의 용도가 무엇인지 알 필요는 없었다.

1980년대와 1990년대, 나이팅게일의 노래를 본격적으로 다룬 통제된 실험들은 노래의 내용에 초점을 맞추는 대신, 테스트하기가 좀 더 용이한 주제를 중점적으로 다루었다. 자극과 반응, 노래 주고받기, 서로의 노래에 대한 반응, 자신의 노래나 이웃한 새의 노래를 녹음하여 들려줬을 때의 반응 따위가 그것이다. 독일에서 디트마르 퇴트Dietmar Todt와 헨리케 홀치Henrike Hultsch는 수십 년간 나이팅게일을 야생상태와 포획상태에서 연구했다. 이 유명한 새의 노래 행동에 관해 알려진 것이 복잡한 노래를 가진 다른 어떤 종의 새보다 많은 데는 이 두 과학자와 그들 제자들의 노고에 힘입은 바가 크다. 이들의 초기 연구들은 야생 상태에서 나이팅게일이 노래 부르는 방식에 초점을 맞춘 반면, 후기의 실험들은 통제된 환경에서 이 새가 노래를 학습하는 방식에 주안점을 두었다.

이들이 밝혀낸 나이팅게일의 노래 행동이 띠고 있는 첫 번째 양상 중 하나는 봄이 도래한 첫 몇 주 동안 나이팅게일들이 늦은 밤부터 동틀녘까지 세 가지 독특한 방식으로 서로 노래를 주고받는다는 것이다. 이웃한 나이팅게일 수컷들은 각 프레이즈의 첫머리에 타이밍을 맞춰 서로 노래를 주고받는 경향이 있다. 대부분의 수컷은 '삽입자inserter' 이다. 이웃한 새가 노래를 끝낸 지 약 1초가 지난 다음 자신의 노래를 시작한다는 뜻이다. 이쪽의 노래가 끝나면 저쪽의 노래가 시작되고 그 노래가 끝나면 다시 이쪽의 노래가 시작되는 식으로, 서로 교대로 노래를 부른다. 서로 상대의 노래를 들어주는 셈인데, 타이밍이 관건이다. 수컷 중에는 '중복자 overlapper' 도 있다. 이런 새는 이웃한 새가 노래를 시작한 지 약 1초 후에 자신의 노래를 시작한다. 마치 이웃의 신호를 가리거나 방해하려는 듯이 말이다. 이것은 상대를 위협하는 행위이거나, 혹은 자신의 방송시간에 끼어든 노래에 쏠린 주의를 흩으려 놓기 위한 행위이다. 세 번째 유형은 '자율적인 가수' 이다. 여기에 속한 수컷은 근방의 나이팅게일이 뭘 하든 아랑곳없이 자신이 짜놓은 계획대로 노래 부른다. 타의 추종을 불허하는 최고 정상의 가수라고나 할까? 아니면, 세상을 달관한 새?

이들 과학자가 자극용 노래를 들려주고 다음 노래를 들려주기 전까지 그 사이에 노래가 흐르지 않는 시간을 조정하자 삽입자들은 자신의 노래를 시작하기까지 대기하는 시간을 조정했다. 노래 자극이 멈추었다. 하지만 나이팅게일들은 자신의 노래를 구성하는 프레이즈와 프레이즈 사이의 간격을 즉각적으로 평소 수준으로 복귀시키지 않았다. 삽입자들은 그 간격을 점진적으로 조정하여 원래의 '전송' 속도를 회복했다. 퇴트와 홀치는 새들이 자신이 들은 노래에 자동적으로 반응하는 것이 아니라 진정으로 상호작용을 하는 것이라고 결론을 내렸다. 이런 유형의 노래 반응은 새의 자발적인 선택인 것 같다. 훗날 또 다른 연구에서 이들 과학자는 나이팅게일들의 경우 노래를 조화시키는 방식이 노래참새에서 볼 수 없었던 모종의 미묘한 의미를 드러낸다는 결론에 이르렀다. 빠른 조화는 가까이 오지 말라는 경고 목적의 메시지인 반면, 1초 이상 뜸을 들인 후의 조화는 일종의 인사이다. 안녕, 나 왔어, 나도 그 노래 알아.

각각의 나이팅게일은 자신이 선호하는 패턴으로 일련의 프레이즈들을 차례대로 불러 나간다. 숲타이란트새의 경우와 대단히 흡사하지만 프레이즈가 3종이 아니라 50~100종에 달한다. 퇴트와 홀치는 이 순환적 프레이즈 그룹을 패키지package라고 불렀다.

나이팅게일의 패키지 형성에 관한 우리의 연구 결과를 설명하기 위해 우리는 다음의 두 가지 과정을 가정한다.(주16)

1. 파싱 프로세스(구문분석 과정)

나이팅게일은 연속하여 들은 노래형들 중 일부만을 통과시키는 통문通門 메커니즘gating mechanism을 갖고 있다. 이 메커니즘을 거쳐 긴 학습 자극의 배열이 일정 단위로 나뉜다.

2. 스토링 프로세스(저장 과정)

나이팅게일은 몇 개의 보조기억공간을 갖고 있으며, 통문 메커니즘이 '패키지 형태'로 제공하는 데이터가 각각의 보조기억공간에 보관된다. 보조기억공간은 입수한 정보를 병렬식으로 정리한다. 저장된 정보는 다음과 같은 특성을 지닌다.

(1) 패키지를 구성하는 노래형들은 순차적 연관성을 갖는다.
(2) 동일 패키지에 속한 노래형들에서 기인한 소리 재료들을 재조합하는 방식으로 새로운 노래형들이 발전한다.

이 흥미로운 글은 나이팅게일이 일련의 프레이즈를 듣고 학습하는 방식과, 학습한 내용을 구조화하여 수 년 후에 그것을 떠올리는 방식을 설명하려 하고 있다. 음악가는 이러한 패키지를 진행progression 혹은 노래 형식form이라고 부를지도 모른다. 이런 사실은 나이팅게일의 음악적 지능이 일정한 수준에 올라 있음을 암시하며, 따라서 이 새를 컴퓨터 프로그램이 아닌 음악적 실체로 봐도 무방할 것이다.

야생 상태에서 어린 나이팅게일은 자신에게 먹이를 날라 주느라 많은 시간을 보내는 어른 새에게서 주로 노래를 배우는 걸로 여겨진다. 홀치와 퇴트의 연구소에서도 나이팅게일들이 테이프만으로 노래를 배우려 하지 않고 살아 있는 모델도 요구하곤 했다. 태어난 지 6일이 지나 인간이 먹이를 줄 때가 된 어린 나이팅게일에겐 흔히 사육자가 그 모델 역할을 수행했다. 나이팅게일은 생후 1년 동안 내내 학습하고 성체가 되어 자신의 레퍼토리를 다듬어 세련되게 만들지만 노래학습의 민감기는 생후 2주~3개월이다. 이 종에게는 흉내 내기가 임프로비제이션보다 훨씬 중요한 듯하다. 나이팅게일 개체가 테이프에서 익힌 원본 노래형이 214종이나 되었다. 하지만 사육자나 대리 교사가 있는 자리에서만 테이프의 노랫소리를 흉내 냈다.

퇴트와 홀치는 어린 나이팅게일들이 겨우 10~20번만 듣고도 그 노래를 완벽하게 재현해낸다는 사실에 깜짝 놀랐다. 교사가 적절히 배치되지 않은 상태에서 들은 노래를 부르는 새는 없었다. 교사가 틀어놓은 테이프에서 흘러나온 프레이즈들 중에서 3~4개를 차례대로 묶는 방식으로 자신의 패키지를 습득하는 경우도 있었고, 자신만의 고유한 패키지를 만드는 경우도 있었는데, '노래 전송' 시에는 나이팅게일들이 후자의 패키지를 좋아했다. 이렇게 노래 3~5곡으로 이루어진 패키지는 다시 3~5개씩 묶여 '서브레퍼토리subrepertoiry'를 구성했다.

연구소에서 함께 사육된 새들은 자신들이 서로 패키지를 공유하고 있다는 사실을 의식하곤 했는데, 이는 노래참새들이 노래를 조화시키는 행동을 보인 것과 꽤 비슷한 현상이었다. 홀치는 몇 년 전 나이팅게일이 야생상태에서도 그와 동일한 행동을 보이는 모습을 본 적이 있었다. 서로의 패키지가 이처럼 계층적 체계를 이룬 모양은 크레이그가 상상했던 중복적인 순환 구조와 흡사하다. 이런 행동은 나이팅게일의 기억력에 어느 정도 한계가 있음을 암시한다. 마찬가지로 우리 인간도 좀 더 쉽게 기억해내기 위해 정보를 "덩어리로 나눈다." 아마 그 패턴도 음악적 목적을 실현하려는 것일까?

소타발타 이래, 각각의 노래형이나 프레이즈의 상세한 구조를 분석하는 것이 가치 있는 주제라고 생각한 나이팅게일 연구가는 등장하지 않았다. 홀치와 퇴트는 각각의 모티브가 응답을 요구하는 방식으로 끝날지도 모른다고 말했다. 종지의 요란한 소리가 물음표와 같은 역할을 할까? 나이팅게일의 노래가 음악처럼 들린다면 그 소리는 최종 종지라기보다 해결(화성에서는 불협화음에서 협화음으로의 진행을, 선율에 관해서는 이끎음(음계의 제7음) 또는 음계의 제2음(위 으뜸음)에서 으뜸음으로, 또는 음계의 제4음(버금딸림음)에서 음계의 제3음(가온음)으로의 진행 등, 긴장에서 이완, 불안정에서 안정으로의 진행을 말한다. - 옮긴이)을 필요로 하는 소리일 것이다. 아프가니스탄 음악가들이 베일리의 테이프에서 흘러나오는 나이팅게일의 노래에 맞춰 즉흥적으로 연주할 때 그것은 해결도 릴리즈(미국 파퓰러 송의 가장 일반적인 리프레인(코러스) 파트의 AABA의 형식 중에서 B부분에 해당하는 8마디 - 옮긴이)도 없이 몇 차례나 계속 이어질 수 있는 콜 앤 리스펀스 형식의 세션(몇 사람의 뮤지션들이 모여 연주하는 것 - 옮긴이)이었다. 나이팅게일은 수백만 년을 서로를 향해 고함소리를 외쳐댔다. 그들끼리의 시합은 새 자신의 진화의 흔적이 나 있을지도 모를 경향을 고하며 진정한 시작도 끝도 없다.

나이팅게일 과학의 최첨단에서는 여전히 자극과 반응을 다루고 있다. 다만 연구가 좀 더 구체적이게 되었을 뿐이다. 훌치와 퇴트의 제자들인 마르크 나기브와 로저 먼드리Roger Mundry가 수행한 2002년 연구는 나이팅게일들이 녹음재생 실험에서 들려준 날카로운 울음소리에 가장 격렬하게 반응한다는 사실을 보여줬다. 이 새들은 그 소리에 날카로운 울음소리로 조화시키는 경향이 있었는데, 보통 음높이가 같았다. 녹음재생을 멈추자 나이팅게일 수컷들은 그런 소리를 엄청나게 많이 내며 반응했다. "이러한 연구결과는 날카로운 울음소리가 특별한 신호로서의 가치를 지니고 있으며 나이팅게일들이 그 소리를 특별한 소리의 범주로 취급한다는 것을 보여준다."(주17) 날카로운 울음소리에 뭔가 특별한 것이 있는가? 우리는 뭐라고 단정 지을 수 없다. 나이팅게일 과학은 우리가 아직도 모르고 있는 것이 얼마나 많은지를 분명하게 드러내고 있다.

나이팅게일의 노래가 우리의 귀에 즐거운 선율을 가져다준다면 우리는 이 새가 지금 하고 있는 활동이 '음악 만들기'라고 장담할 수 있지 않겠는가? 1920년대 에드워드 그레이 경Sir Lord Edward Grey(영국의 정치가. 팰러던 자작 1세1st Viscount Grey of Fallodon라고도 한다. - 옮긴이)이 쓴 글 중에 다음과 같은 대목이 나온다. "나이팅게일이 부르는 지상의 노래가 우리를 포위하고 있다. 그것은 마치 우리가 충만한 소리에 에워싸인 것과 다름없다." 하지만 그레이 경은 골수팬은 아니었다. 나이팅게일의 노래는 "주의를 끌고 감탄을 자아내며 시작과 충격을 지니고 있다. 그렇지만 그것은 변덕스럽고 단속적이며 침착하지 못한다. 이 노래는 귀기울여 들을 만한 것이긴 해도 함께 지낼 만한 것은 아니다."[주18]

우리는 새의 세계에서 편안함을 느끼기 위해 우리와 새가 닮기를 갈망한다. 아마 동물들의 지각은 우리가 인정하는 이상으로 우리와 많이 다를 것이다. 60년 전 틴버겐은 큰가시고기 한 마리가 수조의 창을 향해 공격적인 모습을 보이는 장면을 목격했다. 저 쪽에 뭐가 있나? 분명, 빨간 배를 드러내 보이며 전통적인 공격 자세를 취하는 수컷 물고기는 없는데…. 아! 큰가시고기의 공격 대상은 멀찍이 떨어져 있는 빨간 우편배달트럭이었다. 왜 이 이야기를 꺼내느냐고? 갈색지빠귀사촌 전문연구가 니콜라스 톰슨은 동물행동학에서의 의인화에 관한 자신의 비평서에서 이 문제를 언급했다. 그의 주장에 따르면, 이 이야기는 큰가시고기가 그 세계에 반응하는 기묘한 방식을 지니고 있다는 사실을 보여준다. 우리가 물고기와 미학 감각을 상당히 공유하고 있다고 생각해서는 안 된다! 큰가시고기는 정말로 그 우편배달트럭을 싫어했다.[주19]

동물들은 각자의 동물행동학의 세계에서 산다. 우리가 미학이 동물에게도 존재한다고 믿는다면, 그 미학은 그 세계의 일부임에 틀림없다. 찌르레기는 결코 '-니 강물-nee River'이라고 울지 않는다. 노래참새도 노래를 조화시키는 것을 공격 신호로 여길 뿐이다. 숲타이란트새들의 고상한 노래는 그들만의 것이다. 왜 일종의 파악하기 힘든 영원불변의 본질을 찾으려면 새의 음악을 감상해야 한다고 주장하는가?

모든 살아 있는 생명체는 독특하다. 그렇지만 우리 모두는 동일한 행동 주기를 보이며 산다. 출생에 이어 다양한 경험을 거쳐, 때가 되면 사랑과 결혼, 여행 그리고 죽음을 맞는다. 이들 단계 하나하나가 표현가능하다. 그런 원시적인 감정은 새의 노래로 이어지고 인간의 갖가지 예술로도 승화한다. 무언가가 표출될 필요가 있을 때 그렇게 해서 드러난 것이 종종 놀랄 만한 것이 되곤 한다. 의사가 제대로 전달되든 잘못 전달되든 그 두 경우 모두 들은 것에 맞춰 노래한 결과이다. 오스카 와일드Oscar Wilde(1854~1900, 아일랜드의 시인·극작가)의 단편 소설 「나이팅게일과 장미The nightingale and the Rose」을 생각해 보라. 이 소설에서 와일드는 나이팅게일을, 인간의 감정과 행위를 해석하려 애쓰지만 결국 그 해석이 전혀 맞지 않은 새로 상정하기 위해 페르시아에 전해지는 나이팅게일에 얽힌 전설(페르시아의 전설에 따르면, 나이팅게일이 그 아름다움에 매료되어 흰장미와 포옹하려다 가시에 찔려 목숨을 잃게 되었는데, 그때 흘린 피가 흰장미를 붉은 색으로 물들였다고 한다. - 옮긴이)을 새롭게 각색했다.

철학을 공부하는 젊은 학생이 어느 소녀 때문에 한탄하고 있었다. 소녀가 자신에게 붉은 장미꽃을 갖다 줘야 함께 춤은 추겠다고 말했는데 정원에는 붉은 장미가 없었던 것이다. 바로 옆에 있는 둥지에서 그 한탄하는 소리를 듣고 있던 나이팅게일이 말했다. "이제야 나의 진짜 연인을 찾았구나." "내가 노래 부르는 사랑 때문에 이 사람은 괴로워하고 있어. 내게 기쁨이. 이 사람에겐 고통이라니."[주20] 새와 인간의 차이가 금세 드러나는 대목이다. 나이팅게일이 사랑의 노래를 만끽하는 동안 우리는 사랑으로 고통받는다!(와일드의 소설에서 노래 부르는 새는 수컷이 아니라 암컷이다. 하지만 문학이란 반드시 현실과 조화로운 것이 아니잖은가.)

나이팅게일이 소년에게 장미를 구해줄 수 있는 방법은 하나뿐이었다. 그것은 페르시아 신화답게 엄청난 고통을 수반했다. 장미나무가 나이팅게일에게 그 방법을 알려줬다. "붉은 장미꽃을 원한다면 달빛 속에서 아름다운 노래를 불러 만들어야 해. 그리고 네 심장의 피로 그것을 물들여야 하지. 내 가시에 너의 가슴을 밀어붙인 채 내게 노래를 해줘야 해." 가시가 나이팅게일의 심장을 꿰뚫어 장미나무 속으로 피가 흘러들면 다음 날 아침이면 붉은 장미가 핀다는 것이었다. 기쁨을 떠올리게 했던 사랑은 나이팅게일에게 고통으로 그리고 결국엔 죽음으로 다가올 터였다.

하지만 나이팅게일은 그럴 각오가 되어 있었다. 나이팅게일이 학생을 향해 그가 알아들을 수 없는 노래로 소리쳤다. 행복하게 살아요. 원하는 붉은 장미는 갖게 될 거예요. "제가 당신에게 바라는 것은 저의 진짜 연인이 되어 달라는 것뿐이에요. 사랑은 철학보다 한층 현명하니까요." 학생은 고개를 들었지만 나이팅게일이 말하는 내용을 이해하지 못했다. 그저 이렇게 속삭일 뿐이었다. "마지막으로 한 곡만 들려주렴. 네가 떠난다면 난 아주 쓸쓸할 거야."(「나이팅게일과 장미」에선 나이팅게일의 둥지가 있는 오크나무가 이 속삭임을 한 것으로 나온다. – 옮긴이) 그러고 나서 놀랍게도 소년은 자신이 들은 음악을 분석하기 시작했다. "어느 누구도 부인 못할 만큼 아름답기는 하지만 과연 이 새에게도 감정이 있는 것일까? 그렇지 않을 거야. 사실 이 새는 예술가와 비슷해. 그렇지만 형태만 그렇고 진지함이라고는 조금도 없어." 나이팅게일이 왜 노래하기 시작했는지를, 그리고 그 노래가 어디서 끝날지를 소년이 알았던들! 그 모두가 바로 자신을 위한 것이란 걸 알았던들! "이 새가 몰두하고 있는 음악이 자기본위적인 예술이란 걸 모르는 사람은 없어. 그렇지만 아름다운 목소리를 갖고 있다는 것은 인정하지 않을 수 없지. 그런 노랫소리가 아무런 의미도 지니고 있지 않고 어떤 실제적인 이익도 가져다주지 않는다는 것은 얼마나 애석한 일인가." 소년은 역시 무엇보다도 비평가로서 훈련받은 철학자였던 것이다.

소년은 잠에 골아 떨어져 애인의 꿈을 꾸느라 나이팅게일이 자신을 위해 밤새 무슨 일을 하는지 미처 알아채지 못했다. 아침이 되자 땅바닥에는 나이팅게일이 죽은 채 놓여 있었고 장미나무의 꼭대기에는 "나이팅게일의 노랫소리에 맞춰 한 장 한 장 꽃잎을 편" 근사한 장미 한 송이가 피어 있었다.

아니, 이게 웬 거야? 소년은 이렇게 소리치고 나서 아름다운 장미꽃을 꺾어 소녀에게 가져갔다. 하지만 소녀는 그 꽃을 무시해 버렸다. 장미꽃이 입고 있는 드레스에 어울리지 않고, 이미 다른 소년이 보석을 사줬던 것이다. "보석이 꽃보다 훨씬 비싸다는 것은 모두 아는 사실이죠." 소녀가 단정 짓듯 말했다. 학생이 장미를 길가에 내동댕이치자 그 위로 짐마차가 짓밟고 지나갔다. "사랑이란 얼마나 어리석은 것인가. 논리학보다 훨씬 유용하지 않구나." 사랑에 빠지면 진실이 아닌 것을 믿기 마련이다.

나이팅게일은 마지막 피 한 방울까지 모두 쏟아내며 노래를 불러 꽃을 피웠지만, 그것은 이 새가 죽은 후 누구도 좋아하지 않는 꽃이었다. 새와 인간은 결코 서로를 이해하지 못했다. 나이팅게일이 자기 몸을 바쳐 부른 그 아름다운 노래로 바뀐 것은 아무 것도 없다.

자연을 사랑하는 낭만주의자들의 태도에 대한 기본적인 비평은 그들이 새에게 귀를 기울이면서 단지 자신의 소리만을 듣는다는 것이다. 우리가 슬프면 나이팅게일의 노래도 슬프고, 우리가 행복하면 똑같은 음악이 온전히 기쁨에 관한 것이 된다. 와일드는 이 "감상적 오류(사람과 달리 자연물에는 감정이 없는데도 감정이 있는 듯이 표현하는 것은 잘못이라는 견해 – 옮긴이)를 뒤집어, 소년이 사실은 그 어느 것보다도 논리학을 가장 사랑하는 사람인데도 열정에 사로잡혀 있는 사람이라고 상상하기 때문에 나이팅게일이 괴로워하는 것으로 설정했다. 소년도 그와 비슷한 실수를 범했다. 나이팅게일이 그 파멸적인 노래에 담긴 계획을 들었지만 그 사실이 놀라운 효과나 강렬한 영향을 주진 않았다. 그는 장미꽃을 원했지만 꽃과 나이팅게일 사이에 어떤 관련성이 있다는 얘기를 듣지 못했다. 결국 화려한 장미가 자신에게 가져다 준 것이 없으므로 소년은 꽃을 내동댕이치고, 사랑, 자연, 인생에 관해 아무 것도 배우지 못한 채 도로 학업에 열중했다.

우리가 새의 노래 세계가 무엇으로 이루어져 있는지 알려면 어떤 것이 필요할까? 우리에게 필요한 것은 이성과 열정 그리고 근면이다. 시간과 노력을 기울여 새소리의 패턴과 급격한 고조를 어렴풋하게나마 해독해낸 인물들이 있다. 그들은 때로는 경청으로 때로는 기다림으로, 상상으로 혹은 묘사를 통해 그 일을 해냈다. 음악과 과학, 시 그리고 실제와 이론은 자연의 음악에 대한 우리의 인식을 증대했다. 물론 그렇다고 좀체 사라지지 않는 그 경이로움이 줄어든 것은 아니다. 새의 노래를 들을 때, 그 정보의 바다에서 오도 가도 못하는 지경만 아니라면 그 모든 세부내용으로부터 빠져나올 쯤에는 주의를 기울일 줄 아는 능력이 좀 더 향상되어 있을 것이다.

새에게 자신의 노래를 다시 들려주는 것에서 조금 진전된 것이 우리 인간의 음악을 들려주는 것이다. 1920년대 서리 주州의 어느 시골로 이사한 영국의 첼리스트 비어트리스 해리슨Beatrice Harrison(1892~1965)이 봄이 되어 야외에서 첼로를 연습하기 시작할 때였다. 나이팅게일들이 그녀의 첼로 연습에 합세하기 시작했다. 해리슨의 귀에는 나이팅게일들이 자신의 아르페지오에 신중하게 박자를 맞춘 트릴로 조화시키는 것처럼 들렸다. 해리슨의 연주에 익숙해지자 나이팅게일들은 그녀가 첼로를 켤 때마다 노래를 불렀다. 1924년 해리슨은 첫 라디오 야외 방송의 주제로 야생 나이팅게일들과 자신이 정원에서 함께하는 첼로 연주만한 것이 없다고 당시 영국 BBC 회장이던 리드 경Lord Reith을 설득했다. 리드의 초기 반응은 미온적이었다. 우리의 최신 기술을 이 일에 사용하는 것은 너무 경솔한 짓이 아닐까? 모든 것이 준비되었는데도 새들이 인간과의 공연을 거부한다면?

오늘날이면 수분 만에 끝날 야외무대 제작이, 트럭 2대분의 장비를 동원하여 일단의 전문기사들이 꼬박 하루가 걸려 완성되었다. 마이크는 평소 나이팅게일들이 노래 부르는 곳 근처에 설치되었다.

한 개의 마이크로폰으로 첼로와 새의 소리를 모두 잡아낼 수 있도록 새가 있는 덤불 바로 옆의 질척한 도랑에 첼로를 들고 앉았긴 했어도 해리슨은 런던에서 초연을 가질 때처럼 화려한 옷차림이었다. 해리슨은 '대니 보이Danny Boy'와 네 개의 악장으로 이루어진 에드워드 엘가Edward

Elgar(1857~1934, 영국의 작곡가)의 협주곡 '첼로 협주곡 E단조, 작품85Cello Concerto in e minor op. 85'로 시작했다. 특히 엘가의 곡은 자신의 인상적인 연주에 힘입어 인기를 얻은 곡이기도 했다. 나이팅게일의 노랫소리는 들리지 않았다. 저 멀리서 당나귀 떼가 울어대고 토끼들이 케이블선을 물어뜯었지만 새소리는 들리지 않았다. 이런 상태가 한 시간 이상 지속되었다. 상황은 나아질 것 같지 않았다.

오후 10시 45분. 예정된 방송 종료시간까진 15분밖에 남지 않았다. 바로 그때였다. 나이팅게일이 노래를 시작했다. 이때 해리슨은 안토닌 드보르작Antonin Dvorak(1841~1904, 체코슬로바키아의 작곡가)의 '어머니가 가르쳐 주신 노래Songs My Mother Taught Me'(1880)를 연주하고 있었다. 훌치와 퇴트가 듣고 있었다면 그들은 분명 노래들이 중복되어 있다고 여겼을 것이다. 새가 첼로의 메시지를 '방해' 하려 했다고? 우리 대부분에겐 새와 해리슨의 융화나 어우러짐의 시도 같은 좀 더 상호작용적인 반응의 소리가 들렸을 것이다. 감상적 오류가 추악한 고개를 든 것일까? 순진한 '의인화' 말이다. 아니면, 사실상 소음만으로 이루어진 음악을 듣고 싶은 다소 감상적인 바람?

나는 라디오를 이 방송 프로그램에 맞춘 100만 명 이상의 청취자들 상당수가 회의적이었다는데 의문이 든다. 그때까지 새의 노래를 비롯해 야생세계의 어떤 소리도 전파를 탄 적이 없었다. 이 프로그램은 파리와 바르셀로나는 물론 멀리 부다페스트까지 방송되었다. 그 유명한 나이팅게일의 이야기를 접해 본 수많은 독자들은 이제 처음으로 라디오에서 그 소리를 듣게 된 것이다. 해리슨은 감사의 편지를 5만 통이나 받았다. 이 심야 방송이 대성공을 거둔 후 해리슨은 당시 가장 인기 있는 첼리스트의 반열에 올랐다.

 첼리스트와 나이팅게일의 협연은 12년간 BBC에서 매년 생방송되었고, 그 후에는 나이팅게일들만 방송을 타다 이 프로그램을 담당한 녹음기사가 낯선 기계음을 들은 1942년에 중단되었다. 윙윙거리는 그 소리는 도버 해협을 경유해 독일 서남부의 도시 만하임까지 공격 목표로 삼은 '1,000대의 폭격기' 공습의 신호탄이었다.(당시 영국의 주요 공격 목표가 된 독일 도시는 에센, 뒤스부르크, 뒤셀도르프, 쾰른, 브라운슈바이크, 뤼벡, 로스토크, 브레멘, 킬, 하노버, 프랑크푸르트, 만하임, 슈투트가르트, 슈바인푸르트 등이었다. 이중 실제로 '1,000대의 폭격기' 공습의 제물이 된 도시는 쾰른과 에센, 브레멘이다. - 옮긴이) 녹음기사는 황급히 그 기계음을 차단했다. 전시에 그런 소리를 방송으로 내보내서는 안 된다고 판단했던 것이다. 당시의 녹음테이프는 보관되어 있어 지금도 들을 수 있다.(주21) 문명과 함께 찾아오는 인간의 파괴와 폭력의 와중에도 언제나처럼 노래에 여념이 없는 나이팅게일들과 위협적인 폭격기들이 만들어내는 그 기묘한 사운드스케이프라니…. 비행기조차도 나이팅게일을 입 다물게 할 수 없었던 것이다. 이 새는 인간의 변덕이나 인간이 만들어내는 엄청난 소음 따위에 전혀 개의치 않는다. 자신의 서식지가 역사에 기록된 대재난 훨씬 너머로 펼쳐져 있다는 걸 알고 있는 것일까?

 제2차 세계대전이 끝나자 과학은 그런 음악상의 유사성과 상호작용의 탐구에서 탈피하여 어떻게 새들이 그처럼 복잡한 소리를 학습할 수 있는지에 초점을 맞춰 나갔다. 우리 영장류 친척 중에 이런 묘기를 조금이라도 부릴 줄 아는 동물은 없다. 음악을 좋아한다는 점 외에도 우리는 적은 수의 조류와 일부 돌고래 및 고래와 음성학습을 공유한다. 이중 새는 상대적으로 체구가 작고 흔하며 해부하기 쉽다. 최근 수십 년간 과학은 묘사적 구조에서 눈을 돌려 새의 뇌를 직접 들여다봤다. 그 결과 지금까지 우리가 들은 그 어떤 것보다도 더 놀랍고 혁명적인 사실이 드러났다.

CHAPTER 7

카나리아의 새로운 뇌

지난 30년간 조류음향학은 청취 위주의 해독에서 해부 중심의 해독 쪽으로 나아갔다. 명금 중에서도 두 종이 뇌와 유전물질이 가장 광범위하게 파헤쳐지며 해독되었다. 오랜 기간 세부적인 실험실 작업의 대상이 된 두 주인공은 폐쇄형 학습자인 오스트레일리아산 금화조zebra finch, Taeniopygia guttata와 개방형 학습자인 카나리아이다. 특히 수세기 동안 애완동물로 사랑받아온 카나리아는 원래는 카나리아 제도에서 서식하던 녹색이 감도는 갈색을 띤 참새목目 되새과科의 새였지만 새 애호가들의 품종개량으로 외관과 모습이 화려하고 아름답게 변했다.

새 뇌의 연구에 얽힌 이야기는 복잡다단한 면이 없지 않지만 그 누구도 예상 못한 놀라운 결과로 이어졌다는 점에서 소홀히 다룰 수 없다. 카나리아 성체는 새로운 노래를 배울 때 뇌의 상부에서 뇌세포가 성장한다. 지금까지 살아오면서 이런 경고를 들어본 적이 있을 것이다. "술 좀 자중

해라. 그러다 소중한 뇌세포 다 죽겠다. 한 번 죽은 뇌세포는 회복되지 않아." 성인이 이르면 모든 뇌세포를 갖추게 되고 18세부터는 이 뇌세포가 조금씩 죽기 시작해 종국엔 자신이 왜 이곳에 왔는지조차 기억 못할 지경에까지 이른다. 새에 관한 연구를 통해 바로 이 뇌과학의 백 년 묵은 정설이 뒤집히고 있는 것이다.

카나리아 성체에서 신경발생(새로운 뇌세포의 생성, 즉 다능성을 가진 전구세포가 기능적인 신경세포(뉴런)로 분화되는 과정을 말한다. – 옮긴이)이 일어난다는 사실의 발견에 기초하여 우리와 인간의 뇌세포를 자유자재로 발육시키는 방법을 알게 될 날이 올지 모른다. 그러나 그것은 오랜 훗날의 일이다. 금화조에 대한 연구, 특히 앵무새류 및 벌새류와 금화조의 노래학습 체계를 비교하는 연구를 통해 우리는 음성학습을 관장하는 모든 뇌영역에는 어떤 공통된 특징이 존재한다는 점을 알아냈다. 뇌구조를 이러한 각도에서 바라볼 경우, 인간은 침팬지보다 명금에 가깝다. 비록 새벽녘에 긴팔원숭이들이 나무 위에 앉아 정교한 이중창을 부르긴 해도 이 능력은 타고난 것이지 후천적으로 학습된 것이 아니다. 새와 인간은 원숭이가 갖고 있지 않은 노래학습 능력을 공유하고 있는 셈이다.

1970년대 초까지만 해도 조류음향학자들은 새소리 청취와 소노그램 출력, 녹음 재생실험에 만족했다. 그러다가 더 많은 개입을 요구하는 문제들을 고려하기 시작했다. 그중 하나가 "새는 자신의 노래를 부르려면 그 소리를 들어야 하는가?"였다. 상식적으로 생각해 보면 자신의 목소리를 들을 수 있어야 노래를 부를 수 있을 것이다. 하지만 가정은 테스트되지 않으면 과학적 의미를 갖지 못한다. 피터 말러가 버클리 연구소에서 처음 맡은 연구생 중 한 명인 마사카즈 코니시Masakazu Konishi는 울새류를 비롯해 울새류검은눈방울새dark-eyed junco, Junco hyemalis, 검은머리밀화부리 black-headed grosbeak, Pheucticus melanocephalus 흰관참새white-crowned sparrow, Zonotrichia Leucophrys 등의 태어난 지 몇 주 지나지도 않은 새끼를 산 채로 귀머거리로 만들었다. 말러는 제자가 그 일을 어떻게 했는지를 기억하고 있었다. "코니시가 연구생 생활을 막 시작했을 때입니다. 외과 수술을 집도하고 싶어 했는데 적당한 수술 도구가 없었죠. 백열전구 하나를 구해왔더군요. 그 전구를 깨뜨린 다음 안쪽에 있는 철사 몇 가닥을 떼어내 이것을 칼날 겸 갈고리로 삼아 새의 귀를 갈라 내이內耳의 달팽이관을 끄집어내더군요." 노래 부르는 법을 학습하기 전에 소리를 못 듣게 된 이들 새는 그 후 어떻게 되었을까? 종을 불문하고 이들 귀머거리 새 모두는 정상적인 아름다운 노래 대신 벌레 소리마냥 삐걱거리고 윙윙거리는 소리만을 발달시켰다.(주1)

이 실험이 수행된 방식을 알고 몸이 오싹해졌을 것이다. 이런 작업을 행하는 과학자들 대부분은 새는 그런 식으로 다뤄져도 그다지 고통을 느끼지 않는다고 생각하는 반면, 뇌를 파헤치는 자신의 기법이 가장 고통을 주지 않는 방식이라고 생각하는 과학자들도 있다. 이런 연구를 수행하는 모든 과학자들은 연구의 결과가 수단을 정당화한다고 믿는다. 코니시는 귀머거리 만들기의 효과가 노래학습 방식이 굳어지기 이전의 어린 새들에게 훨씬 강한 영향을 준다는 사실을 발견했다. 귀머거리 만들기는 노래학습 방식을 이미 터득한 성체에겐 별 영향을 주지 않았다. 베토벤과 마찬가지로, 성체는 노래 진행 요령을 알고 있어서 듣지 않아도 노래를 계속 부를 수 있다. 코니시는 다음과 같이 기록했다. "노래 부르는 운동패턴은 일단 고정되면 감각기관의 감지가 없더라도 유지된다."(주2) 자신이 지금 노래 부르고 있는 것에 더 이상 계속적으로 세심한 주의를 기울일 필요가 없다고 해도 뇌의 신경조직망은 고정되고 확정되어 있으니까 혹시 새의 뇌는 기계적으로 움직이고 있지 않을까?

누구도 인간을 대상으로 이런 종류의 실험을 행할 사람은 없다. 인간 뇌의 기능에 관한 우리의 지식은 사고로 손상을 입은 뇌를 관찰하면서부터 쌓이기 시작했다. 뇌는 그 부위에 따라 상이한 기능을 관장한다는 생각은 프랑스의 의사 피에르 폴 브로카Pierre Paul Broca(1824~1880)가 특별한 사례를 연구했던 1861년으로 거슬러 올라간다. 브로카가 담당한 환자 중에 뇌졸중으로 쓰러진 뒤 틱이라는 한 마디만 낼 뿐 다른 모든 기능이 심각하게 손상된 사람이 있었다. 그 환자가 사망한 후 부검이 실시되었다. 전두엽의 왼쪽 부위에 심각한 뇌손상이 발견되었다. 현재 브로카 영역이라고 부르는 그 부위 말이다. 이 부검과 이를 뒷받침하는 다른 실험들을 통해 과학은 인간의 뇌에서 언어를 관장하는 부위가 분산되어 있지 않고 국부적으로 위치해 있다는 사실을 알게 되었다. 인간은 좌반구의 특정 부위에서 음성능력을 관장하고 있다. 음성학습능력이 없는 동물은 분화된 발성부發聲部를 갖고 있지 않다. 새의 경우는 어떤가?

1970년대 피터 말러가 뉴욕 소재의 록펠러 대학교Rockefeller University로 적을 옮기자 버클리 연구소 시절 그의 연구생이던 페르난도 노트봄Fernando Nottebohm이 주니어 교수로서 그의 뒤를 따랐다. 아르헨티나 출신인 노트봄은 명금을 끔찍이 사랑하고 명금의 노래를 좋아했지만 그와 동시에 그는 조류 행동에 관한 연구를 동물행동학의 분야에서 신경과학의 분야로 바꿔놓은 실험들의 수행에 필요한 (말러의 표현을 빌리자면) '배짱'도 두둑했다. 기관器官으로서의 뇌가 기능하는 내부 작용에 관한 연구가 비로소 가능해진 것이다.

코니시는 이미 노래를 학습한 새의 성체가 자신의 목소리를 거의 들을 수 없는 상태에 놓이더라도 여전히 노래를 부를 수 있다는 사실을 증명했다. 노래가 올바르게 불리려면, 뇌의 명령을 좌우로 나뉘어 있는 새의 발성기관인 울대에 전달하는 신경이 정보를 다시 뇌에 전달하는 역할까지 수행해야 한다. 1972년 노트봄은 울대의 왼쪽 신경을 잘라냈다. 새는 더 이상 노래를 부르지 않았다. 노트봄은 새 한 마리를 더 가져와 이번에는 오른쪽 신경을 베어냈다. 이 새의 노래는 꽤 괜찮았다. 이럴 수가! 양쪽 신경은 동일한 방식으로 기능하지 않았다. 울대의 왼쪽 신경이 노래 부르기에 더 중요한 것 같았다. 이런 불균형이 새의 뇌에까지 미칠까? 이때까지만 해도 음성 기능마다 양쪽 신경 중 더 중요한 신경이 있는 이런 신경상의 불균형은 인간에게만 존재하는 것으로 여기던 시절이었다.

이 가정이 틀렸다는 것을 증명하려고 적어도 두 마리의 새를 불구로 만들어야 했다. 과학의 이름으로 명금류를 침묵시킨다는 얘기를 들으면 우리는 왜 구역질이 나는가? 노래를 부른 직후의 뇌를 들여다보기 위해 한창 연주에 몰두하고 있는 새들을 죽이는 것이 온당한 일인가? 차세대 새 노래 연구의 선두주자 에릭 자비스Erich Jarvis의 말마따나 "새가 목이 빠져라 노래 부르다 머리가 떨어진" 셈이다. 자비스는 자신이 수행하는 연구의 이러한 일면과 타협해 버렸다.

세균을 연구하며 과학자의 길을 걷기 시작할 쯤에는 우리가 유기체를 얼마나 죽여야 하는지 따윈 대수롭지 않은 문제였다. 내가 여기에 관심을 갖게 된 것은 이 명금과 같은 척추동물을 연구 대상으로 삼으면서부터다. 무엇 때문에 내가 이 일을 하고 있는 거지? 결론은, 우리가 이 세상이 돌아가는 이치를 파악하고 세상을 보존하는 데 도움이 되는 지식을 얻기 위해 내가 동물들을 죽이고 있다는 것이었다. (중략) 인간의 경우, 지식은 식량이다. 우리에겐 먹는 것 못지않게 아는 것도 필요하다.

자비스는 대부분의 사람들이 육식하는 바람에 수백만 마리 이상의 동물이 과학 연구용이 아닌 식용으로 죽어가고 있을 뿐 아니라 보통 연구실의 새보다 훨씬 열악한 대우를 받지만 대중의 항의를 거의 불러일으키지 않는다고 지적했다.

자비스의 연구실에선 매년 새 200마리 가량이 죽어나가고 비침습적인 행동실험을 위해 그만큼의 수를 산 채로 보관한다. "우린 이들 동물에게 잔혹하지 않습니다. 되도록 고통을 적게 주는 방식으로 죽이려고 애쓰고 있습니다." 우리가 알고 있는 새의 뇌 내부에 대한 사항들 대부분은 그것을 알아내기 위해 죽임이 불가피했다. 이것은 세계 각지에서 직면하는 신경생물학 연구의 일면이지만 신경과학 실무자들이 동물실험에 관해 의견의 일치를 본 명확한 윤리적 방어책은 아직 없다. 일반적으로 그들은 뇌가 조금씩 분해하지 않고서는 결코 이해할 수 없는 일종의 체계적인 기계 장치라고 생각한다. 고장이 날 경우 그런 분해에 의해서만 고칠 수 있을 것이라고 말이다.

이런 연구로 거둔 수확은 적지 않다. 하지만 자비스가 그랬듯, 과학자들은 동물실험의 타당성을 맹목적으로 수용할 것이 아니라 그런 관행의 정당함을 증명하는 데도 다소간의 시간을 할애해야 한다. 새 한 마리를 죽이더라도 어느 정도의 죄의식을 갖는 것이 마땅하다. 익명으로 처리해

주길 요구한 또 한 명의 새소리 전문 신경과학자도 이런 생각에 동의했다. "아무런 양심의 가책 없이 동물을 죽이는 것은 올바른 행동이 아닙니다." 극단적인 행동주의자들의 표적이 되어 협박과 괴롭힘으로 비참한 삶을 살게 될까봐 이 문제에 관한 자신의 속내를 드러내 보이기를 꺼리는 과학자들도 있다. 이 부류에 속한 어느 과학자의 한 마디에 이런 두려움이 잘 나타나 있다. "이 문제에 있어선 공공의 감시로부터 멀리 벗어나 있는 게 상책이죠." 정말로 그렇다면 실로 불행한 일이다. 결국 새의 노래하는 방식을 알아내기 위해 새를 죽이는 행위의 정당성에 관한 건설적인 대화가 전개되지 않을 테니 말이다. 적어도 자신이 수행하는 연구의 이러한 일면에 대한 과학자들의 허심탄회한 논의만이라도 장려되어야 마땅하다.

새의 뇌를 분석 가능하도록 몸뚱아리에서 분리하는 순간을 죽음이라는 말보다 희생이라는 말로 표현하기를 좋아하는 과학자들이 많은 것도 아마 이런 이유에서일 것이다. 그들은 동물이 인간 지식의 소모품으로 목숨을 잃어간다는 점을 깨닫고 있다. 새의 뇌가 놀라운 것이라는 사실이 밝혀졌긴 해도, 새가 인간의 연구를 위해 자신의 삶을 앗아가도 좋다는 동의서에 서명한 것은 아니다. 모든 동물실험의 승인 여부를 관장하는 동물실험윤리위원회가 그런 문제를 고려하면 좋을 것이다. 독자 중에는 숨을 쉬는 산 생명을 그런 식으로 취급하는 것을 용납하지 못하는 사람도 있을 것이고, 신경과학이 거둔 괄목할 만한 진전을 감안하면 그런 희생이 정당하다고 생각하는 사람도 있을 것이다. 노트봄의 연구 성과 중 일부도 새들의 희생으로 이룬 것이다. 인간의 뇌와 마찬가지로 카나리아의 뇌도 주로 좌반구에서 음성능력을 관장한다는 사실의 발견이 대표적인 사례이다. 그리고 카나리아 수컷의 뇌는 암컷의 뇌보다 노래체계가 훨씬 발달해 있다는 것은, 고등척추동물의 경우 수컷의 뇌와 암컷의 뇌가 별반 다르지 않다는 기존 학설에 정면으로 도전하는 주장이다. 게다가 노트봄의 연구는 줄기세포를 이용하여 손상된 뇌를 회복시키는 과정에 카나리아 성체의 신경발생을 응용하는 길을 여는 중요한 첫걸음이기도 하다.

오늘날 새의 뇌를 연구하는 연구소가 전세계에 거의 100군데나 흩어져 있다. 새의 뇌를 알면 알수록 인간과 새의 음성학습체계의 유사점도 더 많이 드러난다. 우리는 카나리아와 금화조의 뇌에 형성된 음성학습경로를 인간의 뇌에 형성된 것보다 더 많이 파악하고 있다. 신경동물행동학은 학문의 특성상 굉장히 많은 시간을 요하는데다 종마다 고유의 버릇이 있고 유전적 차이가 크다. 따라서 여기서 다루는 종은 적을수록 바람직하며 지식이 일관되고 집합적이어서 각 연구자가 다른 연구자들의 연구를 토대로 연구하기에도 용이하다. 그렇다면 왜 카나리아와 금화조, 이 두 종인가? 금화조는 생후 90일 내에 자신의 노래를 완벽하게 습득하는 반면, 카나리아는 성체가 된 지 꽤 지나서도 매년 봄 새로운 소리를 추가하여 새로운 노래를 익히는 능력을 갖췄다. 바로 이러한 차이가 이 두 종의 감지할 수 있는 뇌 구조의 차이로 확대되기를 기대했던 것이다. 그리고 성체의 뇌에서 새로운 신경세포가 만들어지는 현상이 발견되었다.

신경세포는 전기적, 화학적 신호를 이용하여 뇌의 서로 다른 부위 간에 정보를 전달하는 뇌의 메신저 세포이다. 각각의 신경세포는 한 개의 핵 외에 두 종류의 돌기로 이루어져 있다. 나무 모양의 수상돌기와 축색돌기라 불리는 가늘고 긴 줄기처럼 생긴 부분이 그것이다. 축색돌기에는 신경교세포인 휘돌기교세포와 성상교세포가 붙어 있다. 뇌는 서로 다른 기능을 담당하는 몇 개의 영역으로 구성되어 있다. 과학자들은 신경세포의 활성이 일정한 경로를 이루며 일어나는 현상을 발견하여 뇌 영역을 서로 잇는 경로를 개략적으로 그려냈다.

도대체 그런 연결로를 어떻게 알아냈을까? 기본적으로 두 가지 방식이 있다. 첫 번째 방식은 관심이 가는 뇌 부위에 형광염료를 투여하여 그 부위와 다른 부위를 연결하는 경로를 추적하는 방법이다. 며칠 새 염료는 수천 개의 신경세포를 점화firing하면서 특정 부위에서 다른 부위로 선택적으로 퍼져 나간다. 그러면 새를 죽이고 뇌를 잘라 뇌의 각 부위를 꼼꼼히 분석하고 색깔을 비교한다. 경로추적은 뇌 회로 전체를 규명하는 방식이다.

두 번째 방식은 둘 이상의 신경세포의 전기적 활성을 동시에 기록하는 방법이다. 신경세포들이 연결된 회로는 각 신경세포의 점화 횟수 간의 상관관계에 기반하여 추론할 수 있다. 엄밀한 수학적 비교를 통해 특정 회로를 확인할 수 있다. 하지만 이 방식은 신경계 전체를 묘사하는 데 사용하기 힘들다. 어떤 신경세포 영역들이 서로 연결되어 있을 가능성이 높을지를 추측하기 위해 우선 이 방식으로 경로를 추적한다.

뇌 속에 전극을 심고 동일 전하의 전기 자극을 보내 뇌의 활성을 모니터링하는 방식을 취할 수도 있다. 자칫 과학의 이름으로 새의 뇌에 손상을 가할 수도 있는 이 방식은 관련 전자기기가 훨씬 민감하게 반응한다는 장점이 있다. 우리가 새가 살아서 노래 부르는 동안에 새를 관찰·기록하는 방법을 터득했기 때문에 비로소 노래체계에 관한 신경생물학적 연구가 꽃을 피웠다. 동물이 깬 상태에서 진행하므로 동물의 행동을 연구하는 데도 훨씬 나은 방식이다. 하지만 본질적으로 그런 사실만 가지고는 충분하지 않다. 일단 어느 부위를 살펴야 할지 알더라도 행동에 따른 신경세포의 점화를 추적할 수 있을 뿐이다. 게다가 수많은 신체 절단을 요한다. 오늘날에는 진단용 첨단 의학 기계인 자기공명영상(MRI)의 등장으로 과학이 인간의 언어영역까지 살펴볼 수 있을 정도다. 그렇지만 그런 기계로 충분한 진단이 이루어질 만큼 새를 움직이지 못하게 붙잡아두기는 대단히 어려운 일이다. 해상도도 걸림돌이다. 특별히 자력이 센 자석과 특수 코일을 사용하지 않는 한 MRI로는 새 뇌의 좌반구와 우반구를 거의 구별하지 못한다. 설령 구별한다고 해도 신경세포의 점화와의 관련 여부가 불분명한 뇌혈류량을 기록하는 것이 고작이다. 게다가 기계 안에서 머리가 죔틀로 고정되어 있는 상태에서 노래 부를 새가 있겠는가?

새가 노래 부르는 동안에 그 뇌를 모니터링하는 또 하나의 최신 기술은 화학적 접근법인데, 개별 뇌세포의 유전자 활성도를 분자수준에서 측정한 데이터에 기초하고 있다. 모든 세포에는 DNA가 들어 있고, DNA 사슬을 따라 유전자가 늘어져 있다. 유전자는 특정 단백질의 합성을 관리한다. 이 유전자의 단백질 합성 과정을 발현이라고 부른다. 유전자가 발현될 때는, DNA 사슬의 유전정보가 mRNA(messenger RNA)에 전사된다. 이 mRNA가 DNA의 복사본으로서 단백질 합성의 설계도 역할을 담당한다. 일부 유전자는 끊임없이 발현된다. 머리털 생산을 통제하는 유전자가 그런 예다. 이 유전자가 머리에 위치한 머리털 생산 세포 속에서 계속적으로 발현된 결과, 단백질이 이 세포 안에서 쉼 없이 생산되어 머리털이 자라게 된다.(머리털의 주성분은 케라틴이라는 단백질이다. - 옮긴이) 반면, 특별한 세포형 내부에서만 발현되거나, 특정한 자극이 주어졌을 때만 발현되는 유전자도 있다. 최근엔 노래를 부를 때만 단백질을 합성하는 유전자가 새에게서 확인되었다.

어떻게 이 사실을 알아냈을까? 과학자들은 새가 열정적으로 노래를 부른 직후 뇌를 떼어내 드라이아이스로 냉동한 다음 크라이오스탯cryostst(조직화학적인 연구를 위해 동결단편凍結斷片을 만드는 장치 – 옮긴이)에 넣어 10미크론(100만분의 1미터 – 옮긴이) 두께의 대단히 얇은 뇌 박편을 만들었다. 클라우디오 멜로 Claudio Mello와 데이비드 클레이턴David Clayton은 새가 특정 노래를 듣거나 부를 때마다 자신들이 젠크(ZENK)란 암호명을 붙인 그 특별한 유전자가 발현하여 mRNA 및 단백질이 생산된다는 사실을 알아냈다.(주3) 노래를 많이 들을수록 젠크의 단백질 생산도 증가했는데, 그런 현상이 노래 부르기 및 노래학습에 관여하는 그 특정 뇌 부위에서만 일어났다. 자비스는 이들의 발견을 다음과 같이 평했다. "아마도 새가 노래를 부를 때마다 젠크가 단백질을 합성하여 노래 부르는 동안 써버린 단백질을 대체하도록 유도되는 모양이다."(주4) 노래를 부른 지 30분이 지나 다시 노래를 부르고 싶어 하는 금화조의 뇌 속에선, 단백질이 정상 수준으로 회복되었고 신경경로가 활성화할 준비가 되어 있었다.

이 모든 방식을 총동원하여 새가 노래 부를 때 활성화되는 뇌 영역들이, 노래 외의 행동을 보일 때 기능하는 신경경로들과 함께 뇌지도로 표현되었다. 이 지도에는 아직 규명되지 않은 부위들이 나타나 있을 뿐 아니라, 거의 30년간 전세계에서 이루어진 수백 건의 실험을 통해 기능이 좀 더 확실하게 밝혀진 부위들을 가리키는 화살표도 표시되어 있다. 이 모두가 소위 노래체계song system를 이룬다. 지금까지 우리가 생각해온 선율적이고 본질적인 노래와 아주 동떨어진 모습으로 말이다. 이 체계를 간단히 기술하면 다음과 같다.

잘려나가면 자신의 노래를 완전히 잊을 만큼 새에게 중요한 뇌 영역 하나가 전뇌에 자리 잡고 있다. 이곳은 노래 부르기에 아주 중요한 부위이다. 노래를 부를 때 대부분의 신경활성이 바로 여기서 일어난다. 뇌의 상부에 위치한 이 영역은 발견 초기에는 복측 과선조체 미부hyperstriatum ventrale pars caudale, HVC로 불리다가 훗날 고음중추High Vocal Center로 명명되었다. HVC의 일부 신경세포들은 좀 더 앞쪽에 위치한 뇌 영역을 향해 돌출되어 있다. 이 두 번째 영역은 뇌 조직 박편을 착색한 상태에서 뚜렷하고 억센 모습을 보여 RARobust Nucleus of the Arcopallium라고 불린다. HVC의 다른 신경세포들이 향하고 있는 영역은 처음에는 그 기능이 분명하지 않았다. 이곳의 손상이 노래의 상실로 이어지지 않았기 때문이다. 과학자들은 이곳을 영역 X라고 명명했다. 훗날 밝혀진 바로는, 영역 X를 관통하는 신경경로가 가장 활성화되는 시기는 이미 알고 있는 노래를 부를 때가 아니라 새로운 노래를 익힐 때다.

결국 노래체계에서 가장 중요한 부위는 HVC와 RA 그리고 영역 X인 셈이다. 연구가 진행될수록 신경경로들이 복잡하게 뒤얽혀 있음이 드러났다. 최근엔 일부 영역이 인간의 뇌와 유사성을 보여 이 점을 강조하기 위해 명칭이 바뀌기도 했다. 다른 행동을 염두에 두지 않고 노래 부르기만 감안한다면 뇌에서 노래 부르기는 바로 여기서 일어난다고 볼 수 있다. 이들 신경경로를 따라 소리 자극의 움직임을 기술해 보라. 아주 난해한 기계를 점검할 때 요긴한 기술 교범의 지시 사항을 기록하는 느낌이 들 것이다. 노래를 이런 식으로 파악하는 것은 우리의 경험은 물론 새의 경험과도 동떨어진 시각인 것 같다. 뇌가 그런 설계 은유design metaphor에 따라 조직화되었다고 섣불리 단정 지어서는 안 된다. 정말로 뇌가 고깃덩

이 기계란 말인가? 뇌에서 이들 영역은 세포형과 세포형 사이의 경계를 따라 육안으로 식별 가능하긴 해도 스위스제 시계의 그 복잡한 장치만큼 분명하게 구분되지도 않는다. 지금까지 노래체계에 대한 우리의 이해는 신비에 싸인 회백질gray matter의 현실성에 대해, 그러니까 주름이 잡혀 있는가 아니면, 매끄러운가, 혹은 어떤 것과 닮았는가 아닌가에 대해 문자 그대로 용어와 선으로 개략적으로 설명하는 방식이었다.

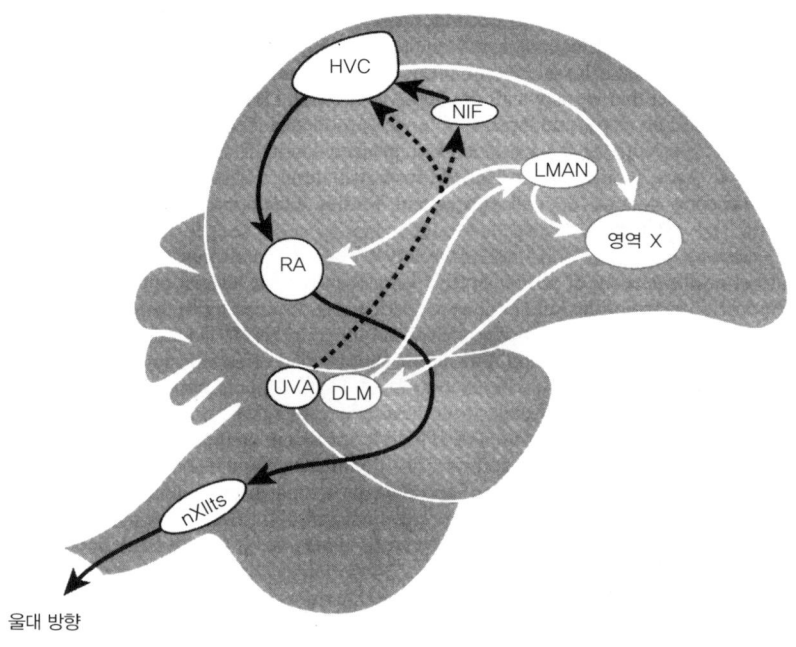

새의 뇌 내부의 주요 노래체계 신경경로

이름이 붙은 뇌 영역은 명확히 구분되는 기관이 아니라 부정확하게 분화된 부위이다. 노래를 부를 경우, 뇌의 앞쪽에 위치해 있으며 HVC

에서 RA로 이어진 경로가 형성된다. 영역 X, DLM, LMAN을 관통하는 뒤쪽의 경로는 노래를 학습할 경우에만 사용된다. 나머지 경로들은 호흡과 발성에 관여한다. 지금 이 순간에도 새로운 세부내용이 밝혀지고 있다.

금화조의 노래는 그 특유의 단순성으로 인해 뇌에서 정확히 어떤 방식으로 그리고 언제 노래학습이 이루어지는지 연구하는데 이상적이다. 반면, 카나리아의 노래는 (나이팅게일이나 늪개개비의 굉장히 복잡한 노래에 비할 바는 못 되지만) 상대적으로 유연성이 커서 성체가 고유의 유연성을 보이는지 여부를 파악하는 연구의 대상으로 최적이다.

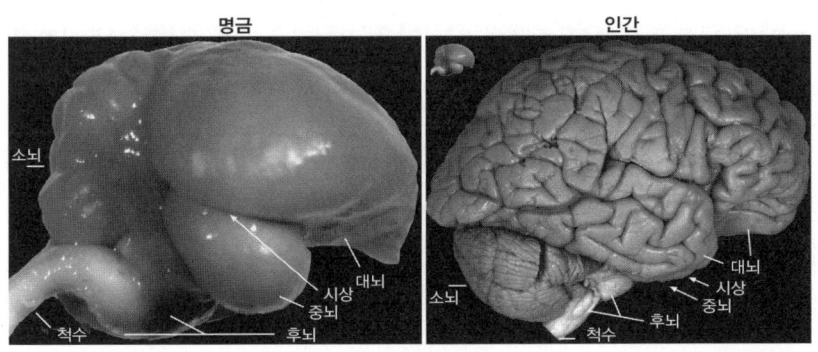

뇌 비교
오른쪽 사진의 좌측상부에, 인간의 뇌 옆에 위치한 새의 뇌의 상대적 크기에 주목하라.

노트봄과 그의 공동 연구자들은 특히 봄철 번식기에 카나리아 수컷의 뇌와 암컷의 뇌 사이에 현저한 차이가 난다는 점에 주목했다. 봄이 되면 카나리아 수컷의 HVC와 RA의 크기는 가을의 두 배가 된다. 이것은 호르몬인 테스토스테론의 존재와 관련된 현상으로 밝혀졌다. 노트봄의 연구진이 카나리아 암컷에게 테스토스테론을 투여하면 수컷처럼 노래 부른다는 사실을 이미 확인했던 것이다. 수컷의 체내에서 테스토스테론 분비가 왕성해지며 신경세포가 자연적으로 발달하는 봄. 그 호르몬을 투여 받은 암컷의 HVC에서는 신경세포가 가늘고 긴 축색돌기와 많은 이차적 수상돌기와 함께 성장했다. 호르몬이 새가 노래 부르는 이유와 어떤 관계가 있는 것이 분명했다. 뇌 구조가 아주 유동적이고 유연하게 보였다. 1906년도 노벨 생리의학상 수상자 산티아고 라몬 이 카할Santiago Ramon y Cajal(1852~1934)이 1913년에 정의내린 바와 같이, 그 모두가 정말로 동일한 신경세포 집합의 재배치를 의미하는 것일까? 카할의 이론에 따르면, "신경경로들은 고정적이고 최종적이며 불변적이다. 모든 것은 죽기 마련이며 어떤 새로운 것으로 소생하지도 않을 것이다." 이제 우리는 이 이론이 틀렸다는 것을 안다.

이들 과학자는 새로운 세포가 탄생하는 순간, 즉 세포가 분열하여 새로운 DNA를 합성하는 순간을 다음의 방식으로 추적했다. 우선 DNA 합성 직전에 축적되는 티미딘을 방사성 동위원소로 표지하여 동물의 몸에 투여한다. 티미딘이 복제 과정을 앞둔 세포의 핵 속에 쌓인다(티미딘은 우리에게 익숙한 DNA 뉴클레오티드의 배열 GCTAGGTCA를 구성하는 염기인 티민(T)의 원료이다). 그러면 염색체 자체가 표지된다. 그렇게 표지된 세포가 분열하여 생긴 두 세포는 핵에 방사성을 띤 DNA가 절반씩 들어가 있게 되므로 역시 방사성 동위원소로 표지가 된 상태에 놓인다. 봄 번식기에 노트봄은 스티븐 골드만Steven Goldman과 함께 카나리아 성체들의 몸에 며칠간 티미딘을 투여하고 나서 투여를 중단한 채 한 달간 노래를 부르게 내버려 뒀다. 두 사람은 깜짝 놀랐다. 투여 기간에 매일 HVC 내의 신경세포 중 1%씩이나 표지되었다. 세포 분열이 이루어지고 있다는 증거였다. 과학자들이 추가로 연구한 바에 의하면, 새로운 세포들은 원래는 뇌의 다른 부위의 세포들인데 HVC로 이동하여 신경세포로서 기존의 신경회로에 결합된 것 같았다.

이 발견은 우리의 뇌 이해를 뒤흔들어놓은 혁명의 시작이었다. 카나리아 성체에서 일어나는 새로운 세포의 생성 과정을 확인한 연구진은 다른 피조물로 눈을 돌렸다. 마모셋원숭이marmoset, Callithrix jacchus와 마카크원숭이macaque, Macaca sp. 같은 영장류와 쥐에게서도 동일한 현상이 발견되었다. 수십 년간 쥐의 뇌를 해부해온 신경생물학자들은 어떻게 자신들이 이런 사실을 알아채지 못했는지 의아했다. 굳이 뇌세포가 죽어가고 있다는 얘기를 꺼내 모든 십대를 겁줄 필요가 있을까? 쥐는 학습시에는 해마(언어적 기억, 의식적 기억, 특히 쾌감을 담당 하는 소기관 - 옮긴이)에서 새로운 신경세포들이 증식하는데 반해 불안할 땐 오히려 감소한다. 어쩌면 성체의 신경발생이 간과된 이유 중 하나가 많은 실험용 동물이 심한 스트레스를 받으며 지내서일지 모른다는 것이 자비스의 생각이다.

노래를 부르고 배우기를 즐기는 카나리아는 신경대체를 보인 첫 번째 종이다. 인간의 뇌에서 새로운 신경세포가 자라도록 유발하는 방법을 알아낸다면, 브로카에게 뇌에 특정 기능을 통제하는 특이한 영역들이 있다는 사실을 처음 깨우쳐준 뇌졸중과 같이 뇌가 손상을 받더라도 다시 회복하는데 그 지식을 활용할 수 있을지 모른다. '보잘 것 없는' 노래하는 카나리아에서 시작한 뇌과학이 바야흐로 새로운 패러다임, 즉 뇌세포의 기능이 고정된 채 불변하는 것이 아니라 계속 변화하고 있다는 신경형성

neural plasticity적 시각을 형성하고 있다. 바로 여기에 카나리아의 굉장한 비밀이 숨어 있다.

카나리아 성체의 뇌에서는 왜 일부 신경세포만이 대체되는 것일까? 새로운 신경세포들이 임시적이며 죽은 오래된 세포들을 대체한다는 것이 현재의 정설이다. 노트봄은 "자연발생적인 신경세포의 대체는 장기기억에 관한 새로운 이론을 요구한다."⁽㈜⁾라고 생각한다. 새로운 신경세포는 성체인 카나리아와 금화조의 전뇌를 구성하는 대부분의 부위에 추가되긴 해도 뇌의 다른 부위에 추가되는 경우는 드물다. 일 년 열두 달, 심지어 HVC의 크기가 커지는 봄철 번식기에도 새로운 신경세포의 추가가 HVC에 위치한 신경세포의 총 수의 변화로 이어지지 않는 것은, 오래된 신경세포들이 죽어가기 때문이다. 새로운 신경세포의 증가는 분명 새로운 노래를 부르는 것과 관계가 있다. 새가 더 이상 노래 부르지 않으면 전체 신경세포수가 감소한다.

건강한 뇌는 왜 완벽하게 기능하고 있는 신경세포의 대체를 원하는 걸까? 신경세포의 죽음과 탄생은 우리에게 새의 학습 능력에 존재하는 한계에 관해 무언가를 말하고 있다. 노래를 기억하는 과정의 일부로서 세포의 작용을 생각해 보라. 노트봄의 말에 따르면, 이들 신경세포에게 "장기기억의 획득은 일회성 작업일지 모른다." 일단 노래를 장기기억하게 된 신경세포는 다시는 학습 능력을 발휘할 수 없을 것이다. 오래된 세포를 새로운 세포로 영구히 대체하는 것이 중요한 뇌 회로의 자연소생의 한 방편일 수 있다. 체계적이던 뇌가 서서히 파괴되어 간다는 카할의 시각과 판이하게도 이 시나리오 하에서 뇌는 자신을 끊임없이 개조한다. 거문고새와 흉내지빠귀처럼 출중한 음악적 기량을 지닌 종의 경우 나이가 들수록 노래가 발달하는 이유도 여기에 있을 것이다.

　신경세포의 대체는 새소리 산출 과정에서 일어나는 일련의 해부학적 작용에 관한 우리의 이해에 지각변동을 일으켰다. 노트봄은 "어느 누구도 그것을 믿지 않던 시절이 훨씬 재미있다. 과학계에서는 모든 사람이 옳다고 인정할 때까지는 머리를 긁적대며 다른 일거리를 찾아봐야 한다."(주6)고 주장하면서도 자신의 발견이 지닌 가치가 만족스러웠다. 2004년 봄, 동물행동학 및 신경학 분야에서 이룬 새의 노래에 관한 선구적 연구를 인정하여 브랜다이즈 대학교Brandeis University는 마사카즈 코니시와 피터 말러 그리고 페르난도 노트봄에게 루이스 로젠스틸 기초의학 연구상Lewis Rosenstiel Prize for Basic Medical Research을 수여했다. 시상은 에드워드 윌슨 Edward O. Wilson(하버드 대학교의 저명한 생물학자)이 맡았다.

　카나리아의 신경발생에 대한 우리의 지식을 손상된 인간 뇌의 회복으로 연결 짓는 것은 기나긴 여정일 것이다. 지금까지 연구된 새들 대부분은 매우 통제된 환경에서 엄격하고 스트레스가 심한 감금 생활을 했다. 늘 그렇듯 이번에도 노트봄은 침착했다. 그는 우리가 주장을 펼치는 데 신중을 기해야 한다고 주장했다. 노트봄은 다음과 같은 글을 논문에 실은 적이 있다. "자유로이 놓아길러져 정상적인 삶을 누리고 있는 다양한 동물들을 대상으로 성체의 신경세포 대체를 좀 더 면밀히 살펴보는 것이 현명한 일일 것이다. 이런 자료야말로 자연이 무엇을 할 수 있는지를 여실히 보여줄 테니까. (중략) 우리는 우리의 마법을 시험해 보기 전에 자연이 어떤 식으로 그 마법을 사용하는지부터 이해해야 한다."(주7)

　새로운 노래를 학습하거나 세련되게 다듬어진 노래를 부르는 중인 새의 뇌 속 신경경로가 지도로 작성되긴 했지만, 인간 뇌 속의 상황과 이 지식을 연결하는 고리는 거의 탐구되지 않았다. 에릭 자비스는 이런 무관심이 "인간이 실제보다 훨씬 특별한 존재"라는 믿음에서 기인한다고 봤다. 인간은 뇌의 피질에 주름이 많이 잡혀 있다는 점에서 다른 생명체와 다르다는 믿음이 강해 그런 자신의 뇌와 이 작고 매끄러운 뇌가 상당히 유사하다는 사실에 수긍하길 주저한다는 것이다. 자비스의 말에 따르면, 과학은 인간의 음성전달vocal communication이 세 가지 측면을 포함한다는 점을 인정한다. 소리를 밖으로 내보내는 과정인 말하기speech와 소리를 의미 있는 구조로 배열하는 체계인 언어language 그리고 언어를 인식하고 해석하는 과정인 이해comprehension가 그것이다. 메시지를 알리려면 이 세 단계 모두가 필요하다.

새의 경우에는, "언어적 특성과 말하기적 특성이 이에 상당하는 차이를 보이지 않는다. '노래'라는 단어 하나에 학습된 소리를 내보내는 과정과 그 소리를 배열하는 체계가 모두 나타나 있다."[주8] 정보는 새의 노래에 암호화된 가장 두드러진 특성이 아니다. 새소리에는 형식과 목적이 담겨 있긴 해도 애초의 형태를 무너뜨리지 않고서는 그 새소리에는 도출할 만한 어떤 의미 있는 메시지도 없다. 이런 점에서 새의 노래는 인간의 언어보다 인간의 음악에 가깝다.

놀랍게도 자비스가 내 생각에 동의했다. "새가 부르는 노래 대부분은 언어보다 음악에 가깝다고 봐야죠. 그런 새의 노래를 소노그램으로 나타내 자세히 살펴보면 알 수 있듯, 음절들이 점진적으로 어떤 형태에서 다른 형태로 점점 바뀌니까요. 그런 음절들은 대개 언어의 소리들만큼 뚜렷이 구별되지 않죠."[주9] 자비스는 앞선 여러 장章에서 살펴본 연구들 중 일부에서 확인된 사실, 즉 짝 유인에 어울리는 감미로운 소리와 세력권 방어에 적합한 시끄러운 소리를 모두 갖고 있는 새들 대부분은 세력권 방어를 위해 노래를 부를 때보다 짝 유인을 위해 노래를 부를 때가 더 잦다는 사실도 인정했다. 벌새류에 대한 자비스 자신의 연구도 고주파 음성을 가진 이 작은 새들이 실제로는 선천적인 짧은 신호음을 복잡한 심층구조를 이룬 학습된 노래에 결합시켰음을 보여준다.

좀 더 넓은 시각에서 보면 자비스의 연구는 음성학습의 진화론적 위치에 관한 문제, 즉 음성학습능력을 갖춘 동물이 드문 이유가 무엇인지를 다뤘다고 볼 수 있다. 이 능력을 갖춘 종은 인간과 고래, 돌고래 그리고 새 몇 목目 정도에 불과하다. 음성학습에 반하는 더 강력한 형태의 자연선택이 작용하고 있는 것이 틀림없다. 아마 그것은 시간이 많이 걸리는 노래 부르기가 틀림없이 함축하고 있을 포식자로부터의 위협일 것이다. 학습능력은 분명 아주 특별한 환경에서 발달했을 것이다. 사실 우리는 그런 환경이 어떤 것인지 모르지만 말이다. 그렇다면 인간에게 음악의 목적은 어떤 것인가? 자비스의 대답은 이러했다. "제니퍼 로페즈와 리키 마틴을 생각해 봐요. 물론 우리도 짝을 유인하는 데 음악을 이용하지요. 인간의 음악이 더 복잡하다는 것만으로 그 목적이 같지 않다고 볼 수 없습니다."

마찬가지로, 새의 음악이 더 단순하다는 그 이유만으로 노래 부르는 과정에서 어떤 유전자가 발현되든, 어떤 신경경로로 신경세포의 전류가 흐르는지 규명되든 새들도 노래 부르기 그 자체를 위해 그리고 오직 음악만이 표현 가능한 아름다움을 위해 노래 부르지 않을 것이라고 단정할 수 없다. 지금까지 밝혀진 것이 복잡하고 난해하긴 해도 그것만으로는 노래 그 자체의 구체적인 세부내용들이 밖으로 내보내지고 처리되는 과정에서 무슨 일이 일어나는지를 도저히 파악할 수 없다. 인간의 뇌든, 새의 뇌든 뇌에 관한 우리의 이해가 아무리 증진하더라도 그런 이해는 여전히 소리의 의미를 파악하는 과정에서 마음이 작용하는 방식에 대한 개념과 거리가 멀다.

노트봄은 노래가 대개 통과하는 뇌의 경로를 지도로 작성해냈다. 하지만 좀 더 복잡한 노래만의 특이한 특징들은 어떻게 알 수 있단 말인가? 마르틴 하우스베르거Martine Hausberger가 세포 수준에서 이루어지는 찌르레기의 청각 작용을 알아보기 위해 선택한 방식은 이 새의 뇌의 각 부위에 위치한 신경세포들이 아주 특이한, 날카로운 울음소리에 어떻게 반응하는지 살피는 것이었다. 우선 찌르레기가 두 종류의 날카로운 울음소리를 낸다는 사실을 기억해 둘 필요가 있다. 그중 하나는 휙 스쳐가는 하향조의 날카로운 울음소리로 모든 찌르레기 수컷이 부른다. 그녀는 이 소리가 종 및 특정 개체군의 식별을 고려한 것일 거라고 추정한다. 두 번째 유형의 지저귐 소리는 좀 더 다양한 패턴을 보인다. 개체마다 독특한 소리를 갖는 경우도 있고 소규모의 개체군 내에서 함께 사는 개체들이 공유하는 경우도 있다. 찌르레기 뇌의 각 부위에 위치한 특정 신경세포들은 어떤 유형의 소리에 반응할까?

하우스베르거는 야생에서 성체 찌르레기 수컷 6마리를 잡아 마취하에 수술을 시행하여 두개골의 좌측상부에 고리 모양의 강철 공명상자를 삽입했다. 수술 후 새들은 이틀간 안정을 취했다. 이후의 실험은 새들이 깨어 있는 상태에서 진행되었다. 심한 요동을 방지하기 위해 날개가 고정쇠로 조이고 뇌전류 기록기가 머리를 고정하고 있는 장치에 부착되었다. 노래자극으로서 제시된 날카로운 울음소리는 59종이며, 10회씩 반복되었다. 각기 다른 신경세포 320개의 반응이 기록되었다. 마지막 기록이 있은 후 새들은 진정제인 넴뷰탈의 과다투여로 '희생' 당했고 뇌가 냉동되어 50미크론 두께의 박편으로 만들어졌다.

죽은 새는 고작 6마리뿐이었지만 거기서 얻은 데이터는 충분했다. 검사된 320개의 신경세포 중 232개에서 특정 노래자극을 접한 경우 자연발생적 점화에 현저한 변화를 보였다. 20%는 순수한 음에 반응했고 나머지 80%는 날카로운 울음소리에 반응했다. 어떤 신경세포들은 일정한 음조의 변화를 보인 날카로운 울음소리에 반응했다. 특히 HVC에서 가장 큰 반응을 보인 소리는 새 자신의 소리와 비슷한 날카로운 울음소리였다. "그런 형성성은, 만일 노래학습의 지침이 되는 원형原型이 있다면 그 원형이 생소한 종 특유의 정보에도 개방적인 프로그램일 것이라는 추측을 가능케 한다."(주10) 그런 정보는 어떤 유형의 정보일까? 우리는 아직 이 질문의 답을 모른다. 하지만 과학자들은 그것이 새가 노래 부르는 이유 중 하나일 것이라는 희망을 버리지 않고 있다. 찌르레기는 어떻게 모방과 임프로비제이션의 놀라운 능력뿐 아니라 종 특유의 음악을 유지하는 능력까지 발휘하는 걸까? 우리는 새의 뇌 속의 정교함을 추적할 수 있을까?

우리는 결코 인간을 대상으로 이런 식의 실험을 수행하지는 않을 것이다. 물론 덩치도 더 크고 실험에 좀 더 협조적으로 응하며 자신의 몸에 행해지고 있는 실험을 그다지 의식하지 않는 인간 피실험자가 새보다 관찰하기 용이하지만, 비르투오조에게 행하듯이 어떻게 한창 음악의 열정을 불태우고 있는 인간을 죽인 후 그 뇌를 냉동하여 모든 신경세포의 연결망을 조사하겠는가? 그렇지만 인간의 음악적 능력과 뇌에 관한 아주 흥미로운 통찰 중 일부는 뇌가 손상된 피실험자들로부터 비롯되었다.

1933년 당시 58세였던 프랑스의 작곡가 모리스 라벨Maurice Ravel(1875~

1937)은 수영을 하던 중에 뇌졸중으로 쓰러졌다. 음악을 즐기는 데는 문제가 없었지만 작곡이나 연주 활동은 불가능했다. 악상이 뇌 속에 갇혀 있었다. 뇌 속에 악상이 있다는 느낌이 들었지만 그걸 활용할 길은 없었다. 라벨은 실어증 증세도 보였다. 이것은 뇌졸중이 뇌의 좌반구에 영향을 줘 소리뿐 아니라 단어조차 의미가 통하도록 조합하는 능력하지 못하게 되었음을 의미했다. 하지만 라벨은 여전히 음악을 느낄 수 있었다. 이러한 결과는 뇌에서 음악을 창작해내는 부위와 언어를 만들어내는 부위가 동일한 쪽에 있고 음악을 경청하며 즐기는 능력을 관장하는 부위는 반대쪽에 있음을 보여준다. 결국 '음악 만들기'는 뇌의 좌반구를 요구하는데 반해 음악 감상은 우반구를 이용한다는 얘긴가?

음악적 이해와 언어적 이해를 구별하여 다루는 이야기들은 과학적 엄정성이라는 엄격한 기준에 의해 흔히 일화로 간주되곤 한다. 인간의 뇌에 관한 최근의 연구들은 인간의 뇌가 음악과 언어를 처리하는 방식 간에 차이점보다 유사점이 더 많음을 보여준다. 음악의 음절들과 언어의 소리들 간에는 모두 계층적 관계가 성립하며 음악적 의미로든 언어적 의미로든 의미가 통하는 패턴의 소리를 접한 경우 뇌는 시간의 경과에 따라 측정 가능한, 뚜렷이 구별되는 규칙적인 패턴으로 반응한다. 아니루드 파텔 Aniruddh Patel과 에번 밸러번 Evan Balaban은 비르투오조의 손상된 뇌가 아닌 건강한 인간의 정상적인 뇌를 대상으로 하는 좀 더 개선된 연구를 수행할 필요성을 느꼈다. 샌디에이고의 신경과학자들은 실험지원자의 뇌에 148개의 센서를 부착한 뒤 각종 멜로디와 음계를 틀어놓고 뇌의 각 부위에 흐르는 전류를 추적했다. 그러고 나서 두 사람은 무작위로 소음을 삽입한 음악을 들려주며 동일한 실험을 수행했다.(주11)

뇌의 활동은 서로 관련성이 없는 음들을 접할 때보다 음악을 접할 때 훨씬 규칙적인 경향을 보였다. 또한 혼란스러운 멜로디보다 체계적인 음계에 더 규칙적이었다. 우리는 그 이유를 모른다. 파텔과 밸러번은 음악을 이용하여 인간 뇌의 부위별 반응을 살펴보는 연구가 기존의 뇌 반응 연구에 지속성의 요소가 추가되는 계기가 되기를 바랐다. 노래 부르기에 도취된 순간에 새를 죽인 후 즉시 뇌를 냉동하여 박편 상태로 고정시켜 조사하는 새 뇌의 연구에 못지않게, 뇌의 스냅사진들을 찍어 뇌에서 일어나는 일을 추론하는 인간 뇌의 연구에도 지속성의 요소가 추가되어야 한다. 우리가 음악을 감상할 경우 외피의 반응은 연주가 진행됨에 따라 전개된다. 똑같은 소리에 열중해 있다 하더라도 우리의 뇌는 대화에 열중한 경우보다 음악에 몰두한 경우에 훨씬 명료하게 결과물을 인식할 것이다. 음악 자체가 보통 언어보다 리드미컬하고 규칙적이며 뇌의 점화와 지각 과정에 이루어지는 깊고 오묘한 계산에 더 가까운 까닭에서다.

대부분의 동물은 소리를 조합하여 구문 형식을 갖춘 특별한 메시지를 전달하는 능력을 소유하고 있지 않다. 동물 세계에서 우리가 발견한 언어에 가장 근접한 체계는 꿀벌의 꼬리춤waggle dance이다. 꿀벌은 이 꼬리춤으로 벌집 속의 동료들에게 꽃이 있는 방향과 거리를 알려준다. 1973년 카를 폰 프리슈Karl von Frisch(1886~1982, 오스트리아 빈 태생의 독일 동물학자)는 이 꼬리춤을 발견한 공로로 노벨 의학·생리학상을 수상했다. 동물 세계에서 근소하게라도 꼬리춤과 유사한 예는 찾아볼 수 없다. 고래의 울음소리가 연구되고 있지만 이 소리에 담긴 정보량은 그다지 많지 않다. 상관없다! 정보가 별로 없기는 바흐의 합창곡도 마찬가지지 않은가. 하지만 이 음악에선 질서와 아름다움이 물씬 풍기며 심지어 곡의 목적도 약간 느껴진다.

내게는 동물 세계에서 대화를 찾는 것보다 음악을 찾는 것이 더 수월한데, 그 이유는 아마 통사론이 등장하기 오래 전부터 자연의 소리에 형식과 질서가 나타났기 때문이리라.

생물음향학이라는 고도로 사변적인 분야에서 일하는 과학자들은 인간의 조상이 그보다 근본적인 활동인 '음악 만들기'를 통해 우리의 언어적 잠재력을 발전시키는 길을 발견했을지도 모른다고 말한다. 스웨덴의 생물음악학자 닐스 발린Nils Wallin은 원인原人이 동물의 울음소리를 흉내 내다가 자신의 성대를 통제하는 법을 익혔다고 주장했다. 그렇다면 춤추는 법은 동물의 움직임을 흉내 내다 익혔을 것이다. 긴팔원숭이 전문가 비에른 메르케르Bjorn Merker는 "인간은 춤추는 원숭이입니다. 인간은 춤을 춰야 하죠."라고 말하며 인간 문화의 발전을 가져온 원인의 하나로 춤을 꼽았다.

여러 사람이 무리를 지어 리듬에 맞춰 몸을 흔들어대는 행위는 의식儀式을 낳아 행동을 일치시킬 장을 제공한다. 우리는 즉흥연주를 펼치는 법을 배운다. 사람들이 결합된다. 그리고 사회가 형성된다. 인지 과학자 윌리엄 벤존William Benzon의 견해로는, 인간 조상의 음악이 "비인간 세계의 자의적 대상보다 도움과 협력을 통해 인간이 창안한 소리와 타인을 더 중시한다." 벤존이 "제의적 뮤지킹musicking('음악하기'라고 명명한 것은 '스텝(중위도 지방에 펼쳐져 있는 온대 초원 – 옮긴이))지대를 가로지르는 기나긴 여행, 즉 집단 안전의 방편으로 비르투오조가 되기 위해 요구되는 행군에서 살아남은 원인들에 의해 행해진 행위"였다.(주12) 벤존은 집단유목 생활에 내재된 동시성synchronization이 훗날 춤과 의식, 감상용 음악으로 이어졌고 종국엔 이 특성이 한층 더 반영된 언어능력으로까지 발전했다고 여긴다.

키르허와 호킨스의 '사변 음악'은 몇 백 년 뒤 과학이 되어 되돌아왔다. 조류처럼 분화된 생명체가 음악을 만드는 능력을 발달시켰다면 그 음악은 우리가 예전에 생각했던 수준보다 훨씬 근원적인 음악일 것이다. 나는 그 음악이 언어보다 단순하다고 생각하지 않는다. 단지 좀 더 원시적일 뿐이다. 시간이 관건이다. 잠깐 사이에 금화조는 단순한 노래 한 곡을 끝내지만, 그 노래는 이 새가 태어나 두 달이나 걸려 익힌 것이고, 그 학습 과정은 수백 년에 걸쳐 다듬어진 것이다. 이 새는 일단 노래를 익히고 나면 늘 똑같은 방식으로 그 노래를 부른다. 노래 실체화 과정이 그리는 그 놀랄 만한 예상 진행 경로가 새의 뇌가 전기충격에 시달리다 죽은 뒤 냉동되어 박편으로 만들어지는 이유 중 하나다. 물론 이것은 새 뇌의 작용을 파악하는 한 가지 방식이지만 그렇다고 유일한 방식은 아니다. 말하자면 이 방식은 시간을 고려하지 않는 정적인 접근법인 셈이다.

금화조가 연구재료로서 가장 가치 있는 점은 이 새가 단 몇 달 간의 정해진 시기에 모든 노래학습을 끝마친다는 것이다. 하지만 노래가 얼마나 정확히 학습되겠는가? 노래학습이 아무렇게나 이루어질까 아니면, 체계적으로 이루어질까? 물론 금화조의 노래는 짧고 아주 정확히 학습되며 개체에 따라 차가 심하게 난다. 우리는 우리 자신의 직감을 쫓아 그 노랫소리를 경청하거나 테이프에 담아 느리게 틀어보거나 혹은 소노그램으로 나타내어 설계단위unit of design들을 살펴볼 수 있다. 그렇지만 과연 새는 그런 단위를 이해하고 있을까?

이스라엘의 생물학자 오페르 체르니호프스키Ofer Tchernichovski가 뉴욕 북부지역에 위치한 노트봄이 있는 록펠러 대학교의 연구소로 적을 옮긴 것은 1990년대 초이다. 30년 동안 새소리 신경과학의 중심이었던 이곳은 사람 눈에 띄지 않는 숲 속에 자리하고 있었다. 처음에 체르니호프스키는 그저 새의 노래 자체만으로도 매료되었다. "밀브룩Millbrook에 도착했을 당시 난 매일 몇 시간을 새소리만 들으며 보냈습니다. 물론 상사들에게 내 행동을 털어놓진 못했지만 설령 그들은 알았더라도 그 일로 날 야단치진 않았을 테죠. 지금도 그렇지만 당시에도 난 다른 무엇보다도 직관을 통해 많은 것을 배웠는데, 새소리를 알기 위해 내게 필요한 것은 느낌이었으니까요."

체르니호프스키는 새들이 종 특유의 단순한 노래를 체계적으로 학습할 것이라고 생각했다. 과학자에겐 직관만으론 충분하지 않다. 가능한 많은 데이터가 필요하다. 우선 매우 엄격하게 통제된 환경에서 새들에게 노래를 가르쳐야 했다. 거의 같은 시각에 금화조 새끼 30마리가 부화되었다. 부화된 지 2주간 부모 새가 새끼들을 길렀다. 그리고 나서 아빠새가 떨어져 나간 상태에서(따라서 새끼새들은 아빠새의 노래에 익숙하지 않았다) 생후 35일까지 엄마새 혼자 새끼들을 길렀다. 그런 다음 어린 수컷들은 새장에 한 마리씩 갇혔다. 각 새장에는 플라스틱으로 만든 금화조 성체 모형이 놓여 있었고, 그 장난감새 속에는 작은 스피커가 들어 있었다.

훈련용 상자 안에는 열쇠가 두 개 있었다. 부리로 어느 열쇠를 쪼더라도 성체의 완전한 노래가 동일하게 두 번씩 재생되었다. 이들 새끼새가 듣는 노래는 이것뿐이었다. 생후 1개월부터 시작해 3개월째 접어들 무렵까지 두 달에 걸친 학습의 민감기 내내 새끼새들은 서서히 이 노래를 익혀 나갔다. 새가 열쇠를 쫄 때마다 노래가 재생되긴 했지만, 오전과 오후에 한 차례씩 주어진 훈련시간당 최대 10회까지만 노래가 재생되었다. 횟수가 10회를 넘으면 더 이상 소리가 나지 않았다. 엄격히 통제된 학습 프로그램이었던 것이다.

 오늘날의 컴퓨터가 발휘하는 엄청난 디지털 녹음능력 덕분에 두 달 간에 걸친 노래학습의 민감기 내내 모든 금화조 새끼가 내는 소리는 하나도 빠짐없이 녹음되었다. 이 시간에 새끼새 한 마리가 낸 독특한 노래 음절 수는 1~2백만 개에 달했다. 실로 어마어마한 양의 데이터가 모인 것이다. 이제 이 데이터를 어떻게 처리하는가가 문제였다. 현재 콜드스프링하버 연구소Cold Spring Harbor laboratory에 몸담고 있는 수학자 파르타 미트라Partha Mitra는 이 엄청난 양의 소리 데이터를 분석할 컴퓨터 프로그램을 고안했다. 컴퓨터가 데이터를 처리하는 사이 한숨 자고 일어나면 이전의 어떤 새소리 연구에서 축적된 양보다도 많은 정보를 얻게 될 터였다. 지금까지 그 누가 수집한 양보다도 많은 정보를 분석할 수 있게 된 것이다. 이 방식을 통해 체르니호프스키와 미트라는 새의 노래가 지닌 의미를 파악하는데 인간의 지각적 편견이 개입하는 것을 피하면서 나이스와 크레이그 그리고 소타발타의 현상학과 사뭇 다른 일종의 디지털 현상학을 다루고자 했다.

 이 자동화된 분석의 첫 단계는 어떤 소리들이 서로 유사하고 어떤 소리들이 다른지를 판별하는 것이었는데. 지금까지 이루어진 거의 모든 새소리 구조 분석 연구를 이끌었던 직관 대신 수학을 활용하여 소리단위를 식별했다. 체르니호프스키가 말했다. "새가 노래구조를 어떻게 이해하는지를 파악하려면 우리 자신의 직관을 뛰어넘을 필요가 있습니다. 그런 정보는 학습과정을 해독하는 데 필수적이죠." 특징 몇 가지를 묶은 간단한 조합으로 새들이 내는 음절 하나하나가 비교·분석되었다. 지속시간과 음조가 무난한 조합이지만 금화조의 소리는 빠르고 시끄러우며 복잡하기로 악명 높았다.⁽주13⁾ 컴퓨터 프로그램의 분석 항목에, 음절의 무질서한 정도를 나타내는 엔트로피는 물론, 음조가 어느 정도나 명확하게 표현되는지 혹은 새가 얼마나 '가락이 맞는지'를 나타내는 음조의 '양호도'도 추가로 포함되었다. 연구진은 이러한 특성들을 검토하여 얻은 결과를 모음으로써 새들이 내는 모든 소리의 양상을 수학적인 방식으로 정확히 분류·식별하였다.

다음 단계로, 미트라가 음절을 덩어리로 나누고 두 달 간의 민감기에 걸쳐 이루어지는 이들 덩어리의 발달을 추적하기 위한 알고리듬을 개발했다. 체르니호프스키는 노래발달의 정도를 나타내는 이 모든 요소를 적용하여 데이터를 다양한 다차원적 도해로 나타냈다. 그 도해는 추상적인 비디오 아트마냥 시간의 흐름에 따라 규칙적으로 움직이는 경향을 보였다. 체르니호프스키가 어떤 요소를 고르든 화면에는 명확하면서도, 다양한 관점이 있을 수 있는 동적인 질서가 드러났다. 내가 알기로 이것은 소노그램 이후 새의 노래를 나타내는 가장 획기적인 기술적 진보이다. "저도 처음에는 볼품없는 소노그램으로 시작했습니다. 그 녀석은 시간의 경과에 따른 주파수의 변화를 보여주며 고도의 내재화된 차원성을 띠었죠. 하지만 우리의 접근법에 따르면 차원을 자유자재로 바꿀 수 있습니다. 저 움직임을 보세요!" 이번에도 체르니호프스키였다. 이 새로운 동적인 도구들은 금화조 새끼가 두 달에 걸쳐 노래를 익혀 나가는 정도를 보여주며 노래학습 시기 내내 이루어지는 고투를 시각적으로 나타내는 성적표로서 노래 한 곡이 학습되는 방식에 관한 새로운 그림을 제시한다.

이 실험이 실시되기 이전만 해도 과학자들은 금화조의 노래가 고도로 구조화된 과정을 거쳐 발달하리라고 생각지 못했다. "교사가 들려준 노래를 접한 첫 순간엔 새는 멍한 표정만 짓지요." 밀브룩에서 연구원 생활을 하다 현재는 밀브룩 근처에 위치한 바사 대학에서 교수로 재직 중인 제프 싱스Jeff Cynx가 말을 이었다. "노래의 발달 시기는 늘 그 내용을 알 수 없는 블랙박스였죠. 체르니호프스키는 그 박스를 개봉한 것입니다. 정말 대단한 업적이죠." 방대한 데이터를 이용해 체르니호프스키와 미트라는 노래학습이 일정한 패턴을 지닌 과정이라는 사실을 보여줬다. 새는 하루에 음절 한 개씩 익히는데, 밤새 조금 잊어버리고 다음날이 되면 기억하는 데까지만 알아듣는다. 노래학습은 점진적인 과정처럼 보이지만, 결국 느리게 진행되던 그 과정이 어떤 식으로 갑자기 새로운 음절을 학습하는 과정으로 바뀌는지 밝혀졌다.

새가 ABCD 구조를 가진 노래를 학습한다고 치자. 이 새는 어떻게 ABABABAB의 진행에서 ABCABCABCABC의 진행으로 발전해 나갈까? 간단하다. 새로운 음절을 점진적으로 도입하는 것이다. 월리스 크레이그의 방식으로 그런 학습과정을 나타내는 도해를 상상해 볼 수 있다.

A B A B A B A B A B A B C A B A B A B A B A B A B C,
ABABABABABCABABABABABABCABABABABABCABABABCABABCA
BCABABABABABCABABCABABABABCABABCABCABABABCABCABC
ABCABCABC

이 과정은 여러 시간에 걸쳐 이루어지며 ABCD 구조도 이런 식으로 학습해 간다.

가장 먼저 익힌 음절이 항상 노래의 첫 음이 되는 것은 아니다. 다음절로 이루어진 각각의 모티브에는 가장 중요한 음절이 있기 마련인데 모티브의 핵심인 이 음절은 가장 먼저 학습되며 보통 모티브의 중간에 위치한다. "우린 새들이 이런 식으로 노래 부르는 이유를 모릅니다. 다만 그 방식을 알아내려 애쓸 뿐이죠."

체르니호프스키는 "새는 왜 노래하는가?"가 과학의 문제가 아니라고 생각했다.

심장은 왜 뜁니까? 피를 몸 전체로 보내기 위해? 심장이 그래야 하는 이유는 인간이란 동물의 설계상의 특징 때문입니다. 하지만 전 골수 다윈주의자가 아닙니다. 자연선택이 모든 것을 설명하지는 않지요. 실제로 대부분의 시스템이 보이는 행동은 기능성으로 설명되지 않습니다. 전체 설계상 최적인 생물학적 시스템은 존재하지 않아요. 자연은 그 이상의 것들을 갖고 있습니다. 자연 세계는 늘 계산을 하고 있죠. 그 영역에는 그에 부속된 돌발적인 속성이 많으니까요.

바로 거기에 문제가 있다. 데이터 세트(데이터 처리상 한 단위로 취급되는 일련의 기록 - 옮긴이)를 작성해 나가는 어떤 과학자도 "새는 왜 노래하는가?"에 대해 대답해줄 마음이 내키지 않는다. 모두 새가 노래 부르는 방식, 특히 매우 짧은 기간에 복잡한 행동을 학습해내는 방식을 밝히는 데 만족할 뿐이다. 그 목적을 달성하기 위해 새의 뇌는 정확하고 체계적으로 작동한다. 미트라가 입을 열었다. "동물은 분명 기계입니다. 다만 우리가 조립하거나 이해할 수 있는 그런 기계는 아니죠." 과연 그럴까? 나로선 확신이 서지 않는다. 설령 새들의 행동과 교육이 엄격한 규칙을 따르고 있다고 드러나더라도 새들의 실제 삶은 기계적인 사고방식의 영역 훨씬 너머에 있다.

과학자들은 내가 "새는 왜 노래합니까?"라고 묻자 앉은 자리에서 자꾸 꼼지락 거렸다. 앞서 "진리를 추구한다며 새들을 죽이거나 괴롭히는 것이 옳은 일이라고 확신합니까?"라는 질문을 던졌을 때만큼이나 불편한 모양이었다. 그들의 직업세계에서는 두 질문 모두 편안하게 받아들여지지 않으리라. 그 동안의 충분한 과학 연구를 통해 새의 뇌는 우리가 미처 깨닫지 못한 엄청난 능력을 지닌 부위라는 사실이 드러났다. 그처럼 생물체의 머리를 잘라내며 마음 편할 사람이 어디 있겠는가? 명금류의 수컷이 세력권 방어와 짝 유인 모두를 동일한 음악을 활용하여 충족시킨다는 사실이 놀랍지 않은가? 누가 진화의 결과로서 그처럼 아름다운 음악을 예견했겠는가?

오페르 체르니호프스키는 화면에 점들이 그려내는 패턴과 삼각형이 맥동하는 모습이 퍽 아름답다고 생각하는 모양이었다. 그에게 그 아름다움을 믿게 한 것은 직관이지만, 과학자의 미소에는 그 아름다움이 수많은 노래 데이터로 뒷받침되고 있다는 자신과 확신이 배어 있었다. 하지만 그 패턴은 왜 거기에 노래가 있는지 설명하지 못했다. 페르난도 노트봄은 새들의 노래학습 및 노래에 대한 반응의 관찰에 관한 패러다임을 한 마디로 이렇게 요약했다. "각 종을 일일이 찾아다니며 어떤 소리가 좋게 들리냐고 물어보셔야 하죠." 노트봄은 나에게 그런 방식을 고수할 것을 권하며 말을 이었다. "생각하고 계신 그 완전히 음악적인 접근법에 정말로 심란해지는군요. 새가 듣기 좋아하는 소리가 우리 귀에 기분 좋게 들리지 않을지도 모릅니다. "새는 왜 노래하는가?"라는 질문은 새들 자신에게 던져야 합니다." 나는 노트봄에게 물었다. 그렇다면 왜 새의 노래가 흔히 우리 귀에 아름답게 들립니까? 그리고 완전히 우리의 음악과 같지 않다고 해도 질서와 형태, 패턴이 수학적 의미에서 아름다운 이유는 또 무엇입니까?

노트봄은 나를 바라보며 되물었다. "그런데 어째서 유독 새의 노래에 집착하시는 겁니까?" 나는 자초지종을 설명했다. 우선 조류사육장에서 어떤 새와 음악을 연주하게 되는 경위를 밝힌 뒤, 그 새가 정말 날 놀라게 했으며 내 음악에 변화를 줬고 그래서 이런 탐구에 나서게 되었다고 말했다. 하지만 이즈음 노트봄은 주의력이 흐트러진 것 같았다. "아" 노트봄이 창 밖의 숲 쪽으로 시선을 돌렸다. 거기서 이상한 소리가 몇 차례 들렸다. "이유를 따지고 드는 질문은 아주 좋지 못한 방식의 질문이 아니겠습니까? 어떤 일을 하고 있는데 사람들이 그 일을 왜 하냐고 물어올 때 마침 작화(기억장애 등으로 공상을 실제 경험담처럼 말하며 자신은 그것이 허위임을 인식하지 못하는 현상 - 옮긴이) 증세가 일어났다면 급조한 답을 떠올릴 게 뻔하니까요."

새의 내부를 파악하면 새가 노래 부르는 이유가 밝혀질 것이라고 상상하는 것은 무방하지만, 우리 인간은 우리 자신이 그런 궁극적인 질문에 대한 우리만의 성급한 답을 너무 쉽게 믿어버린다는 현상을 잘 알지 않은가. 우리의 내성內省(자기관찰)은 신뢰하기에는 변수가 너무 많다! 나는 복잡하기 그지없는 노래들의 매력에 여전히 사로잡혀 있다. 물론 새 해부로 놀라운 사실들이 드러났지만 새가 불러대는 그 노래에서 배울 것이 훨씬 더 많다. 우리는 첫머리에서부터 중간을 거쳐 끝에 이르기까지 새의 음악이 조화를 이루도록 만드는 요소를 알아내려면 가능한 도구를 총동원해야 한다.

흉내지빠귀

CHAPTER 8

흉내지빠귀와 함께 귀기울이기

해가 갈수록 명금의 발성에 관해 더 많은 사실이 드러나고 있다. 소리를 내는 데 관해하는 기관鳴管으로 뇌 다음으로 중요한 기관은 울대syrinx이다. 시링크스syrinx는 그리스 신화에 등장하는 요정 이름이다. 목신 팬Pan이 시링크스를 사랑했는데 이 요정이 팬을 피해 달아나다 갈대로 변하자 실망한 팬이 이 갈대를 하나씩 꺾어 만든 것이 팬의 피리 즉 팬파이프panpipe가 되었다고 한다. 대부분의 새는 울대가 좌우로 나뉘어져 있는데, 동시에 별개의 독립된 소리를 낼 수 있다. 가끔 새가 한 번에 여러 곡의 노래를 부르고 있는 듯 보이는 이유 중 하나다.

명금은 다섯 쌍의 근육이 울대를 둘러싸고 울대 위쪽에 다른 한 쌍의 근육이 기관氣管을 감싸고 있어 공명관들을 간접적으로 압박한다. 거문고새는 세 쌍의 근육만으로도 묘기에 가까운 놀라운 발성 솜씨를 뽐낸다. 뇌와 마찬가지로 울대도 좌우가 대칭적으로 동작하지 않는다. 왼쪽이 우세하다. 기관에서 부리에 이르는 새의 성도聲道의 나머지 부분은 많은 새소리에서 느껴지는 맑은 플루트 같은 울림을 조절하는 역할을 한다. 원하는 소리의 음조가 높을수록 부리를 더 크게 벌려야 한다. 울대의 음역과 좌우가 교차함에 따라 새는 부리를 빠르게 벌렸다 다물었다 한다. 이 모든 근육이 동시에 작동하는 원리를 정확히 아는 사람은 없지만, 흉내지빠귀에 관한 최근의 연구는 노래하는 새들 대부분이 동일한 발성 방식을 공유하고 있다는 사실을 보여준다.

듀크대학교Duke University의 생물학자 스티븐 노위키Stephen Nowicki는 복잡한 노래를 부르는 새를, 어려운 악보를 빠른 템포로 연주하는 인간 음악가에 비유했다. 높은 음조의 트릴을 계속 반복적으로 내는 새가 있다고 상상해 보자. 브르르르르… 이 트릴은 각각의 단편이 정확한 형식을 취하고 있는데, 그 형식은 울대 안에서 진동막을 둘러싼 근육들이 진동막을 팽팽하게 잡아당겨 모양을 고정시킴으로써 생성된다. 소리가 지속적으로 발생하기 위해서는 공기가 허파에서 기관을 거쳐 계속 뿜어져 진동막을 진동시킬 필요가 있다. 여기에는 소리내기를 멈추는 그 잠깐 사이에 숨을 들이마시는 '소小호흡minibreath'이라는 일련의 과정이 수반된다. 선율의 곡선을 따라 음이 높아졌다 낮아짐에 따라 부리가 벌어졌다 다물었다 한다. 노래를 부르다 보면 춤을 추거나 특정 자세를 취해야 할지도 모른다. 이 모든 동작은 몇 번이고 되풀이하여 정확히 반복되어야 한다. 노래하기는 뇌만으로 이루어지지 않는다. 새의 각 부위가 동시에 작동해야 한다.

뉴욕 소재의 시티칼리지City College에 자리 잡은 오페르 체르니호프스키의 연구소에는 아야나 알렉산더Ayanna Alexander라는 연구생이 금화조의 울대를 직접 다루는 법을 익히고 있다. 그녀가 밝힌 방식은 이러하다.

"우선 몸에서 울대를 꺼내야죠. 수컷 성체이기만 하면 어떤 놈이든 상관없습니다. 여유분도 넉넉한 편이고요. 먼저 흉강胸腔(심장, 폐 따위가 들어 있는 가슴 안쪽의 빈 부분 – 옮긴이)을 엽니다. 다음엔 기관을 위쪽으로 부리 근처까지 자릅니다. 기관의 꼭대기까지 절개하고 나면 비로소 울대를 들어 올리죠." 비틀어 잡아 올려 꺼낸 울대는 재빨리 다루지 않으면 안 된다.

앞쪽에 위치한 근육 중 하나를 조금 잘라 기관지의 세 번째 고리와 연결된 지점까지 잡아당긴다. 그 근육 조각에 짧은 은선silver wire 가닥을 부착한다. 이 은선 가닥으로 근육 조각을 다루려는 것이다. 이번에는 울대를 뒤집어 등쪽의 근육 중 하나를 잘라 여기에도 은선 가닥을 붙인다. 그리고 두 은선 가닥을 양손으로 다룰 수 있게끔 긴 나무 막대기 몇 개에 연결한다. 울대의 끝에는 진공청소기나 펌프를 단다. 그 공기 조절 장치를 켜고 은선 가닥을 이리저리 움직인다.

바로 이거다! 이제 인간은 울대를 다룰 수 있는 경지에 이르렀다. 물리적으로 '새-되기'에 한 걸음 다가 선 셈이다.

육체에서 분리된 울대는 겨우 몇 시간 동안만 축축한 상태를 유지하므로 알렉산더에겐 실습 시간이 많지 않다. 지금까지 그녀가 다룰 수 있는 소리라고 해봐야 높은 음조의 희미한 날카로운 울음소리 몇 종이 전부다. 그나마 새가 1초에 수회씩 내뱉는 소리와 전혀 다르다. 알렉산더는 매일 새로운 울대가 필요하다. "이 새들을 죽이는 건 정말 유감이에요. 새가 사람들에게서 배운 노래를 부르고 나면 제가 녀석을 죽입니다. 썩 마음 내키는 일이 아니죠. 정말이지 전 그 일을 옳다고 생각할 수 없어요. 죽이기

싫은 게 솔직한 제 심정입니다." 알렉산더는 곧 인간의 발성기관만큼이나 큼직한 일종의 기계식 인공울대가 등장하여 그것으로 실습할 날이 오기를 바란다. 그렇게 되면 그녀는 좀 더 여유를 갖고 자신의 '악기' 다루는 법을 익힐 수 있을 뿐 아니라, 지금까지 월리스 크레이그를 비롯해 어떤 과학자도 진지하게 고려한 적이 없는 경험, 즉 인간이 새가 노래하는 것처럼 노래할 때 어떤 기분이 드는지 다소나마 알게 될 것이다.

단 하나의 트릴을 내는 것조차 이처럼 힘든 일로 여겨진다. 하물며 똑같은 방식으로 결코 표출되지 않도록 자신을 둘러싼 세상의 모든 소리를 신중히 혼합하는 일은 얼마나 힘들지 생각해 보라. 바로 흉내지빠귀가 그런 노래를 부른다.

19세기 노래 중에 가장 대중적인 사랑을 받는 몇 곡은 셉티머스 위너 Septimus Winner(1827~1902)의 작품이다. 1855년 그의 최대 히트작이 탄생했다. 위너의 대표곡은 대부분 앨리스 호손Alice Hawthorne이라는 필명으로 발표되었는데, 이것은 남성이 여성으로 가장하여 공적 영역에서 성공을 거둔 보기 드문 예이다. 위너는 거실에 앉아 이웃집 안뜰에 놓인 새장 속에서 흉내지빠귀가 부르는 노래를 듣고 있었다. 바로 그때였다. 난데없이 두 번째 가수가 끼어들어 노래가 이중창이 되었다. 새인가? 흉내지빠귀와 호흡을 맞추고 있는 주인공은 맨발의 소년이었다. 위너는 인간과 새가 하나가 된 이 장면을 주제로 곡을 지었다. 위너의 곡은 이런 식으로 진행된다.

난 지금 할리의 꿈을 꿔요.

귀여운 할리. 사랑스런 할리.

지금 내 꿈에 할리가 보여요.

그녀에 대한 생각이 결코 사라지지 않기 때문에.

할리가 계곡에서 잠을 자요.

계곡이에요. 계곡.

그녀가 계곡에서 잠을 자네요.

그리고 할리가 누워 있는 곳에 흉내지빠귀가 노래 부르고 있어요.

흉내지빠귀에 귀기울여요.

흉내지빠귀에 귀기울여요.

그녀의 무덤 위에서 흉내지빠귀가 노래 부르고 있어요.

흉내지빠귀에 귀기울여요.

흉내지빠귀에 귀기울여요.

수양버들이 나부끼는 그곳에서 여전히 노래 부르고 있어요.

(후략)

발표 당시 '흉내지빠귀에 귀기울여요Listen to the Mockingbird'(1855)는 그 어떤 노래보다 빠르게 퍼져 나갔다. 에이브러햄 링컨Abraham Lincoln(1809~1865)은 이 노래를 이렇게 평했다. "이 곡이야말로 진정한 노래다. 꼬마 아가씨의 웃음소리만큼 순수하고 감미롭구나." 로버트 에드워드 리Robert Edward Lee(1807~1870, 미국 남북전쟁 당시 남군지휘관)의 항복과 함께 남북전쟁이 종식되자 사람들은 백악관 잔디 광장에 모여 바로 이 곡에 맞춰 춤을 췄다. 그리고 영국의 왕 에드워드 7세King Edward VII(1841~1910, 재위 1901~1910)는 개구쟁이 시절 휘파람으로 부르던 이 곡을 평생 잊지 않았다고 한다.

19세기 말까지 전세계적으로 팔려나간 낱장 악보가 2천만 부를 넘을 정도로 '흉내지빠귀에 귀기울여요'는 전세계인의 애창곡이었다.(주1) 1950년도 미국 전체 인구가 3천만에 불과했던 점을 감안하면 오늘날 그 어떤 인기가요보다도 대단한 명성을 누린 셈이다.

'흉내지빠귀에 귀기울여요'는 흉내지빠귀가 부른 실제 멜로디에서 무엇을 찾아냈을까? 거기에는 리듬과 반복은 물론, 대조와 중단으로 이루어진 코다coda도 갖춰져 있다. '흉내지빠귀에 귀기울여요'는 월트 휘트먼이 「끝없이 흔들리는 요람으로부터」에서 자연 속의 삶을 표현한 반복적인 비트만큼 흥분시키지는 않지만 음악적 정력이 남다른 이 미국의 새에게 경의를 표하고 있다. 20세기 중반에 프레드 로워리Fred Lowery(1909~1984, 휘파람으로 새소리를 잘 흉내 냈던 미국의 맹인)가 녹음한 테이프에는 이 새가 붉은홍관조의 날카로운 울음소리를 흉내 낸 것도 섞여 있다. 설령 명금인 붉은홍관조를 비롯한 모든 새의 노래 부르기가 체계적인 지적 음악을 만드는 과정처럼 여겨진다 해도 흉내지빠귀는 인간이 듣고 해독할 수 있으리라 짐작되는 속도로 그 과정을 밟는 새인 것이다.

그렇지만 나이팅게일이 구세계에서 칭송받는 새인 것과 달리 흉내지빠귀는 신세계에서 진지하게 받아들여진 적이 없다. 흉내지빠귀의 노래는 불가사의한 사랑의 분출로 평가받은 경우보다 흉내지빠귀의 조롱mocking taunt으로 불리는 경우가 많다. 휘트먼은 이 새의 노래에서 미국 시의 수준을 한층 향상시켜줄 리듬과 음조를 찾아냈지만(불어라! 불어라! 불어라! 위로하라! 위로하라! 위로하라! 소리 높여라! 소리 높여라! 소리 높여라!Blow! Blow! Blow! Soothe! Soothe! Soothe! Loud! Loud! Loud!), 대부분의 사람들은 단순히 흉내지빠귀가 한창 노래에 열중하면서 갖가지 새소리를 흉내 낸 것에 불과하다고 생각한다. 그렇지만 가만히 귀를 기울여 들어보면 훨씬 놀랄 만한 소리가 들릴 것이다. 이 새가 주변의 소리로 정확한 구조를 갖춘 자신만의 음악을 작곡했기 때문이다. 음악적으로 만족스럽고 아름다운 곡이지만 누구도 그런 사실을 알지 못했다. 노래의 선율이 귀에 익어서인지 모두들 흉내지빠귀에게 귀기울이는 것을 공연한 시간 낭비로 여긴 것이다.

실제로 이 새는 이해하기 쉬운 명료한 리듬으로 주변의 모든 소리를 흉내 낸다. 일정한 속도의 짧고 날카로운 일련의 음. 잠깐 동안의 침묵. 종전의 음들이 한층 높아지고 빨라진다. 더욱 빨라진다. 문득 묘한 소리가 나며 선율이 하행으로 바뀌고 예의 그 음들이 멎는다. 잠시 뜸을 들이다 다른 멜로디가 흐른다. 새로운 놀이가 시작된 것이다. 새로운 놀이의 규칙은 우리가 거의 알고 있는 것들이지만 멋진 재즈솔로처럼 전혀 예기치 않은 방향으로 전개되기도 한다. 지금 흉내지빠귀가 들녘 가장 자리에 혼자 있다. 세력권을 차지하고 짝을 찾는 중이다. 이윽고 짝이 나타난다. 하지만 노래는 멈추지 않는다. 노래를 부를 필요가 없는데도 노래를 부르고 있다. 만일 녀석이 누군가를 조롱하고 있는 것이라면 그 대상은 우리임에 분명하다. 나에 대해 설명할 수 있다고 생각하는구나. 멍청이! 그래? 내 능력이 네 놀잇감 정도라고 생각해? 난 세상의 노래, 그러니까 내가 들은 것을 모두 재조합한 노래를 부르지. 귀기울여 똑똑히 들어봐. 혹 날 내쫓거나 내 말을 해독할 수 있다고 여긴다면 넌 자신을 웃음거리로 만드는 셈이야. 탁자 뒤에 앉아 조롱할 테면 얼마든지 해봐. 난 네가 전혀 무시 못할 만큼 긴긴 시간 동안 노래할 테니까.

어쩌면 나는 우리 인간에게 가혹하게 굴고 있는지 모른다. 노래를 이해한다는 것이 도대체 무얼 의미하는 걸까? 예를 들어, 베토벤의 작품을 분석하여 그것이 어째서 위대한 음악인지 이런저런 의견이 나올 수 있겠지만 그런다고 베토벤의 교향곡만큼 감동적인 작품을 내는 비법을 알 수 있는 것은 아니다. 마찬가지로 존 콜트레인의 색소폰 독주곡이 우수한 요인을 설명해 볼 수 있어도 또 다른 콜트레인은 결코 나타나지 않을 것이다. 음악은 수학적인 동시에 순간적이며 우리의 가슴과 영혼을 적시게 만드는 규칙을 따른다.

음계와 음고가 등장하기에 앞서, 음악은 생명의 리듬에서 나타났다. 그저 흥에 겨워 절로 나오는 리듬은 단 한 번의 비트로 끝나지 않고 소리가 일정 간격을 두고 반복된다. 우리는 그 리듬에 마음을 뺏겨 지루할 틈이 없다. 하나 둘 셋 넷 다섯 여섯. 하나 둘 셋 넷. 하나 둘. 하나 둘 셋 넷 다섯 여섯. 다섯. 넷. 다섯. 넷. 그렇다면 흉내지빠귀는 소리를 몇 번이나 반복할까? 이 새는 소리를 축약하고 순서를 바꿔서 대뜸 낮췄다 높여본 뒤 다시 한 번 마지막 과정을 밟는다. 그리고 결국엔 파랑어치blue jay, Cyanocitta cristata의 날카로운 소리를 내보기도 한다. 녀석은 그 소리를 압축하고 내가 음악 소프트웨어로 소리를 다루는 바로 그 방식으로 완전히 다른 형식의 소리로 변형한다. 이 새는 무슨 이유로 이런 작업을 하고 나는 또 왜 이런 작업을 하는가? 머리에 떠오른 어떤 영감을 시험하고 연주로 표현하기 위해서다. 그리고 내가 뒷받침할 수 있는 리프로 바꾸기 위해서다. 음악적 '질의' 에 해당하는 프레이즈는 우선 *부우 페 아 푸우*가 두 번 반복된 뒤 빠른 음으로 이어진다. *스닙!* 프레이즈의 마무리짓는 소리는 반대로 느려서 이 음과 좋은 대조를 이룬다. 여섯. 다섯. 여섯. 넷. 넷. *스니이이워. 스니이이워.*

흉내지빠귀의 노래는 길다. 지금까지 살펴본 새 중에 음의 풍부함과 복잡함에서 흉내지빠귀에 근접하는 새는 늪개개비뿐이다. 사실 늪개개비의 노래가 더 복잡하다고 말할 수 있다. 다른 새의 짧은 멜로디 단편들을 초고속으로 연이어 뱉어내기 때문이다. 늪개개비가 조류 음악계의 찰리 파커라면, 적절한 간격을 두고 리프를 반복하는 흉내지빠귀는 오넷 콜맨 Ornette Coleman(1930~ . 미국의 색소폰 주자이자 작곡가로 1960년대 프리재즈의 창시자 중 한 명이다.-옮긴이)라고나 할까? 흉내지빠귀의 소리를 해독하는 것은 늪개개비의 소리에 비해 훨씬 쉬워 보인다. 이해하기 쉬운 박자단위로 이루어진 흔들거리는 재즈풍의 리듬이 인간의 박자와 더 가깝기 때문이다. 리듬과 다양성이 우리의 가청범위 내에 있다. 그래서 흉내지빠귀 노래의 비밀을 풀어보려 한 사람이 없었다는 사실이 더욱 놀라운 것이다.

느린 속도로 들을 때의 늪개개비의 노래와 달리 흉내지빠귀는 단순히 다른 새의 소리를 차례대로 반복하지는 않는다. 전혀 딴판이다. 레퍼토리 내의 음을 3~6번씩 반복하여 정확한 리듬 패턴을 형성한 다음 이 음의 그룹을 결합하여 과학자들이 '바우트bout'라고 부르는 단위를 만든다. 솔직히 말해 이 모두는 다소 주관적이다. 음악가인 내가 들을 적엔 각각의 음이 그룹으로 묶여 모티브가 형성되고 그 모티브가 엮여 프레이즈를 만들며 각 프레이즈는 명확한 음악적 느낌을 준다. 츠츠츠. 테 쿠 테 쿠 테 쿠 카 카 카 카 카. 휘스닙. 이 수준의 프레이즈는 구조가 분명 음악적이다. 5~50초간 지속되는 각 프레이즈를 실제로 완전한 곡으로 보느냐 혹은 단순히 수 분짜리 노래의 일부로 보느냐는 이 새의 노래를 들을 때의 열의의 정도 혹은 이 새가 자신의 노래에 귀기울이고 있다는 상상의 정도에 주로 달려 있다.

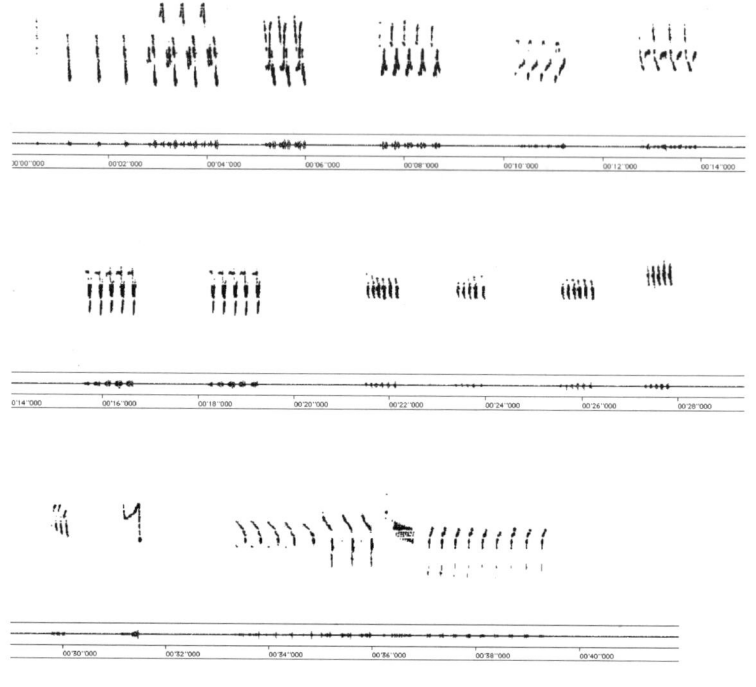

30분짜리 흉내지빠귀의 노래 중 40초 분량을 나타낸 소노그램

피터 말러는 이 문제가 주로 프레이즈와 프레이즈의 간격이 얼마나 되느냐의 물음이라고 생각하지만, 흉내지빠귀의 프레이즈들은 간격이 일정하므로 이 경우에는 정확한 분석 단위를 정하기가 곤란하다. 따라서 어쩌면 완전히 비과학적인 방식일 수 있겠으나, 30분짜리 흉내지빠귀의 노래 중 40초 분량만 떼어 자세히 살펴보기로 하자. 나머지 29분 동안 이와 정확히 같은 순서의 모티브는 나타나지 않는다. 여기 발췌한 부분은 하나의 긴 프레이즈일 수도 있고 중간에 아주 짧게 끊어진 두 개의 짧은 프레이즈일 수도 있다. 아주 긴 시간을 다루려다 보니 앞서 살펴본 소노그램들

에 비해 훨씬 압축된 형태가 되었다. 이 예는 프린트 용지 절반에 약간 못 미치는 분량이다. 곡 전체를 인쇄하면 대략 45장이 필요하며 어떤 프레이즈도 서로 정확히 일치하지 않을 것이다. 하지만 우선 이 40초짜리 프레이즈부터 생각해 보자. 누가 보더라도 질서가 명확히 잡혀 있음을 알 수 있다. 마치 해독되기를 기다리는 암호처럼… 머릿속에 새소리 카탈로그를 그려놓을 정도로 다양한 새의 노래를 귀담아 듣는 사람들에게 흉내지빠귀는 뿌리칠 수 없는 매력을 갖고 있다. 이 새의 노래엔 노래란 노래가 모두 요약되어 있기 때문이다. 더구나 흉내지빠귀의 노래는 다른 새들의 곡을 사정없이 쏟아내지 않고 주변의 노래를 차례대로 꼼꼼하게 보여준다.

지금까지 살펴본 도구를 총동원하여 이 노래를 분석해 봤다. 우선 가스탱과 슈비터스의 기법으로 언어의 한계를 확장했다. 각 그룹을 이루는 음절들은 거의 같은 간격을 두고 띄어져 있어 그룹 전체에 통일된 리듬을 주며 프레이즈 전체가 음악에 훨씬 가까운 느낌을 준다. 각 모티브는 다양한 새의 노래를 상기시키지만 때로 흉내지빠귀가 손질을 가해 변질된 경우도 있는 것 같다. 자, 그럼, 시작해 보자!

칙 추 추 추	4	[다양한 신호음]
이푸치 이푸치 이푸치 이푸	4	[캐롤라이나굴뚝새]
치우 치우 치우	3	[가마새?]
프위 프위 프위 프위 프위	5	[붉은홍관조]
우위 우위 우위 우위	4	[파랑어치 소리로 바뀌는 중?]
추위 추위 추위 추위	4	

피우 피우 피우 피우　　4 [댕기박새(tufted titmouse, Baeolophus bicolor)?]
피우 피우 피우 피우　　4 [정확히 똑같게]

음절 간의 간격이 좀 더 벌어지고 속도가 빨라진다.

츠 츠 츠 츠 츠 츠　　6
츠 츠 츠 츠 츠　　5 조금 낮게
츠 츠 츠 츠 츠 츠　　6
시 시 시 시 시　　5 조금 높게
시시우　　3 [버들솔딱새, 즉 산적딱새류에 속하는 명금의 코다?]
치-이우　　2 [실제 속도보다 느린 가마새 울음?]
피아 피아 피아 피아 피아　　5 [파랑어치]
피업 피업 피업 치 르르르르르르　　3-2 [어치의 울음소리가 짧아지며 붉은꼬리매의 울음소리로 바뀌는 중?]
웨투 웨투 웨투 웨투 웨투 웨투 웨투 웨투 웨투　　9 [쇠부리딱다구리 (Common flicker, Colaptes auratus)?]

　여기까지다. 그런데 음절 표기가 왠지 마음에 들지 않는다. 소노그램을 보자. 역시 일정한 그룹을 보여주고 있다. 각 덩어리가 다음 덩어리와 연결된 양상이 마치 소리의 암호문 같다. 이웃한 두 모티브 사이에는 어떤 관련성이 있을까? 이 프레이즈는 각각 4개의 음, 총 8개의 음으로 이뤄진 두 개의 모티브로 시작해 18개의 음(5+3+1, 9)으로 이뤄진 장황한 진술로 끝난다. 나는 이 프레이즈를 듣고 구조가 보이지만, 그 구조를 도식으로 나타내고 싶지 않다. 그저 그 구조의 일부가 되고 싶다.

흉내지빠귀의 노래를 듣던 중 캐롤라이나굴뚝새의 울음소리에서 가마새의 울음소리로 변하는 순간 호기심이 동했다. 보통 캐롤라이나굴뚝새는 *티케틀 티케틀 티케틀*teakettle teakettle teakettle하며 우는 새로, 가마새는 *티처 티처 티처*teacher teacher teacher하며 우는 새로 알려져 있다. 그런데 여기선 셋잇단음이 세 번 반복되다가(*이푸치 이푸치 이푸치*ipuchi ipuchi ipuchi) 두잇단음으로 넘어가 역시 세 번 반복되고 있다(*치우 치우 치우*chiu chiu chiu). 중간에 낀 *이푸*는 셋잇단음에서 두잇단음으로 빠르게 전환되었음을 암시한다. 캐롤라이나굴뚝새와 가마새는 어떤 관계에 놓여 있을까? 두 새 모두 덤불에 숨으면 가까이에서 지내 눈에 잘 띄지 않으며, 작은 덩치치곤 꽤 쩌렁쩌렁한 노래를 부른다. 하지만 캐롤라이나굴뚝새는 셋잇단음을 내고 가마새는 두잇단음을 낸다. 두 노래가 어떤 관련성이 있는 걸까? 우연히 뒤적인 새의 노래에 관한 책의 내용만 놓고 보면, 그 둘 사이에 밀접한 관련성은 찾기 힘들었다.

흉내지빠귀가 이 문제에 관해 뭔가 알고 있으리라고 믿고 싶다. 녀석은 두 노래가 소리 나는 방식 간에 이러한 관계가 있다는 사실을 인식하는지도 모른다. 우리는 그 관련짓기 감각을 전수받아 요긴하게 쓸 수 있을 것이다. 적절히 활용하면 다양한 새소리 패턴의 기초가 되고 있는 형식들을 통합할 수 있을 테니 말이다. 작곡가로서의 흉내지빠귀는 자신이 들은 모든 소리를 특별한 방식으로 다룬다. 이 새의 노래는 음절을 서너 번 혹은 대여섯 번 아니면, 이 프레이즈에서처럼 아홉 번씩 반복하여 그룹으로 묶는데 그 그룹은 정확히 반복되는 법이 없다. 노래를 듣기 시작한 지 6분이 지났을 때였다. 이 프레이즈의 끝부분과 비슷한 형식을 지닌 소리가 들렸다. 차이는 미미했다. 음절의 반복횟수가, 여섯 다섯 여섯 다섯이 아니라 여섯 다섯 여섯 다섯으로 이어졌다. 둘 다 마지막 모티브가 다소 컸다. 곧이어 파랑어치의 울음소리와 붉은꼬리매의 울음소리를 섞어 놓은 긴 '장식' 프레이즈도 들렸다. 먼젓번 것과 길이도 같고 결정적인 박력의 여전했지만 음이 정확히 일치하지 않았다. 흉내지빠귀는 기계적으로 암기한 '패키지'를 도로 쏟아내는 기계가 아니다. 어쩌면 100~200개의 음절을 기억해 뒀다가 노래 부르는 순간마다 조금씩 다르게 묶는 방식을 이용하는지도 모른다.

　이 새가 캐롤라이나굴뚝새의 노래와 가마새의 노래 간의 유사성을 인정하고 있다는 사실은 이후에 나타난 모티브를 통해서도 알 수 있다. 티케틀teakettle과 티처teacher에서 일부씩 떼낸 티-츠tea-chhr가 그것이다. 이 음절은 각각 네 번, 다섯 번 반복된 후 빠르게 여섯 번 반복되었다. 그러는 동안 이 모티브의 각 부분을 이루는 음절은 조롱하는 듯한 묘한 파랑어치의 소리로 변하는 경향을 보였다. 흉내지빠귀는 반복과 유사성, 대조 사이의 균형을 즐기는 것뿐 아니라 이런 음색을 가미하는 것도 큰 허물로 치지 않았던 것이다. 이 프레이즈의 리듬은 얼마나 정확할까? 나는 이 노래를 다양한 속도로 들어 보며 채보해 봤다. 속도가 느려지자 새로운 수준의 리듬이 속속 드러났다. 그중에는 실제 속도로 진행되는 노래에선 전혀 보이지 않는 형식의 리듬도 있었다. 노래의 규모가 커지자 순식간에 지나가버리는 노래를 들을 때보다 내 귀를 더 신뢰하게 되었다. 음악적 장식을 많이 이용한 쇠케와 달리 나는 음악적 프레이즈가 뚜렷하게 나타나도록 단순화한 채보를 선호한다. 두 옥타브 반 낮게 조옮김하고 속도를 정상수준의 3분의 1 정도로 줄이자 음악요소들이 뚜렷하게 나타났다.

악보로 옮긴 흉내지빠귀의 노래 중 앞서 말한 40초 분량

이런 식으로 채보하고 나니 박자의 변화가 보였는데, 4/4박자에서 5/4박자와 6/4박자를 거쳐 7/4박자, 그리고 다시 5/4박자로 진행했다. 각 모티브에서 음절의 반복횟수가 많아지는 부분에서뿐만 아니라 모티브와 모티브의 간격이 벌어지는 부분에서도 박자가 변하는 것이 분명했다.

인간이 흉내지빠귀의 노래를 기록하는 방식들은 저마다 이 새가 남다른 모방 감각을 지녔음을 드러낸다. 이 새의 노래에서 여전히 가장 놀랄 만한 대목은 작곡 과정에서 거의 드러난다. 흉내지빠귀의 노래는 *티케틀*과 *티처*에서 *페오우*peoow와 *케 츠이이이어*ke chhiiiiir로 진행함에 따라 주변의 모든 새소리를 반영할 뿐 아니라 그런 소리가 어느 정도나 서로 비슷한지 나타내고 있다.

흉내지빠귀의 노래에 관해 다른 과학자들은 어떻게 생각했을까? 특히 윌리스 크레이그는? 크레이그는 200쪽에 달하는 논문에서 겨우 세 종류의 소리만으로 구성된 숲타이란트새의 노래를 다루며 그 노래야말로 새의 음악을 대표할 만하다고 주장했다. 하지만 그는 흉내지빠귀도 꽤 멋진 가수임을 인정했다. 물론 한 곡 출력에 인쇄용지 40장이 필요하다는 사실을 알았다면 진저리쳤을지 모르지만. 크레이그도 흉내지빠귀의 향연에서 완벽의 경지를 느낄까? 내 생각에는, 끝없이 노래 부르려는 엄청난 의지와 함께 생기와 활력을 발견할 것 같다. 어쩌면 어떤 노래를 다른 곡으로 왜곡하는 경향, 그러니까 현실의 소리구조를 엉클어뜨리고자 하는 다소 발전된 욕구를 찾아낼지도 모른다. 그리고 나서 이처럼 다른 새의 소리를 완전히 다른 소리로 변형하려는 경향, 즉 소리를 네 번, 다섯 번 혹은 여섯 번씩 반복해 그룹화함으로써 생기는 리듬의 기초가 될 여지가 없는 이런 경향이 "그런 결과가 나타나기 이전"부터 존재했으며 따라서 흉내지빠귀의 노래는, 치피참새chipping sparrow, Spizella passerina의 노래와 같은 좀 더 단순한 리드미컬한 새소리에, 우리의 관심에서 다소 벗어나 있는 회색고양이새의 독창성을 결합하여 발달한 것일 수도 있다고 주장할지 모른다. 크레이그는 흉내지빠귀의 노래를 훌륭한 기량에 열광하는 자연선택으로 받아들이면서도 그 최종적인 형식을 설명해줄 음악적인 이유, 즉 내게는 신봉의 대상이지만 설명의 대상이 아닌 바로 그 아름다움을 설명해줄 진화론적 근거를 찾으려 할 것이다.

여기서 염두에 둬야할 것이 있다. 조류세계에서 모방이 성행하는 이유가 분명하지 않다는 것. 그리고 속임수에 넘어가 자신의 소리를 모방당하는 새는 없다는 것 말이다. 사실 노래를 더욱 복잡하게 만드는 것은 어려운 일이 아니다. 하지만 흉내지빠귀는 그 이상이다. 이 새는 자신을 제외한 다른 새의 노래와 혼동되지 않도록 자신만의 규칙으로 작곡한다. 살아 있는 새 중에서 이 새만큼 여러 새소리를 잘 끼워 맞추는 새도 없다. 이 새가 모방하는 대상은 오직 모든 가능성과 변화하는 상호관계에 귀기울이기를 거부하는 존재뿐이다. 하지만 그 말은 자신을 제외한 모든 종을 모방한다는 의미일 것이다.

과학이 이 종의 노래와 씨름하기를 두려워하는 이유 중에는 그처럼 복잡한 것을 일반화하기가 어려운 탓도 있다. "수많은 논문이 흉내지빠귀를 다루려다 실패했죠." 도널드 크루즈마가 경고했다. 어떤 특성이 이 새소리 고유의 것이라고 결론내린 순간 다음 흉내지빠귀가 완전히 다른 노래를 부르는 식이다. 모든 새는 개성을 지닌 개체다. 특히 흉내지빠귀는 유달리 독자적인 성향의 노래를 부른다. 이 새는 창조하기 위해 산다.

언젠가 일부 과학자들이 흉내지빠귀가 현재는 멸종해 볼 수 없는 새들의 신호음과 노랫소리를 흉내 내고 있을지 모른다는 놀라운 의견을 제기한 적이 있다. 흉내지빠귀의 노래 중 85%는 어떤 새의 노래를 흉내 낸 것인지 쉽게 식별되지 않는 소리, 그래서 더 이상 우리와 함께 있지 않는 새가 불렀던 것이라고 짐작되는 소리가 차지하고 있어서, 화려한 팡파르가 아니라 죽은 새들을 애도하는 만가라는 주장이었다.(주2) 하지만 오늘날 이러한 견해를 지지하는 조류학자는 거의 없다. 흉내지빠귀가 부르는 노래는 그 근원을 추적해보면 대부분 이 새가 자신이 직접 접한 환경에서 들은 특정 소리이다. 심지어 시계 소리나 차량 경보기를 흉내 낸 소리를 들었다는 사람도 있는데 내 생각으론 그런 소리 나는 기계가 흉내지빠귀의 소리에 적용되는 원리와 거의 같은 원리로 제작되었지 싶다.

흉내지빠귀는 누구를 위해 노래 부르는 걸까? 크고 맑으며 정력적인 소리의 특성에 비추어 대부분의 사람들은 이 저돌적인 노래가 주로 세력권 방어용일 것이라고 짐작했다. 하지만 1987년 란달 브라이트비슈와 조지 화이트사이즈George Whitesides의 실험에선 의외의 결과가 나왔다. 흉내지빠귀 수컷이 다른 수컷의 영역에 미치지 않도록 자신의 세력권 안에 제한하여 노래를 부르는 것 같았다. 이것은 흉내지빠귀가 경쟁자 수컷을 퇴치하기 위해서가 아니라 짝을 유인하기 위해 노래를 부른다는 것을 암시한다. 짝이 있는 흉내지빠귀는 침입자를 자신의 땅에서 쫓아버리는 상황에서 단호하게 행동하긴 해도 노래참새와 달리 보통 노래를 부르지 않았다. 연구자들의 예상이 완전히 빗나간 셈이었다.

그렇지만 전직 생물학자이며 현재 플로리다에서 지역계획가regional planner로 활동 중인 피터 메리트Peter Merritt가 흉내지빠귀에 관해 아주 정교하고 상세한 연구를 수행하여 발표한 논문에 따르면 장황한 노래를 부르는 흉내지빠귀가 반드시 최적의 세력권을 차지하고 있거나 짝짓기 성공률이 가장 높은 새는 아니다. 번식률 1위에 오른 수컷은 노래를 아주 적게 부른 축에 끼어 있었다! 자신을 선전하는 행위보다 짝짓기에 더 많은 시간을 할애한 결과였다. 그렇다면 그 멋진 노래는 무슨 소용이 있단 말인가? 메리트는 흉내지빠귀의 놀랄 만한 가창 능력이 수컷이 잠재적인 짝에게 자신의 학습 능력을 과시하는 수단으로서 발달했을지 모른다고 가정했다.

짝이 없는 수컷은 짝이 있는 수컷보다 많은 노래를 불렀다. 그렇지만 대부분의 새와 달리, 흉내지빠귀 수컷은 교미 직전과 교미 중에 노래 부르는 경향이 있다. 메리트는 그런 광경을 정확히 여섯 번 목격했다.

매번 교미에 앞서 암컷은 땅바닥에 있고 수컷은 높은 나뭇가지에 앉아 노래를 불렀다. 한 번은 암컷이 날개를 퍼덕이자 수컷이 몇 미터 떨어진 지점에 내려와 앞으로 걸음을 옮긴 적이 있다. 수컷은 거리가 0.5미터로 좁혀지자 암컷 주위를 한 바퀴 반 돌았다. 그러고 나서 암컷 위에 올라탄 몇 초간 거기에 그대로 있었다.(주3)

수컷은 암컷에서 떨어질 때까지 노래를 계속 불렀다. 실제 짝짓기에 걸린 시간보다 노래 부른 시간이 훨씬 길었다. 흉내지빠귀의 경우 노래는 교미로 이어지고 짝짓기보다 노래 부르기에 훨씬 많은 시간을 할애한다. 우리는 노래를 목적 그 자체로 인정해야 할까?

흉내지빠귀는 정확히 어떤 방식으로 그처럼 다양한 새소리를 낼까? 인디애나주립대학University of Indiana의 수 앤 졸링어Sue Anne Zollinger와 로더릭 서더스Roderick Suthers는 흉내지빠귀야말로 울대의 정확한 작용에 간한 실험의 이상적인 피실험자라고 생각했다. 서더스는 직접 울대를 다루려 하지는 않았지만 새가 노래 부르는 동안 울대가 기능하는 정확한 방식을 알아보려면 어떤 식으로 울대를 둘러싼 근육에 작은 철사를 끼워야 하는지는 이미 알고 있었다. 정교한 수술로 철사와 조그마한 녹음 장치가 삽입되었다. 실험이 끝나자 흉내지빠귀는 삽입물이 모두 제거된 뒤 조류사육장으로 돌아갔다. 흉내지빠귀의 노래 한 곡 한 곡에는 과학자들이 분석할 데이터가 엄청나게 담겨 있었다.

졸링어는 발음하기 어렵다고 알려진 갖가지 새소리를 새겨 새들에게 가르쳤다. 갈색머리탁란찌르레기는 앞서 언급했듯이 가장 큰 음역을 가진 북미의 명금이다. 이 새가 목구멍으로 내는 소리는 200Hz에서 갑자기 11,000Hz로 커지기도 한다. 갈색머리탁란찌르레기는 울대의 한 쪽 부위에서 반대쪽 부위로 소리경로를 바꾸는 방식으로 그처럼 놀라운 소리의 변화를 일으킨다. 반면, 흉내지빠귀의 음역은 겨우 740~6,700Hz이다. 그렇다면 어떤 방식으로 물리적으로 소화할 수 있는 이상의 노래를 흉내 낼까? 물론 새끼새들도 울대의 양쪽 부위를 번갈아 가며 노래 불렀다. 그리고 감당할 수 없는 음은 생략하거나 음역의 가장자리에 걸쳐있는 음들로 바꿨다. 시타르(북인도의 저속음 발현악기 - 옮긴이) 독주자가 위대한 스승을 따라잡으려고 애쓰는 모습에 비유할 만했다. 졸링어는 이것이 흉내지빠귀가 자신이 처리할 수 있는 범위보다 큰 음역의 소리를 들을 수 있으며 전력을 다해 그 간격을 메우려 한다는 사실을 보여준다고 생각한다. 이 새의 전략은 교사 새의 방식을 세심하게 흉내 냄으로써 원곡에 더 가깝게 다가가자는 것이었다.

   졸링어와 서더스는 흉내지빠귀가 붉은홍관조가 내는 부드럽게 하향하는 프위 프위 프위 프위pwe pwe pwe pwe하는 울음소리를 울대의 왼쪽 부위에서 오른쪽 부위로 매끄럽게 전환하며 흉내 내는 과정에서 근육이 움직이는 양상을 자세히 살폈다. 우리 귀에는 휙 스쳐가는 하향조의 날카로운 울음소리가 부드럽고 편하게 들리지만 붉은홍관조가 그처럼 맑은 음색을 내는 방식은 놀랍도록 복잡하다. 이전에 서더스가 붉은홍관조를 대상으로 수행한 실험에서 알아낸 울대의 동작 과정은 다음과 같았다.

(1) 울대의 왼쪽 부위를 닫는다.

(2) 호식근呼息筋, expiratory muscle을 수축한다.

(3) 울대의 오른쪽 부위를 연다.

(4) 세차게 휘몰아치는 듯한 소리를 절반쯤 낸다.

(5) 울대의 왼쪽 부위를 열어 소리를 계속 낸다.

(6) 울대의 왼쪽 부위를 닫아 소리내기를 마친다.

(7) 호식근을 이완한다.

(8) 흡식근吸息筋, inspiratory muscle을 수축한다.

(9) 울대의 양쪽 부위를 모두 연다. 소小호흡 과정을 통해 들이킨 공기가 모티브를 내는 데 사용된 공기를 대체한다.

이 과정은 1초에 최대 16번까지 반복된다.(주4)

흉내지빠귀는 이 발성 메커니즘을 세심하게 흉내 낼수록 붉은홍관조의 노래에 더 가깝게 다가갔다. 졸링어와 서더스는 이것이 다양한 조류가 공유하는 '노래 만들기' 규칙이 존재한다는 것을 의미한다고 확신하고 있다. 모든 새는 울대의 좌우 부위를 번갈아 가면서 소리를 내며, 명금의 울대는 기막힐 정도로 융통성 있는 기관이고, 바로 이런 까닭에 일부 새가 새로운 환경에서 평소와 다른 소리를 낼 수 있다는 논리다.

흉내지빠귀는 실험꾼의 운명을 타고났기에 어떤 노래 부르기 방식과 바로 다음의 노래 부르기 방식 간의 관계에 숙달되도록 끊임없이 연습에 내몰린다. 이 새가 기존의 노래 부르기 방식에서 울대가 동작하는 과정을 훤히 꿰고 새로운 방식으로 넘어가 거기에 익숙하도록 단련하는 모습은 전 단계를 완벽히 소화하고 다음 단계로 넘어가는 것이 피아니스트가 체르니 연습곡의 과정을 밟는 것과 흡사하다. 흉내지빠귀는 어떤 소리를 온전히 흉내 내지 못할 경우엔 필요한 부분을 취해 이미 꿰뚫고 있는 패턴과 재조합하기도 한다.

그렇다면 흉내지빠귀가 시계나 차량 경보기 혹은 개가 짖는 소리를 흉내 내는 경우는 어떤가? 녀석은 이런 소리들의 근원과 똑같은 방식으로 소리를 낼 수 없지만 그런 소리를 울대에 대한 새로운 도전 과제로 받아들인다. 이 새는 왜 세 번, 네 번 혹은 여섯 번씩 반복할까? 왜, 왜, 왜? 그건 녀석에게 물어봐. 그건 녀석에게 물어봐. 그건 녀석에게 물어봐. 그건 그건 그건. 물어봐 물어봐 물어봐.

자연에 형태와 균형이 존재하는 이유를 어떻게 설명할 수 있을까? 자연음의 청각적 질서를 자연의 균형미로 여기는 사람은 거의 없지만 20세기 초 다시 톰슨D'Arcy Thompson(1860~1948, 영국의 생물학자)이 저술한 명저 「성장과 형태에 관하여On Growth and Form」(1917)에서부터 최근 타일러 볼크Tyler Volk(환경과학자)가 집필한 「메타패턴: 공간과 시간 그리고 마음을 가로질러Metapatterns: Across Space, Time, and Mind」(1995)에 이르기까지 유사성과 과정에 관한 이야기는 얼마든지 있다. 시작과 중간, 끝. 반복과 중지, 상승과 하강. 두 번, 세 번, 여섯 번……. 우리가 자연에서 감지하는 것은 연속적인 급증이나 흐름이 아니라 불연속적인 상황, 리듬, 시각적·청각적 패턴이다. 사실 다시 톰슨이 소리를 염두에 두지 않고 쓴 저서에서 밝히고 있듯, 이런 현상은 자연의 도처에서 볼 수 있다. "스펙트럼의 광선들, 여섯 종의 수정, 화학원소들이 모두 이 불연속의 원리를 예증한다. (중략) 자연에서는 어떤 유형에서 다른 유형으로의 진행이 무기적 형태들뿐 아니라

유기적 형태들 간에도 일어난다."⁽주5⁾

　이런 유형은 수학적 가능성의 한계에 의해 제약받는 그 자체의 규칙에 따라 바뀐다. 새의 노래에 관한 법칙도 오래된 자연의 수언어로 씌어져 있다. 흉내지빠귀는 캐롤라이나굴뚝새의 *티케*를 가마새의 *티처*로 그리고 다시 파랑어치의 울음소리로 이어나가며 이런 관련성을 드러낸다. 호피족이 흉내지빠귀의 노래를 듣고서 이 새가 다른 모든 피조물에 이름과 소리를 부여했다고 여기는 것도 놀랄 일이 아니다. 이 새는 상호연결에 관한 장황한 이야기를 아주 분명하게 늘어놓는다. 진화는 적어도 한 종種에게는 미적 생존에 관한 자신의 내적 논리를 관통하는 모든 가능성을 허용하고 있음에 틀림없다.

　2004년 코스타리카에서 향년 99세로 타계한 국제적으로 명망 높은 조류학자인 알렉산더 스컷치Alexander Skutch는 자연의 아름다움이 단순히 진화에 따른 부수효과가 아니라고 믿었다. 그는 자연선택이 본질적으로 파괴적이라고 지적했다. 기대되는 수준에 못 미치는 것들을 제거하는 한편 살아 있는 것들에 특별한 주의를 기울이지 않는다는 논리였다. 스컷치가 보기에 생명의 건설적인 부분은 목적인目的因causa finalis(아리스토텔레스가 말하는 4원인 가운데 운동의 원인이 되는 목적 – 옮긴이)의 희미한 빛, 다시 말해 각 피조물이 지닌 생존의 의지에 있었다.⁽주6⁾ 이러한 지속하려는 욕구, 마땅히 그래야 하는 대로 살아가려는 욕구, 유전자가 부여한 것을 실현하기 위해 노래하려는 욕구는 내면에서 진화가 작용하는 방식이다. 거문고새가 구애춤을 추는 도중에 멈출 수 없는 이유는 물론, 짝짓기를 위한 정자를 장식하려던 파란 꽃잎을 빼앗긴 푸른정원사새가 첫 번째 눈에 띈 파란 새를 죽여 깃털을 자신의 보금자리 앞에 까는 이유도 바로 여기에 있다. 단지 재료가 파랗지 않으면 안 되기 때문이다.

스컷치에게 진화는 이보다 큰 목적의 일부이다. 그 목적은 모든 사물이 연관된 조화로의 진전을 의미하는 동시에, 생명 없는 물질이 무질서한 상태로 분해되는 경향과 모순되는 거대한 생명력의 형성을 뜻한다. 사물은 붕괴되기 마련이지만 모든 생명 있는 것은 그런 흐름에 휩싸이지 않는다. 과학이 자연의 불가사의를 더 많이 밝힐수록 우리는 자연에 대한 인간의 이해를 오랫동안 이끌어온 직관을 거부하도록 스스로를 단련시킨다. 플라톤은 새가 행복해서 노래한다고 생각했다. 오늘날 우리는 무수히 많은 소리의 변이형을 모두 진화라는 단순한 메커니즘에 맞춘다. 하지만 그 메커니즘을 이끄는 것이 무엇인가? 바로 삶에 대한 의지이다. 노래 부르기 위해 태어난 모든 새들에게 필연적인 감정 말이다.

이해하기 힘든 흉내지빠귀의 복잡성은 여전히 해독되기를 기다리는 암호 같다. 질문이 '왜' 노래 부르는가에서 '무엇을' 노래 부르는가로 넘어가면 더욱 대답하기 까다로워진다! 진언眞言mantra(힌두교와 불교에서 신비하고 영적인 능력을 가진다고 생각되는 신성한 말. 명주明呪, 신주神呪, 밀주密呪, 밀언密言라고도 한다. - 옮긴이)의 힘을 생각해보라. 이 힌두교의 주문은 겉보기에는 무의미한 음절로 구성된 듯하지만 일단 내면화하면 영혼을 한층 고양시킨다. 아직도 그 소리가 무의미하다고 생각하는가? 진언의 힘은 소리를 배열하여 어떤 특별한 메시지를 전달하는 데 있는 것이 아니라 반복해서 읊조리는 데 있다.

UC 버클리 철학과 명예교수 프리츠 스탈Frits Staal은 이런 유형의 의사소통이 우리가 새의 노래를 이해하게 된 방식과 공통점이 있다는 사실을 깨달았다. 진언은 엄밀히 말해 음악도 아니고 언어도 아니지만 명백한 의식적 목적으로 조직화된 일련의 소리이다. 구도자는 소리를 되풀이하면 어느새 뇌 속에 그 소리가 맴돌며 영원히 반복된다. 소리가 반복되면서 심오한 소리 하나하나에 깃든 무한한 가능성이 펼쳐지며 그는 깊은 삼매경지에 든다.

산스크리트어는 인도유럽어족에 속한 옛 인도말이다. 스탈에 따르면 진언은 그 자체로는 뜻이 통하지 않는 리드미컬한 소리이며 산스크리트어에 뿌리를 두고 있는 것 같다. 베다Veda(인도 최고最古의 성전聖典-옮긴이)에는 숲에서 부르는 고대의 노래가 실려 있다. 아얌아얌아얌아얌아얌오호바Ayamayamayamayamayamauhova. 글자 그대로 옮겨보면 "이것이것이것이것이거엇⋯⋯"이란 뜻이다.(주7) 옥외에서 제단을 성별할 때 부름직한 노래다. 스탈은 메아리처럼 되풀이되는 이러한 반복적인 리듬의 소리가 인간의 언어 그 자체보다 오래 되었을 것이라고 생각한다. 그 소리가 특별한 의미를 띠기 전에 이미 우리의 조상이 리드미컬한 패턴의 소리를 의식에서 노래로 불렀다는 것이다. 새의 시대로 거슬러 올라가 인간의 역사가 시작되기 전 소리가 의미보다 먼저 나타났으며 의식이 언어에서 비롯된 것이 아니라 언어가 의식에서 생겼다고 말이다.

수천 년 동안 자연이 과도함과 아름다움, 의식, 놀이 따위의 패턴을 늘려 자신의 영역을 팽창한 이유는 무엇일까? 거의 100년 동안 자연이 아름다운 이유를 밝히려 애쓴 알렉산더 스컷치에게는, 자연이 아름답다는 사실을 인정하는 것은 인류의 성배를 찾는 일과 같았다. 자연의 일부인 "우리에게는 자연을 우리의 고상한 윤리 기준으로 판단할, 양도할 수 없는 권리가 있다. (중략) 우리는 자연의 아름다움이 주로 윤리적으로 칭찬할 만한 동종 혹은 이종 간의 상호유익한 관계로 증진된다는 것을 알고 있다." (주8) 새들은 분쟁을 해결하고 노래를 불러 사랑을 갈구하며 추가적인 폭력

행사의 욕구를 누그러뜨린다. 새들의 아름다운 소리는 모든 생명체가 잘 어우러져 자연스럽게 조화를 이루는 데 한몫 한다. 미美는 선善이다. 흉내지빠귀는 조롱하지 않는다. 조롱하기는커녕 존중하는 자세로 다른 새들이 부르는 노래의 영향을 받는다.

아주 훌륭한 사운드비교 소프트웨어를 개발하여 체르니호프스키가 금화조 새끼의 소리를 해독하는 데 일조한 파르타 미트라가 흉내지빠귀의 노래가 음악적으로 들리게 만드는 정확한 요인을 찾는 일과 관련하여 음악가인 내게 도움을 청했다.(㉙) 그는 자신의 컴퓨터 프로그램이 만들어낸 도식에 연연하지 말기를 당부했다. "주의하세요. 분석부터 하지 말아요. 그건 우리의 방식입니다. 그저 듣기만 하세요. 당신이 음악인지 아닌지를 판별하는 방식은 그런 것이니까요." 강렬한 시선이 인상적인 캘커타 태생의 미트라는 휴대폰 기술과 관련된 특허권을 몇 개 보유하고 있다. 현재 그의 주된 관심은 뇌에 적용되는 의사소통 규칙을 밝히는 것이다. 이처럼 수수께끼 같은 새의 모험에 흥미를 보이는 것도, 뇌가 패턴을 조합하는 방식을 이들 새의 경험을 통해 알 수 있으리라는 희망 때문이다. 그렇게 된다면 어쩌면 마음이라는 고차원적인 추상작용이 어떤 것인지 최초로 밝혀낼 계기가 마련될지도 모른다.

1장 앞부분에서 나는 채 1분도 되지 않는 노래를 살펴봤지만, 미트라가 이끄는 연구진은 좀 더 긴 시간 동안 흉내지빠귀가 부른 노래의 구조를 밝히는 연구를 수행 중이다. 그들은 흉내지빠귀 한 마리의 노래에서 음고가 전반적으로 올라갔다 내려가는 현상을 발견했다. "방금 말씀드린 점진적인 음고의 변화와 관련하여 요즘 우리는 추가로 흉내지빠귀 4마리를 분석했습니다. 흉내지빠귀는 1분여에 걸쳐 음고의 변화가 진행되는데 아주 서서히, 거의 인식되지 않을 정도의 속도로 계속해서 음높이를 변화시킨 다고 봐도 무방할 겁니다…. 플로리다산産 두 마리는 꽤 규칙적인 음고의 주기성성을 보인 반면, 매사추세츠산 두 마리는 느린 변화를 보이긴 해도 완벽하게 주기적이라고까지는 보이지 않아요."

나는 물었다. "이 흉내지빠귀의 음악을 악보로 자세히 옮겨보면 그 의미를 이해하는 데 도움이 되리라고 보는가요?"

"잘 들어 보세요. 인도 음악은 기보 없이도 수천 년간 명맥을 이어왔습니다. 복잡하기 이를 데 없는데도 말이죠. 흉내지빠귀의 음악도 작곡보다는 임프로비제이션에 훨씬 가깝다는 게 제 생각입니다."

상관없다. 어차피 난 듣기만 할 테니까. 다만 연주자로서 동참하고 싶다. 새의 입에서 튀어나오는 소리에서 질서를 찾았다고 할 때 그것이 상상 속의 질서인지 아니면, 실재하는 질서인지 어떻게 판단할 것인가? 체르니호프스키와 달리 나는 기계가 소리 데이터들을 서로 비교하여 얻은 정보로 소리의 구조를 알아내는 방식에 신뢰가 가지 않는다. 도셋 르메르처럼 나는 여전히 듣는 방식을 가장 신뢰한다.

나는 흉내지빠귀가 새의 세계에서 인간 세계로 넘어오는 방식을 해독하는 것은 물론 이 새가 노래 부르는 방식을 터득하고도 싶다. 흉내지빠귀의 음절 모두를 샘플링(아날로그 신호를 적당한 시간 간격으로 추출함으로써 디지털 신호로 바꾸는 작업 – 옮긴이)하여 컴퓨터에 입력한 나는 그 소리를 모두 함께 연주할 수 있도록 글자판 프로그램도 짰다. 과연 흉내지빠귀의 음악을 인간의 도구로 연주하는 방법을 익힐 수 있을까? 우리는 음악적 기회에 대해 더 활짝 열려 있을수록 자연계에서 더 많은 음악을 들을 수 있다. 흉내지빠귀의 소리 재료로 시범적·즉흥적으로 연주하다보면 이 새의 미적 감각을 정의내리기에 앞서 느끼게 되리라 본다. 이 접근법은 울대 작동법을 완벽히 숙달하려는 아야나 알렉산더의 시도에 비해 과감한 방식은 아니지만 아마 수월한 방식일 것이다.

흉내지빠귀의 노래를 음재료로 삼아 연주하다 보면 이 새의 마음에 파고드는 효과적인 방식을 발견할지도 모른다. 이 새에게 내가 녀석의 놀이를 꿰뚫고 있다는 확신을 주리라고는 기대하지 않는다. 그렇지만 나는 휘트먼의 "내 노래를 깨어나게 만드는 한 시간에 닥치는 대로 쏟아내는 무수한 노래"(휘트먼은 「끝없이 흔들리는 요람으로부터」에서 이 부분을 "닥치는 대로 쏟아내는 무수한 응답 노래로/그 시간부터 나의 노래들은 깨어난다With the thousand responsive songs at random, / My own songs awakened from that hour"고 묘사하고 있다.-옮긴이)를 부르며 녀석이 느끼는 기쁨의 감정에 가까이 다가서고 싶다. 포마녹! 포마녹! 포마녹!(포마녹은 아메리칸 인디언이 뉴욕주 동남부의 섬인 롱아일랜드를 부르던 말이며 이 시의 배경-옮긴이) 금세 단어가 필요한 시는 너무나 인간적이지만 음악은 여러 종에 두루 통한다. 언젠가 우리 집 근처에 사는 흉내지빠귀 한 마리가 자신의 소리를 흉내 낸 내 연주를 어떻게 흉내 내는지 듣고 싶다. 순진한 발상인지 모르겠으나 내 음악이 흉내지빠귀의 노래와 닮을수록 날개 날린 내 이웃은 마음이 흔들리며, 아직 귀에 낯선 복잡한 소리 그러니까 무한한 새의 세월에 걸쳐 고색창연하고 세련되게 개량될 그 거친 소리재료에 호기심이 발동하리라. 저 아래 들판 가장자리에서, 수양버들이 나부끼는 그곳에서 노래 부르고 있는 새는 회색고양이새도 갈색지빠귀사촌도 아닌 분명 흉내지빠귀이다.

CHAPTER 9

시간과 대립하다

1784년 5월 27일, 볼프강 아마데우스 모차르트Wolfgang Amadeus Mozart(1756~1791)는 애완용 찌르레기 한 마리를 구입했다. 모차르트의 현금 출납장에는 그 구입 사실뿐 아니라 이 새의 선율도 적어 있다. 모차르트의 귀에 찌르레기가 "피아노 협주곡 제17번 G장조 K.453"(1784)의 한 구절을 부르는 소리가 들렸다. 곡이 완성되기는 동년 4월 12일이었지만 아직 발표한 적이 없는 곡이 아니던가! 5월이 끝날 때까지 이 작품을 접한 사람은 몇 명 없었다. 어쩌면 모차르트가 이 곡을 헌정한 제자가 유일했을지도 모른다(빈 시절 모차르트는 여러 명의 여성에게 건반악기 연주를 가르쳤으며 자신의 곡을 헌정하기도 했다. K.453은 바바라 폰 프로이어Barbara von Ployer를 위해 쓰인 곡이다.—옮긴이). 찌르레기는 어떻게 모차르트의 멜로디를 익힐 수 있었을까? 단순히 우연의 일치였을까? 찌르레기를 판 곳은 모차르트의 단골 가게였다. 모차르트는 잘 알려진 대로 사람들 앞에서 종종 콧노래와 휘파람을 불렀는데, 전에 그 애완동물 가게를 들렀을 때 아마 이 찌르레기가 그의 휘파람 소리를 들었을지 모른다. 아니면, 모차르트의 제자가 그보다 앞서 가게를 방문했을 수도 있다.

수세기 동안 모차르트의 생애와 비망록은 학자들의 연구 대상이었지만 찌르레기 이야기는 음악학자들에게 별다른 인상을 주지 못했다가 15년 전쯤 찌르레기 전문 연구가들인 메러디스 웨스트와 앤드루 킹이 그 사실을 세상에 밝히면서 비로소 주목받기 시작했다. 두 사람이 집에서 기른 찌르레기들이 '웨이 다운 어펀 더 스와니 리버'를 재빨리 '웨이 다운 어펀 더 스와'로 변형하여 반복하고, 새장 위에 설치된 형광등이 깜빡이며 내는 조그마한 소리를 금세 자신만의 표현으로 바꿔 반복했던 것과 마찬가지로, 모차르트의 비망록에 따르면 이 위대한 음악가의 찌르레기는 이미 주인의 멜로디에 어느 정도 수정을 가한 상태였다. 찌르레기의 노래는 G음이 G#음으로 바뀌어 있어 수세기 후에 등장하는 곡처럼 들렸다.

그 후 모차르트의 기록에서 이 찌르레기에 관한 이야기가 다시 등장하는 일자는 1787년 6월 4일이다. 이날 사랑하는 새가 죽자 장례 복장을 제대로 갖춰 입은 조문객들이 지켜보는 가운데 성대하게 치러진 장례식에서 대작곡가는 이 새를 위한 자작시를 낭송하기까지 했다.

작은 새, 여기 잠들다.
나는 이 새를 사랑했네.-
찌르레기 한 마리가
짧은 인생의 황금기에
최후를 맞아

죽음의 모진 고통을 없앴구나.

(중략)

이 새는 장난이 심했다기보다는

쾌활하고 명랑했으며

허풍의 이면에

어이없는 익살을 숨겨 뒀구나.^(주1)

역사가들은 이 모든 일이 모차르트의 미숙함을 드러내는 증거라고 보는 경향이 짙다. 주변에서 흔히 볼 수 있는 시끄럽게 지저귀는 새 한 마리를 위해, 그것도 아버지(요한 게오르크 레오폴트 모차르트Johann Georg Leopold Mozart(1719년 11월 14일~1787년 5월 28일))가 죽은 바로 그 주에 이런 장례식을 치렀으니 말이다. 그렇다면 모차르트는 찌르레기 노래의 스타일인 충동적이고 불규칙적인 요소들로부터 어떤 음악적 배움을 얻었을까?

장례식을 치룬 같은 해 같은 달, 모차르트 자신이 직접 작성한 〈자작품 목록〉에 '음악의 농담Ein Musikalischer Spass'이라는 곡명을 올렸다. 호른 두 대와 바이올린 두 대, 비올라, 콘트라베이스로 편성된 별난 실내 관현악단을 위한 작품인 '디베르티멘토 F장조 K.522 Divertimento F-Dur K.522 음악의 농담Ein Musikalischer Spass'(1787)이 바로 이것이다. 이 작품의 라이너 노트liner note(작품의 감상을 돕기 위해 CD나 레코드 따위에 싣는 해설문-옮긴이)에 의하면, "제1악장에서 우리는 아무런 감흥을 주지 않는 음으로 구성된 어색하고 균형 잡히지 않으며 비논리적인 선율을 듣는다." 흠…. "이후 아다지오 칸타빌레('제3악장 아다지오 칸타빌레 C장조 2/2박자'를 가리킨다.-옮긴이)에 삽입된 카덴차 cadenza(협주곡이나 아리아에서 독주자의 기교를 나타내기 위한 장식부-옮긴이)는 기묘하게도 지나치게 오랫동안 지속되며 자기 자신을 강조하려는 듯이 끝부분에서 고조된 높은 음 하나가 우스꽝스럽게도 피치카토(현악기를 활로 연주하지 않고 기타나 하프처럼 손가락으로 퉁기는 주법–옮긴이)로 연주된다." '음악의 농담'은 모차르트가 자신의 멜로디 중 하나를 익힌 찌르레기의 노래를 듣고 이 종이 부르는 노래의 특징인 그 모순되고 전형에서 다소 벗어나 있으며 확실히 비인간적인 음악적 감각을 살린 작품이다.

arco: 아르코(현악기를 활로 연주하는 주법 – 옮긴이)

모차르트의 천재성을 다루고 있는 어떤 기록에서도 이 별난 카덴차에 대한 설명은 없다. 하지만 어쩌면 킹과 웨스트가 단순히 바이올린의 커다란 도약과 포르타멘토만 듣고서 모차르트의 사소한 장난을 해석해냈는지도 모른다. *브리지스 블리시스 브립!* 하는 소리가 반복되면서 빨라지고 커지는 걸 나타낸 거잖아! 바이올린의 날카로운 음이 길게 최대 음역까지 올라가도록 처리함으로써 이 천재 음악가는 죽은 애완조에게 최고의 찬사를 보냈는지도 모른다. 모차르트는 찌르레기의 음악을 통상적인 정력과 활력이 넘치는 음악에서 아마도 찌르레기가 소리를 다루는 그 특별한 방식에서 찾아냈을 그 기묘함이 배인 음악으로 승화했다.

인간 음악가들은 음악이 존속한 그 오랜 세월 동안 새로부터 가르침을 얻었다. 우리의 음악이 새가 부른 원곡과 상당히 흡사하냐 아니냐는 어떤 새, 어떤 음악을 접했느냐에 달려 있다. 새의 노래는 작곡가들에게 정확히 무엇을 제공할까? 우리 가운데 특별히 예민한 귀를 가진 그들은 분명 야외로 나가 먼동이 트거나 땅거미가 내리는 숲 속에서 울리는 새소리, 즉 기존의 음악적 제약에서 벗어나 있으며 갑작스러움이 예측 가능성과 혼재되어 있는 소리를 듣는 것을 영감을 얻는 좋은 기회로 여긴다. 새의 음악은 자연에 잘 부합하므로 늘 진정한 음악으로 보인다. 삶의 윤활유로서의 새소리의 중요성과 필요성을 부인할 사람은 없다. 그렇지만 새의 노래에 대한 인간의 해석은 저마다 그 나름의 중요성이 있는 것 같다. 예술가들도 지켜야 할 영역이 있는 것이다.

감미로운 선율의 새소리가 상대적으로 이 영역에 자리 잡기 쉽다. 1702년 안토니오 비발디Antonio Vivaldi(1678-1741, 이탈리아의 작곡가)는 자신의 초기작품 중 하나인 유명한 플루트 협주곡 '일 가르델리노flute concerto II gardellino op. 10. no. 3'(일 가르델리노는 홍방울새European Goldfinch, Carduelis Carduelis를 의미한다.-옮긴이)을 작곡했다. 이 곡의 플루트 독주 파트에서 발췌한 다음의 곡은 어쩔 수 없이 18세기 고전주의 미학을 따르고 있기는 해도 키르허가 나이팅게일의 노래를 채보한 악보와 유사하다는 데는 의심할 여지가 없다. 새소리 같은 트릴이 박자가 엄격하지 않은가.

비발디는 홍방울새로부터 작품의 주제와 구성을 취해 당시 음악의 관습들 속에 가두었다. 새가 노래 부르는 방식과 내용을 정확히 기록하려면

매슈스와 소프가 보여줬듯 악보가 그 한계에 이를 때까지 확장되어야 한다. 우리가 받아 적는 새의 노래는 일부 혹은 압축된 형태이다. 우리는 우리의 도구로 자연을 모방하는 데 한계가 있음을 안다.

베토벤의 명곡 '전원Beethoven: Symphony No.6 in F major, Op.68 'Pastoral'' (1808)은 사람들이 자연의 소리에서 비롯되었다고 주장하는 가장 유명한 클래식 작품 중 하나이다. 애초 베토벤은 프로그램 노트(작품이나 연주자, 가수 등에 관해 주로 작곡가가 작성하는 해설문-옮긴이)를 자세히 작성하여 곡의 감상을 도울 작정이었지만 뒤에 생각을 바꿨다. "전원생활을 꿈꾸는 사람이라면 제목을 장황하게 달지 않더라도 작가의 의도를 알 수 있다." 그렇지만 베토벤이 지은 제1악장의 제목 '전원에 도착했을 때의 유쾌한 감정의 눈뜸Erwachen heiterer Empfindungen bei der Ankunft auf dem Lande'은 다소 구체적이다. 음악이 휙 소리를 내며 지나가는 상쾌한 공기처럼 활기차고 신선하며 경쾌하다. 제1주제는 특별히 어떤 새소리가 삽입되어 있지는 않지만 새소리처럼 경쾌하고 명랑하다. 조성의 중심이 변하는 조바꿈이 거의 일어나지 않아 풍경이 끊임없이 되풀이되는 인상을 주며, 이런 선율이 악장 전체에 처음도 끝도 없이 이어진다.

제2악장 '시냇가의 정경Szene am Bach'은 짧은 코다가 특별하다. 플루트, 오보에, 클라리넷이 노랑멧새yellow hammer, Emberiza citrinella와 메추라기, 뻐꾸기의 노래를 모방하고 있기 때문이다. 19세기 음악사에서 이 코다는 새의 노래를 상기시키는 것으로 가장 유명하며, 동시에 노래하는 상이한 종들 간의 일종의 생태학적 상호작용을 최초로 시도한 작품이다. 훗날 베토벤이 주장한 바에 의하면, 이 코다는 들새의 노래에 숨겨진 음악성에 대한 경의를 표하려는 의도가 아니라 음악의 농담으로 의도된 것이다.(모차르트의 '음악의 농담'에서 그렇듯 여기서도 '농담'은 실력도 없으면서 나서는 3류 작곡가들을 꼬집은 것이다.-옮긴이)^(주2) 그의 통찰력은 너무나 완벽하고 자기 충족적이어서 진정한 자연이 자신에게 제공한 것을 솔직히 인정할 수 없었을 것이다.

무엇이 인간의 음악작품을 새의 작품처럼 들리게 만들까? 서로 관련성이 없는 짧은 프레이즈? 어딘가 도달하려는 듯한, 무언가 열망하는 듯한 트릴? 아니면, 소음과 순수한 소리가 혼합되면 새소리 같은가? 나무 사이로 멀리 전달되는 짧은 멜로디 같은 느낌? 멋진 장식이나 빈틈없는 무장의 느낌? 우리는 음악이 이 세기에 접어들면서 새소리의 반복성과 장식을 포용할 만큼 관대해졌다는 데 갈채를 보내는 바다. 이는 분명 새의 천부적 재능에서 한 수 배우려는 노력을 보여주기 때문이다. 이런 현상은 음악이 진보했다는 흥미로운 징조이다. 지금의 음악이 비발디나 모차르트의 시대보다 '좋은' 음악이라는 의미가 아니라 그때보다 자유로운 음악이 되었다는 뜻이다. 이제는 자연계의 변덕과 주기적 반복까지 받아들여 굳이 인간 외적인 것을 왜곡하느라 인간의 규칙을 제약하지 않고도 이런 불규칙한 요소들을 우리의 노래와 연주의 재료로 바꿀 수 있게 된 것이다. 전에는 농담처럼 들리던 것이 지금은 영감을 얻는 직접적인 원천이 된 셈이다.

낭만주의 시대의 대작곡가들은 대부분 그들이 새의 노래에서 유래했다고 주장하는 주제를 기반으로 곡을 지었지만, 그들은 이전 시대보다 자연에 훨씬 면밀히 귀기울이며 당시의 음악 규칙들을 왜곡했다기보다 음악적 언어 안에 새의 풍부한 재능을 가두었다고 봐야 할 것이다. 이에 반해 신고전주의적 추상미를 추구하는 전통의 시대에 새의 음악에서 매력 이상의 그 무엇을 발견한 작곡가가 있다. 20세기 음악사에서 아주 독특한 목소리를 낸 인물 중의 한 명인 프랑스의 작곡가 올리비에 메시앙이 그 주인공이다.

  BBC가 나이팅게일의 소리와 폭격기의 굉음이라는 이상한 조합의 녹음을 했던 것과 마찬가지로, 인간과 새 사이의 이러한 협력은 전쟁의 와중에 이루어졌다. 1940년 어느 날, 당시 29세였던 메시앙은 베르됭(프랑스 북동부의 도시) 주둔 프랑스군에서 새벽 경계근무 중이었다. 태양이 뜨자 새들이 일제히 노래를 부르기 시작했다. 메시앙은 함께 보초를 서고 있는 첼리스트인 에티엔 파스키에Étienne Pasquier에게 말했다. "저 소리에 귀기울여봐. 새들이 서로 임무를 할당하고 있어. 오늘밤 다시 모이면 낮에 본 것을 얘기하겠지."(주3) 십대 이래 메시앙은 새의 노래를 채보했지만 그 일이 있기 전에는 자신의 음악에 새의 노래를 진지하게 활용해볼 생각을 한 적이 없었다.

  같은 프랑스군 연대에 앙리 아코카Henri Akoka라는 알제리인 클라리넷 연주자가 한 명 있었다. 여러 날 새벽 경계근무를 선 후 메시앙은 아코카가 연주할 독주곡 '새들의 심연Abîme des oiseaux'을 짓기 시작했다. 하지만 아코카가 미처 그 곡으로 연주할 새도 없이 세 사람은 숲에서 독일군에게 붙잡혀 괴를리츠Gorlitz(독일 남동부 작센주州에 있는 공업도시)에 위치한 포로수용소 슈탈락Stalag 8A에 갇히는 신세가 되었다. 여기서 아카카는 파스키에가 보면대譜面臺(음악을 연주할 때 악보를 펼쳐서 놓고 보는 대) 역할을 해줘 즉석연주를 할 첫 기회를 잡았다. 아코카가 불평을 늘어놓았다. "연주가 절대로 안 될 거야. 불가능하다구." 메시앙의 작품에서 새소리를 흉내 낸 음 중 몇 개의 음조가 터무니없이 높았고 리듬이 정확하지만 불규칙했다. "그래. 하지만 넌 해낼 거야. 할 수 있어. 해보라구."

메시앙은 아코카를 독려했다. 세 명의 음악가는 모두 포로의 몸이었지만 이때 이미 실내악 역사상 최고의 작품 중 하나인 메시앙의 '시간의 종말을 위한 4중주Quatuor pour la fin du Temps' (1940)를 탄생시킬 주인공이 되어 있었다.

독일군 장교 카를 알베르트 브륄Karl-Albert Brüll은 수용소에 메시앙이라는 출중한 작곡가가 있다는 사실을 알고 그에게 오선지와 필기구를 마련해 주었다. 얼마 후 이곳에 바이올리니스트 장 르 불레르Jean Le Boulaire가 수용되었다. 수용된 포로가 3만 명이나 되는 이곳에 바이올린과 첼로 몇 대 그리고 피아노 한 대가 전부이긴 해도 어쨌든 적십자에서 제공한 악기도 있었다. 더구나 아코카에겐 자신의 클라리넷이 있었다. 메시앙은 포로의 몸이었지만 이에 굴하지 않고 마침내 자신의 가장 유명한 작품이며 새의 노래를 활용한 그의 여러 작품 중 제1호를 완성했다. 놀랍도록 아름다운 음악으로 꾸며진 8개의 악장으로 이루어진 이 작품에서는 네 종의 악기가 별난 화성과, 고대 인도와 그리스의 음악에서 기원한 리듬, 그리고 하늘 높이 울려퍼지는 인상주의적 화음을 누빈다. 제1악장 수정의 예배Liturgie de cristal에서 클라리넷과 바이올린은 검은노래하는지빠귀와 나이팅게일의 소리를 주고받는다. 클라리넷만으로 연주되는 제3악장 새들의 심연은 노래하는 새들의 끝없는 열정과 지루하고 암울한 영원불멸의 무게를 결부하려는 음악적 시도이다.

메시앙은 제3악장의 악보에 다음가 같이 기록했다. "새들은 시간과 대립한다. 이들은 빛과 별, 무지개 그리고 환희에 찬 노래에 대한 우리의 갈망을 의미한다." 독실한 신자로서 메시앙은 홀로코스트(제2차 세계대전 중 나치 독일이 자행한 유대인 대학살-옮긴이)를 시간의 종말이라고 생각하지 않았다. 그가 생각한 시간의 종말은 예수가 우리를 위로할 영원불멸의 시작을 의미한다. 게다가 마지막 악장인 제8악장 예수의 불멸을 위한 송가Louange à l' immortalite dé Jésus에서 청자는 인간의 청력이 도달 가능한 한도까지 올라가는 바이올린과 피아노의 화려한 화성으로 천상으로 끌어올려져 자신이 원하는 하느님의 소리를 듣게 된다.

인류 역사상 가장 끔찍한 전쟁이 한창이던 1941년 1월 15일. '시간의 종말을 위한 4중주'의 초연이 슈탈락 8A에서 이루어졌다. 수백 명의 포로와 독일 병사들이 참석했다. 세상을 갈기갈기 찢어놓는 전쟁이 벌어지는 와중에도 인간은 여전히 우리 곁에 드리워져 있는 공포의 그림자보다 오래토록 남을 음악을 만들어 냈다. 우리는 나폴레옹의 전쟁보다 베토벤과 모차르트를 훨씬 뚜렷하게 기억한다. 그 위대한 음악보다 오래 지속되는 것은 새소리뿐이다.

새의 노래가 시간과 대립한다는 메시앙의 주장은 옳다. 인간 작곡가가 새소리를 자신의 작품에 활용하려 했던 수 세대 동안 내내 새소리의 패턴은 불변성을 제공했다. 진정으로 혁신적이며 실험적인 작곡가였던 메시앙은 자연이 새로운 소리를 제공하는 원천으로서 역할을 한다는 사실 외에 자연에 대해 뭔가 아는 것이 있었다. 그는 자연의 소리를 경청하는 법을 터득했다.

마음이 울적해져. 갑자기 내 자신이 무익한 존재란 생각이 들 때면. 혹은 고전과 동양. 고대와 현대. 초현대를 망라하는 음악적 표현양식이 공들여 수행된 훌륭한 실험에 불과하다고 어떤 합리적 이유도 없이 여겨질 때면. 내겐 어딘가에서 잃어버린 진정한 음악의 얼굴을 새들 사이에서 찾으

러 숲으로 들로 혹은 산으로 바닷가로 떠날 일만 남는다.(주4)

이전과 이후의 작곡가들이 종종 멜로디의 형식을 빌려 새의 음악적 열정을 모방하려 애썼던 것과 달리, 메시앙은 새의 멜로디만큼이나 새의 음색과 리듬에 관심이 있었다. 전 7권으로 구성된 저서 「리듬과 음색, 조류학에 관한 개론Traité de rythme, de couleur et d'ornithologie」(1949~1992)에는 대부분 녹음 기술을 쓰지 않고 직접 야외로 나가 자세히 채록한 새의 노래를 다룬 600쪽짜리 책 두 권(제5권 1부와 2부)이 포함되어 있다. 혹 새가 불규칙하고 불완전하게 노래를 불러도 메시앙은 그 노래를 그대로 채보한 후 인간 음악가들이 그 불규칙한 요소를 활용할 수 있게끔 개작하곤 했다. 또한 메시앙은 한 장소에서 들리는 모든 새소리를 혼합함으로써 정확한 기보법에 생태학적 개념을 결합했다.

메시앙의 대작인 피아노 독주곡 '새의 카탈로그Catalogue d'Oiseaux'에서는 새의 노래와 새 서식지에 관한 내용이 전부 피아노만으로 연주된다.('새의 카탈로그'는 7권의 악보로 나뉘어 있으며 악장 수는 총13개이다. 총77종의 새가 등장한다. 그중 중심적인 13종의 새의 이름이 각 악장의 제목으로 정해져 있다.-옮긴이) 새벽이나 밤과 같은 하루 중 노래 부른 시각, 물가와 같은 공유된 환경, 개구리 소리나 바람 소리와 같은 주변의 소리 등의 서식지와 연관된 자연의 소리가 새소리와 함께 구성되어 있어서 각 새는 정확한 화성과 리듬뿐 아니라 상황으로도 떠오른다. '새의 카탈로그'는 추상적인 음악이어서 베토벤의 표제음악처럼 쉽게 다가오지는 않지만 더욱 신비로우면서도 더 정확하다. 마지막 악장인 제13악장 '마도요Le courlis cendré'는 아래로 활처럼 굽어 있는 부리가 특징인 커다란 도요새인 마도요의 노래에 바탕을 두고 있다. 마도요의 노래는 일반적으로 특별히 음악적인 노래로 들리지 않지만, 메시앙에게는 갈매기가 한숨짓는 듯한 상행조의 소리들이 연속적으로 진행하다 더 빠르고 더 거칠어져 더욱 복잡한 일련의 음들로 이어지는 그 노래가 새소리의 구조를 잘 드러내는 대표적인 예였다. 메시앙이 야외에서 마도요의 노래를 듣고 정확한 셈여림표까지 갖춰 그린 악보는 다음과 같다.

똑같은 소리 정보를 다른 시각적인 방식으로도 나타낼 수 있다. 다음은 소노그램으로 마도요의 노래를 나타낸 것이다.

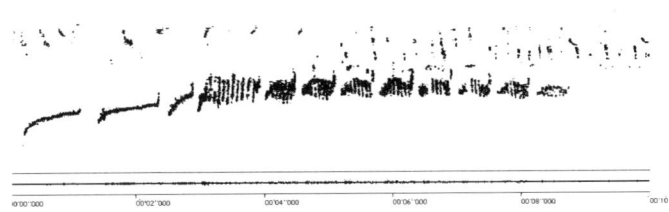

메시앙이 마도요의 노래를 바탕으로 이 기념비적인 대작의 대미를 장식할 제13악장을 짓는 과정은 이랬다. 우선 노래의 속도를 상당히 줄였다. 그런 다음 귀에 거슬리긴 해도 개리위치(화음을 4성부로 나눌 때 가장 낮은 성부를 제외한 3성부가 8도 이상에 걸쳐 배치된 상태 – 옮긴이)로 진행되는 화성으로 노래의 음색

9장 시간과 대립하다 313

을 흉내 냈다. 끝으로 메시앙은 이 신비스러운 상행하는 울음소리가 열망하는 본질에 도달하기 위해 피아노의 음울한 화성을 이용했다. 다음은 196쪽의 악보에 살을 붙인 두 곡의 피아노 독주곡에서 발췌한 것이다.

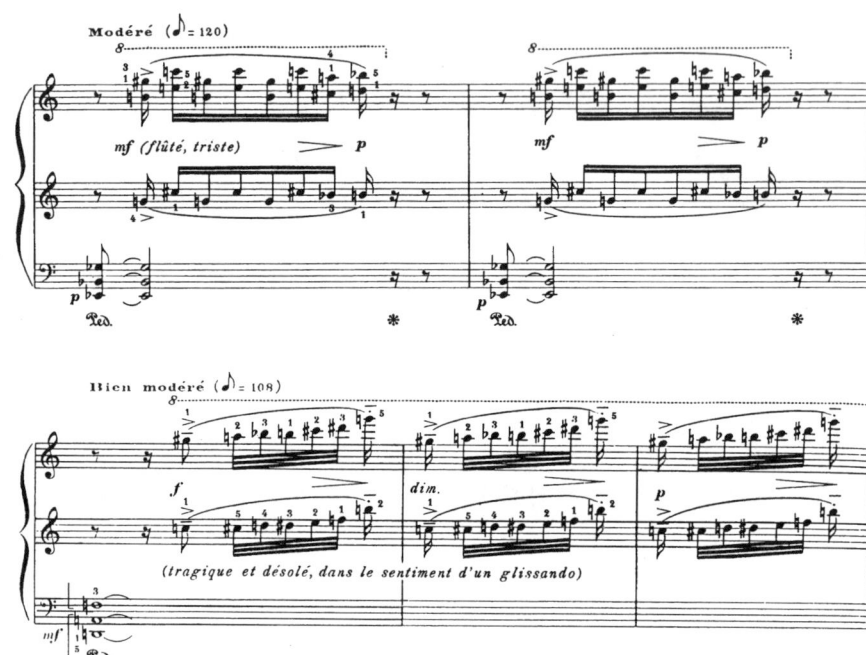

총 2시간 분량의 '새의 카탈로그' 중에서 내게는 이 마지막 악장이 최고로 명쾌하다. 메시앙은 마도요의 노래를 느리게 해야 했던 이유를 이렇게 설명했다.

아무리 우리에 비해 하찮은 존재라 해도 심장의 고동이 더 빠르고 신경 반응이 훨씬 기민한 새는 인간의 악기로는 도저히 따라잡을 수 없을 만큼 대단히 빠른 템

포로 노래 부른다. 따라서 나는 그 노래를 느린 템포로 옮기지 않을 수 없다. 더구나 이처럼 엄청나게 빠른 속도에는 대단히 날카로운 음조까지 결합되어 있다. 왜냐하면 새들은 우리의 악기로는 흉내 낼 수 없는 아주 높은 음역의 노래를 부를 수 있기 때문이다. 그래서 나는 한두 옥타브 혹은 세 옥타브까지 낮게 옮긴다.(주5)

메시앙의 곡을 귀기울여 듣다보면 새들의 세계에 깊이 빠져든 마음의 소리를 듣게 된다. 청자는 그 마음의 소리에 이끌려 새들의 비길 데 없는 음악 속으로 빨려 들어가는 동시에 자연계와의 직접적 만남을 체험하게 된다.

메시앙은 자신이 '조류학자이자 리듬학자rhythmician'라고 주장했다. 리듬에 대한 그의 생각은 매우 독특하다. "리드미컬한 음악은 반복과 솔직함 그리고 균등한 구분을 경멸하는 음악이다." 그 대신 "그것은 자연의 움직임에, 자유롭고 불균등한 음량의 변화에 고무된다." 메시앙은 일출과 일몰에서, 새들의 대합창에서, 고르듯 고르지 않은 힘차게 내달리는 개울에서 리듬을 발견했다. 발을 맞춘 행진의 리듬이나 나이트클럽에서 한결같은 테크노 비트에 맞춰 추는 춤의 리듬은 메시앙이 의미하는 리듬과 동떨어져 있다. 메시앙에게 고전주의 시대의 리듬학자 대부분은 무턱대고 박자를 과장한 사람들이 아니었다. 모차르트가 그랬듯 그들은 박자를 아주 포착하기 힘들 정도로만 확장했다. 그렇지만 그들은 리듬도 반복에 따른 지루함과 거리가 멀었다.

메시앙은 세계를 돌아다니며 채보한 복잡하기 이를 데 없는 새소리 대부분을 음악에 활용했다. 오늘날 살아 있는 최고의 거문고새 노래 전문가로 인정받는 시드 커티스Syd Curtis는 1970년대에 메시앙이 새의 노래에 유난히 흥미를 보인다는 소문을 접하고 메시앙에게 테이프 몇 개를 보냈다. "저한테 그 유명한 플루트 풍의 음이 섞인 거문고새의 노래를 테이프에 담아놓은 게 있어서 보냈지요. 어떤 의미로는 자신의 접근법을 엉망으로 만들면서까지 인간의 음악을 이용하는 새가 부르는 노래에 그 분이 관심 있어 할 거라고 생각했죠." 거문고새가 사는 곳에서 그 환상적인 노래를 들어봤으면 좋겠다는 뜻을 전한 대작곡가 메시앙은 오스트레일리아 여행길에 오를 채비를 마쳤다.

동이 트기 직전, 커티스는 메시앙과 이본 로리오Yvonne Loriod가 묵고 있는 브리즈번(오스트레일리아의 퀸즐랜드Queensland 주 남동단에 있는 주도-옮긴이)의 한 호텔을 찾았다. 커티스가 모는 차는 메시앙 부부를 태운 채 1시간 가량 달려 알버트거문고새의 소리가 들리는 곳에 도착했다. 커티스가 보기에 메시앙은 경청능력이 음악보다 인상적이었다.

오직 음악에만 집중한 채 그 세계에 빠져 있는 위대한 조류학자여! 먼동이 트자 거문고새가 그에게 노래를 들려줬다. 이곳의 다른 많은 새들도 동참했다. 나는 악보지에 그 소리를 받아 적느라 정신없는 메시앙의 옆에서 손전등을 비췄다. 메시앙 부인은 남편의 연필이 무뎌질 때마다 뾰족하게 깎았다. 우리 부부는 옆에 서서 그 과정을 지켜봤다.

20분쯤 지나 더 이상 새로운 새소리가 들리지 않자 메시앙은 이제 그만 적기로 생각한 모양인지 악보지의 첫 장을 펼치고 기록을 자세히 검토해 나갔다. 악보지엔 지저귐이나 노래가 아주 정확하게 기록되어 있어서 나는 메시앙을 위해 어떤 종인지 확인해 주는 데 전혀 애를 먹지 않았다. 참으로 멋진 공연이 아닌가요? 이

번이 메시앙에겐 오스트레일리아 첫 여행이었다. 하나같이 지금까지 들어 본 적이 없는 새소리였을 것이다. 물론 우리 인간의 온음계(옥타브 속에 5개의 온음과 2개의 반음을 가진 음계 - 옮긴이)나 엄밀한 리듬에 맞는 소리가 없기도 했지만 말이다.

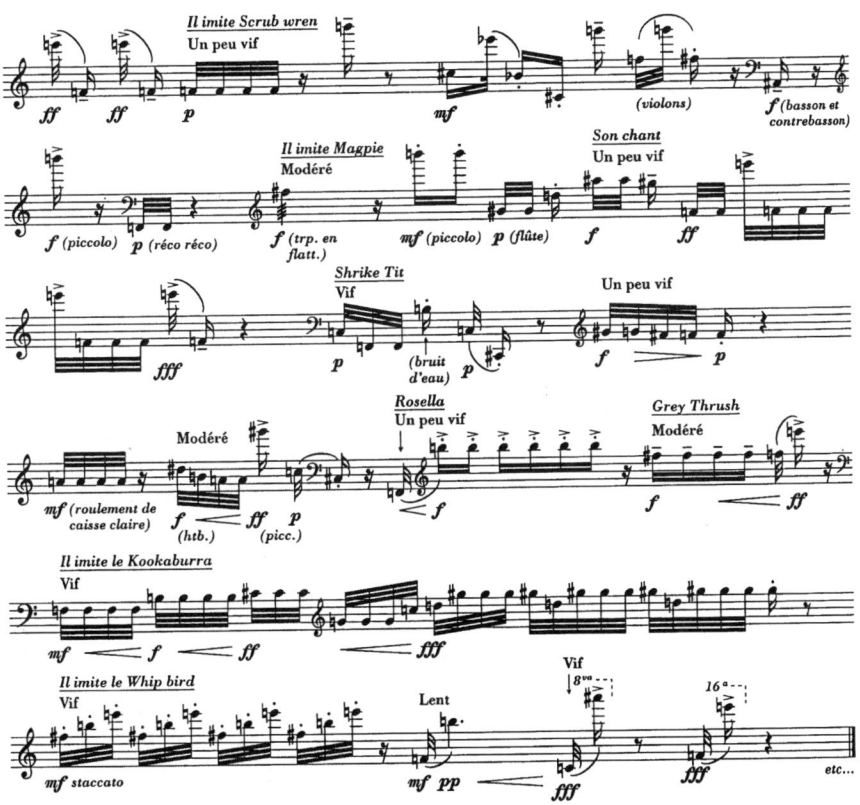

메시앙이 타계한 직후인 1992년에 뉴욕에서 초연을 가진 그의 마지막 작품은 '피안의 빛Eclairs sur l'Au-Dela'이다. 이 곡의 제3악장 '거문고새와 신부의 도시L'Oiseau-lyre et la Ville-fiancee'는 그가 오스트레일리아에서 들은 거문고새의 노래에 바탕을 두고 있다. 하지만 그 노래는 상대적

으로 모습을 잘 드러내지 않는 알버트거문고새의 노래가 아니라 여행 말미에 멜버른 외곽에서 녹음한 큰거문고새의 노래이다. 메시앙는 큰 거문고새가 다른 새들의 소리를 흉내 내어 부른 노래를 다음과 같이 옮겼다.

훗날 커티스는 이본 로리오로부터 감사의 편지를 받았다. "곧 커티스 씨도 이번 작품이 녹음된 음반을 접하실 거예요. 그리고 악장 전체에 빛을 더해주는 새가 사랑스러운 친구인 그 거문고새란 걸 알아보실 테죠. 이번 일 정말 고마웠어요." 커티스는 참으로 영광스러운 일이라고 내게 털어놓았지만, 모든 거문고새가 메시앙의 작품에 담긴 자신의 음악을 알아볼지에 대해서는 의문이 드는 모양이었다.

메시앙에게 새소리에 담긴 풍부한 음악성은 늘 자신이 그 소리에서 끌어낼 수 있는 것 이상을 의미했다. 문명이 이룬 것보다 더 나은 것을 자연이 이룩했는지에 대한 질문을 받자 그는 이렇게 대답했다. "감히 제가 대답할 자격이 될지 모르겠지만… 전 문명이 우릴 망쳐놨다고 생각합니다. 관찰이 주는 풋풋함을 없애 버린 거지요." 우리는 치우기 버거울 만큼 많은 짐에 눌려 지내느라 우리 주위를 둘러싼 자연세계에는 귀만 기울일 뿐이다. 성가시게 관찰은 무슨…? 거기서 뭘 얻을 게 있어? 우리 자신이나 우리 문화가 발전하는 데 무슨 도움이 되지?

그 대답은 메시앙 자신에게 있는지도 모른다. 그는 새의 노래를 독특한 두 가지 면에서 활용했다. 첫째, 메시앙은 일련의 종과 복잡하게 얽힌 이들 종의 행동 및 서식지를 아주 생생하게 음악적으로 묘사하려는 시도로 새소리를 이용했다. 둘째, 그는 새소리의 리듬과 구조를 음악의 재료로 여기고 훗날 작곡가들이 소리를 전자적으로 조작하는 그런 방식으로 독창적으로 왜곡하고 변형하여 음악 작품을 만들었다.

적어도 지난 세기에는 우리도 모든 소리의 음악적 가능성에 열려 있었다. 내가 제자 몇 명에게 다양한 새소리를 들려주면 나이팅게일이 DJ나 일렉트로니카(가장 실험적인 스타일의 전자음악의 일종-옮긴이)의 연금술사들이 만들어내는 리드미컬한 소리를 낸다는 이유에서 그들은 나이팅게일의 득득 긁는 듯한 패턴의 리프가 훨씬 음악적이라는 반응을 보인다. 이 경우 청자의 주의를 끄는 이유는 그 소리가 여태껏 이런 문맥에서 들어본 적이 없는 소리이기 때문이다. 인간의 음악적 선호가 두서없이 발전하므로 우리는 늘 새로운 방식으로 새의 세계를 끌어당기고 있는 셈이다. 그럼에도 매번 새와 그 새에 내재하고 있는 비밀이 우리에게 결코 이해가 안 되지 않는 대상이다.

귀를 깨끗이 씻고 편견을 버린다면 새의 소리가 예전보다 음악적으로 들릴 것이다. 그렇다면 왜 메시앙은 제자와 추종자 중에 자신이 새에게 주의 깊게 귀기울이는 뜻을 올바로 이해한 이가 거의 없었다는 사실에 안타까워했는가? 어쩌면 그는 자신의 작품이 지닌 생태학적 가치가 제대로 인식되기에는 너무 이른 세대에 살았는지 모른다. 하지만 일부러 시간까지 내어가며 자연에 귀기울이며 자연의 음악성을 찾아 나서는 음악가는 지금도 소수다. 그 넓은 세계의 영원성에 귀기울이는 데는 한 가지 위험이 도사리고 있기 마련이다. 바로 새의 노래가 본질적으로 완벽할지 모른다는 것이다. 만일 그렇다면 그 소리를 들으면 들을수록 음악을 만들고픈 마음이 사라질 것이다. 작곡가가 새와 보내는 시간이 늘어날수록 새는 더욱 아름다운 소리를 낼 테지만 작곡가는 할 일이 줄어들 것이다. 실제로 자연의 음악을 경청하다가 자신의 소명에 의문을 가진 작곡가가 있었다.

스코틀랜드의 작곡가 마그누스 롭Magnus Robb은 메시앙 이후 가장 정확하게 새소리에 바탕을 둔 작품 몇 곡을 내놓았다. 그중 1998년 작품 '지빠귀밤울음새: 순수의 환각Sprosser: Hallucinations of Purity'은 지빠귀밤울음새의 재잘거리는 소리와 리듬에 철저히 바탕을 둔 타악기 파트가 특징이다. 특히 리듬이 꼼꼼하게 옮겨진 이 파트는 소타발타의 악보와 닮았다. 한편 바이올린과 비올라, 첼로, 콘트라베이스를 위한 현악기 파트는 붉은꼬리지빠귀의 노래를 속도를 대폭 줄여 화성적인 면에서 충실히 접근했다. 그 결과, 근본적으로 다른 두 종류의 새소리가 합쳐진다. 롭의 곡이 목표로 삼고 있는 '순수'란 무엇을 의미할까? 우리 인간의 음악이 결코 도달할 수 없는 필연성, 바로 그것이다.

작곡가가 새소리를 채보하는 것은 새로운 자극의 원천을 발굴하고 음악의 구조와 감각을 알아내는 새로운 방식을 찾아내기 위해서다. 똑같은 새소리를 기록한다 해도 그 동기가 과학자들과는 다르다. 동시대인인 프랑스의 작곡가이며 '동물음악학자'인 프랑수아 베르나르 마슈François-Bernard Mâche가 지적했듯이 말이다.

만일 새의 노래에 관한 분석이 작곡가로서의 성찰에 도움이 된다고 인정해 버린다면 나는 금세 과학자로서 지녀야 할 정도 이상으로 상상력이 풍부하다는 의혹을 받게 될 것이다. 내가 후렴부나 예기부 혹은 회상부에 맞닥뜨렸다고 생각하는 데에 대해 생물학자는 등가等價의 신호들이라고 치부하고 외면해 버린다. (중략) 마치 음악 연주를 인간의 특권으로 여기고 동물에게는 그와 유사한 자유가 없다고 상상하는 것과 같다.[76]

나는 마그누스 롭에게 그의 음악에 관해 물어볼 겸 편지를 보냈다. 편지를 보낸 지 1년여 만에 암스테르담에서 그로부터 답장 한 통이 날아왔다.

답장이 늦어 죄송합니다. (중략) 여기저기 돌아다니며 새소리를 채록하는 것이 요즘 제가 주로 하는 일입니다. 서부 구북구Western Palearctic(유럽과 중동, 북아프리카를 포함한 지역-옮긴이)에 서식하는 새들의 소리를 소개할 새로운 안내서를 내는 공동 작업의 일환이죠. 지금까지 우리가 테이프에 녹음한 것만도 약 2만1천5백 개이고 개인적으로 제가 기증한 것도 1만2천5백 개가 넘습니다. 편집과 스튜디오 작업도 제가 거의 도맡아 보지요. 그러느라 작곡엔 짬이 나지 않는군요. 일은 꽤 즐겁습니다. 전 이 일이 예전에 소리로 창작하던 활동의 연장이라 생각합니다. 작곡은 늘 고달픈 작업이었죠. 게다가 대개 대가가 아주 형편없었습니다. 이따금 첫 연주를 듣게 되는 게 고작이었죠. 미학이 그처럼 강력한 역할을 하지 않는 조류학적인 측면 때문에 옆길로 빠지는 경우가 가끔 있긴 합니다만 지금 전 마음을 사로잡지 못하던 바로 그 새소리에서 전보다 더 큰 기쁨을 얻고 있습니다. (중략) 올해 카자흐스탄에서는 검은종달새black lark, Melanocorypha yeltoniensis의 소리를 녹음했는데 이놈은 아주 복잡한 노래를 부르는 동안 홰를 쳐대며 자기 나름대로 분석한 리듬을 드러내더군요. (후략)

새들은 자신만의 비밀을 간직하고 있는지도 모른다. 모든 새소리에 잠재된 이런 특성 덕분에 새소리가 뮤지크 콩크레트musique concrète를 만드는 작곡가들, 즉 전적으로 테이프에 녹음된 소리나 디지털 형태의 소리를 컴퓨터를 사용하여 변형하는 방식으로만 음악을 만드는 사람들에게 그처럼 인기 있는 소재가 되었는지도 모른다. 원래는 프랑스에서 피에르 셰페르Pierre Schaeffer(1910~1995, 프랑스의 작곡가)와 피에르 앙리Pierre Henri(1927~ . 프랑스의 작곡가)가 '음악연구를 위한 모임Groupe des Recherches Musicales'에서 시작한 실험적인 음악이지만, 전적으로 미리 녹음된 소리만을 사용하는 그런 작곡 기법은 오늘날의 대중음악을 노트북에서 고음질로 내는 데 필수적인 도구이다.

사운드 디자이너(음악이나 음성이 아닌 음향효과를 직접 제작하는 사람-옮긴이)이기도 한 작곡가 더글러스 퀸Douglas Quin(1956~)은 수십 년간 전적으로 디지털 신호로 바뀐 새소리에 바탕을 둔 즉흥곡을 만들어 왔다. 관련기술이 발전하면서 이런 새소리로 라이브 콘서트를 벌이는 것이 더 쉬워졌다. 이제는 구형 테이프 레코더를 조작하여 힘들게 소리를 변형할 필요가 없다. 퀸은 소리샘플 은행을 설립했다. 전자악기에서 흘러나오는 음을 모아두는 이 은행에서는 소속 음악가들이 각자의 전자제어장치, 그러니까 건반 악기나 드럼세트(재즈밴드에서 한 사람의 연주자가 맡은 타악기 세트 - 옮긴이) 혹은 기타로 새소리를 만든다. '아이스다이버Ice Diver(얼어붙은 강이나 호수의 얼음을 깨고 들어가 스쿠버다이빙을 즐기는 사람-옮긴이)'는 이 소리샘플을 이용해 만든 퀸의 작품이다. 이 작품에선, 뭔가를 갈망하는 듯한 감정을 불러일으키는 아비loon, Gavia sp.의 지저귐 소리와 플루트 연주자가 바로 그 노래의 일부를 옮겨놓은 악보로 연주해 만들어진 소리가 결합하여, 미국에서 가장 고독한 새가 부르는 천상의 찬가에 맑게 울려 퍼지는 화성의 효과를 내고 있다.

퀸은 슈일러 매슈스의 기록들을 클라리넷 연주자가 전 세계의 다양한 생태계에서 비롯된 자연 '환경'을 디지털 신호로 바꾼 배경음악을 연주하기 위한 악보로 사용하기도 했다. 예를 들어, 퀸은 '부드러운 바람Yasashii Kaze'(1993)에서 한 악장을 유명한 후우 오오 우우whoo ooo ooh 하는 비명올빼미의 으스스한 소리로 시작했고, 또 다른 악장을 갈색지빠귀사촌 특유의 '이중성'을 띤 노래로 시작해 울새의 낄낄대는 듯한 노래와 노래참새의 전투의욕을 고취하는 낙천적인 지저귐으로 이어지는데, 그 대부분이 매슈스의 선율적인 단편에 기반한, 클라리넷 연주자를 위한 '유도된' 즉흥곡이다. 매슈스가 애초에 기록한 것보다 느리게 연주함으로써 직접적으로 인용할 때보다 영감의 원천으로서 훨씬 유용했던 것이다. 퀸이 나에게 말했다. "매슈스는 테이프 레코더나 소노그래프의 도움을 받지 않고도 이런 아름다운 새소리의 의미를 이해했다는 걸 잊지 마세요. 오늘날 기술이 발달하고 다양한 미디어가 범람했지만 통찰력의 예리함은 예전만 못합니다."

이런 식으로 퀸의 음악은 새의 노래를 모방하지 않고 새의 노래에 관한 나름대로의 논리를 정립했다. 이것이 바로 새의 행태이다. 늪개개비조차 자신이 듣는 모든 새의 노래를 단순히 흉내 내지 않고 이를 가공하여 엄청나게 많은 자신만의 독특한 소리로 만든다. 그 결과, 다른 늪개개비들(그리고 대담하게 이 새에 접근하여 그 노래에 경탄해 하는 소수의 사람)만이 늪개개비의 노래에 관심을 보인다. 모차르트의 찌르레기는 주인의 음악 세계에 대해 다 알지 못하고 자신의 음악적 감각에 적합한 부분만을 이해한다. 그건 모차르트도 마찬가지다. 그 역시 찌르레기의 음악 중 자신의 감각에 맞는 부분만을 알 뿐이다. 흉내지빠귀도 모방하지 않는다. 다만 자신이 들은 모든 것을 자기만의 스타일과 자기만의 음악 문화, 자기만의 양식으로 표현할 뿐이다. 모두들 소리의 세계 중 자기 나름의 소리의 가능성에 부합하는 부분만 받아들인다.

새에게 적용되는 시간의 틀을 줄이는 방식에 대한 얘기는 이 정도로 끝내고. 인간이 새의 세계에 들어가기 위해 음의 속도를 높이는 경우를 생각해 보자. 패멀라 Z Pamela Z(1956~)는 샌프란시스코에 기반을 둔 작곡가 겸 전기음향 연주자이다. 그녀는 뷰익굴뚝새 Bewick's wren, Thryomanes bewickii 와 카신양진이 Cassin's finch, Carpodacus cassinii, 검은머리밀화부리와 같은 명금의 소리와 녹음된 자신의 음성을 결합해 독주곡 '시링크스 Syrinx'을 만들었다. "아주 빠르게 흘러가는 새소리의 속도와 음고를 확대하자 놀랍도록 복잡한 선율의 재료가 들렸습니다. 그때서야 비로소 난 그 노래를 어떻게 불러야 할지 알게 되었죠." 패멀라는 컴퓨터에 기반하여 자신의 음성과 새들의 소리를 변형시키는 디지털음향 제작 작업을 시작했다. 6분쯤 지나자 인간의 후두에서 나온 소리와 새의 울대를 통해 나온 소리가 분간이 되지 않았다. 인간의 신음소리는 새의 플린크 하는 소리가 되고 새의 스닙 하는 소리는 인간의 한숨소리로 바뀐다. 인간세계와 조류세계의 경계에서 부리가 부르터라 재잘대는 새소리와 인간의 깊은 명상이 어우러진다.

합성된 노래는 연속적으로 빠르게, 느리게 들어보라. 흉내지빠귀가 놀림조로 부르는 노래처럼 들릴 것이다. 그리고 소용돌이 모양을 그리며 퍼져나가는 패멀라의 한숨소리가 오르락내리락 하고 리듬이 생겼다 사라졌다 하며 반복이 연장되고 확장될 것이다. 쇠케가 가장 먼저 사용한 재생속도를 느리게 하는 기법은 여기선 일종의 음악적 도구로 바뀐다. 오오와 오와 호오오오 ooowa oowa hoooooo 처럼 들리는 음성의 울림을 음악적으로 탐구하다 보면 종과 종의 경계가 사라진다! 그 소리를 충분히 빠르게 하고 음높이를 높여 녹음해 앞으로 빨리 감았다 뒤로 감았다 해보라. 여성과 캐롤라이나굴뚝새가 하나가 된다. 왜 둘이 모두 노래를 불러야 하지?

이쯤 되면 이것은 질문이 아니라 코안(명확한 답이 없이 애매한 수수께끼 같은 선문답-옮긴이)에 가깝다. 우리가 무슨 일이 일어났는지 분명하게 드러낼수록 특정 노래가 다른 어떤 존재보다도 새에게 좀 더 실제적인 의미를 띠는 노래일 이유를 찾기 힘들어진다. 인간 작곡가의 경우도 마찬가지다. 인간 작곡가는 이 낯선 음악에 도사린 함정에 대해 알면 알수록 그 음악을 조심스럽게 해체하거나 궁극적인 경외심이 생겨 즐겁게 감상할 목적으로 음악을 짓는 일을 포기해 버리게 된다.

이번에는 음악가가 새와 함께 연주하고 싶어 하는 심정에 대해 생각해보자. 새 애호가들은 민감기의 새끼새들에게 새로운 곡을 가르쳐 이들이 새로운 무언가를 익혀나가는 모습에 희열을 느낀다. 레퍼토리가 고정적인 성체와 함께 음악을 연주하는 경우엔 상호작용이 새로운 유형의 음악적 실험으로 부상한다. 나는 이 여행을 시작할 때 흰웃는지빠귀와 함께 했던 연주를 다시 귀기울여 들어봤다. 나는 새로운 유형의 즉흥연주에 입문하기 위해 새들과 함께 연주를 한다. 말하자면 그들에게 나는 다른 종의 음악가다. 하지만 세력권을 선언하거나 짝을 찾으려는 것이 아니다. 그들 세계에 끼어들고 싶어서, 교감을 나누고 싶어서, 함께 창조적인 일을 하고 싶어서다. 녀석은 무얼 원했을까? 날 어떤 존재로 여겼을까?

나는 그물망으로 짠 새장을 통해 연주하다 흰웃는지빠귀가 가끔 내게 새로운 프레이즈를 들려줄 때마다 깜짝 놀라며 이런 생각이 들었다. 요 녀석도 보통 수컷이 노래 부르는 두 가지 이유 중 하나 때문에 노래를 부르는 거겠지? 그런데 나중에 본 어느 책에 흰웃는지빠귀가 암수가 정확한 음악 구성을 갖춘 이중창을 부르는 종이라고 나와 있지 않은가. 모든 것이 새롭게 해석되었다. 문득 내 자신이 짝 결합 의식의 일부였을 거란 생각이 들었다. 내 프레이즈들이 정확하게 이원화된 음악 체제에 지배받는 녀석에 의해 해석되었으니 터무니 없는 생각은 아니었다. 그런 음악적 경험은 과학이 설명해 준다.

　1970년대 프레더릭 벤클Frederic Vencl과 브란코 소우첵Branko Soucek은 흰웃는지빠귀 암수가 각각 다른 음악 '프로그램'을 가지고 있다는 사실을 발견했다. 두 과학자는 흰웃는지빠귀들에게 상이한 25개의 음절을 제시하고, 암수 중 한 마리가 이중 한 음절을 부르고 난 후 그 짝이 어떤 음절로 노래 부르는지 연구하여 의사결정나무(장래의 상황이 불확실한 경우, 예상되는 각각의 상황에서 얻게 될 결과를 나뭇가지 모양으로 그린 도식-옮긴이)와 전이행렬(특정 유형의 전이(또는 변환)를 설명하기 위한 이동표-옮긴이)로 나타냈다. 그 결과, 당시 그들이 가진 구식 컴퓨터로도 꽤 훌륭하게 모형화할 수 있는 일정한 패턴이 드러났다. 사실, 이 연구 이후 30년이 흐르는 동안 컴퓨터 성능이 나날이 좋아져 노트북으로도 이런 작업을 거뜬히 처리할 수 있게 되었는데도 새의 노래 분석을 이처럼 정교한 프로그램으로 인도한 사람이 거의 없었다는 점은 주목할 만하다. 벤클과 소우첵은 그 이중창에서 명확한 질서와 구조를 찾아내어 간단한 컴퓨터 프로그램을 써서 모의실험을 할 수 있었다. 그들은 흰웃는지빠귀 수컷과 암컷이 각자 독특한 노래 프로그램을 갖고 있으며 바로 이 프로그램이 그들이 무엇을 불러야 할지 결정한다고 설명했다. 새를 기계로 묘사한 셈이다. 두 사람은 이런 정확한 패턴이 무엇을 의미한다고 생각했을까? 이들의 공동저서를 살펴보자.

　지금으로선 암수가 무슨 이야기를 나누는지 암시하는 것은 그야말로 추측에 불과하다. 우리는 어떤 상황에서는 이 새들이 특정 음절을 더 자주 내뱉는다는 점에 주목했다. 예를 들어, F2-M23은 고함소리가 난다든가 하는 소동의 기미가 있은 후 불리는 것 같다. 이러한 반복적인 응답은 아마 이런 의미일 것이다. "나는 괜찮아. 너는 어때?" 그리고 M6/22-F1은 추가적인 노래를 부르도록 암수의 '주기週期 리듬'을 맞추는 동기화의 의미를 지닌 것 같다. 그 뜻은 아마 이럴 것이다. "난 언제라도 노래 부를 준비가 되어 있는데, 넌?"(주)

두 저자는 분명 이 구조화된 이중창은 각 소리마다 하나의 '의도'가 담겨 있다는 점에 실제적인 가치가 있다고 봤다. 흰웃는지빠귀들은 아주 특이한 방식으로 상호작용을 유지할 필요가 있다.

그렇다면 피츠버그 소재의 국립조류동물원에서 내가 흰웃는지빠귀 한 마리와 즉흥연주를 벌인 것과 이 같은 사실은 어떤 관련이 있을까? 나는 당시의 공연을 녹음해둔 테이프를 다시 들으며 새와 인간의 이중창을 소노그램으로 출력했다. 아래 소노그램은 우리가 한창 연주에 몰입했을 때의 상황을 나타내고 있다. 먼저 흰웃는지빠귀가 특유의 디 토 디토 디 토 디 토 디이입 하는 소리를 내기 시작한다. 이에 나는 상행하다 하행하는 아르페지오로 응답한다. 녀석은 어디 해볼 테면 해보라는 식으로 다시 예의 리프를 반복한다.(아랫부분이 클라리넷의 연주이다. 회색으로 표시된 프레이즈가 상행하다 하행한다. 흰웃는지빠귀의 프레이즈는 좌우에서 유사한 패턴이 번갈아 나타난다.)

지금쯤이면 이런 도식을 해석하는 데 익숙해졌을 테니 클라리넷의 악기음과 흰웃는지빠귀의 노랫소리가 모두 이 책에서 소노그램 형태로 소개된 좀 더 귀에 거슬리는 노래들보다 훨씬 단순명료하게 표시된 것을 알 수 있을 것이다. 아마 흰웃는지빠귀와 내가 아주 간단한 음악을 전개했기 때문에 그럴 것이다. 이후 나는 당김음 기법을 살짝 사용한 하향조의 블루스 음계를 시도했다. 이 새는 날카로운 울음소리로 응수하며 그 소리에 맞추려 한 것 같다. 소노그램에는 내 회색 프레이즈의 위에 평행선으로 그려져 있다. 내가 새가 아니란 걸 녀석도 알았을까? 아마 알았을 것이다. 클라리넷의 악기음을 들으면서 자신의 노랫소리와 관련있다고 여겼을까? 악기 상음의 음렬이 녀석에게 뭔가 감명을 줬을지도 모른다. 내 연주가 상행하든 하행하든 아니면, 음계를 살며시 타고 내려오든 흰웃는지빠귀는 그에 맞춰 자신의 독특한 프레이즈를 끼워넣는 법을 알고 있었다. 녀석이 내 신호를 방해한다거나 내게 겁을 줘 입 다물게 만들려 한다는

느낌은 받지 못했다. 내가 이것이 자연계에서 나 외에 다른 존재가 내 연주를 좋아하리라는 의인화된 희망 정도가 아니라는 걸 알게 될까?

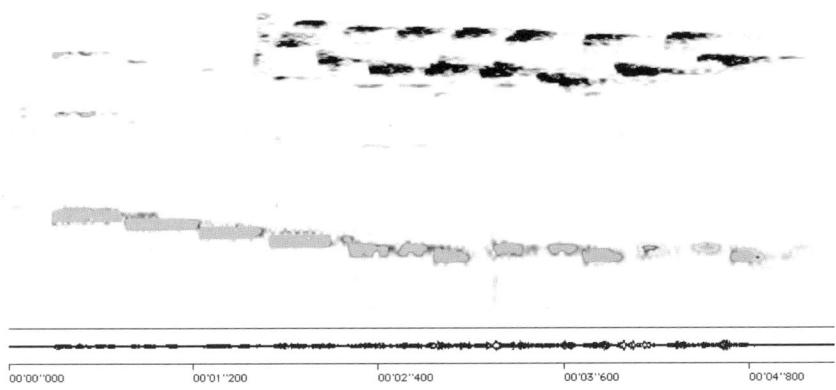

클라리넷의 하행음계와 평행을 그리고 있는 흰웃는지빠귀의 노래

음악은 억제와 용기가 섞여 만들어진 것이어서 많은 의문이 제기되어도 버티다가 마지막 순간에 소리로 응답한다. 바로 이것이 자연에 내재한 예술적 본성이다. 결국 우리는 늘 우리가 동기를 찾을 수 있는 것 이상으로 많은 음악을 듣기 마련이다. 심지어 새의 조그마한 뇌도 그런 조직화된 소리의 마법에 익숙해져 있는데, 이 경우 그 아름다운 소리가 우리가 그 소리의 방식으로부터 뭔가를 배우거나 시간과 대립하는 그 소리를 듣기 오래 전부터 변함없이 울려 퍼지고 있는 걸 보면 형식이 기능보다 중요할지 모른다.

사람들은 나와 흰웃는지빠귀가 함께 한 연주를 듣고선, 어째서 내가 그냥 그 새를 흉내 내지 않는지 그리고 새의 노래를 찬미하는 자세를 보이지 않는지 종종 궁금해 한다. 그럴 때면 그들에게 음악의 가장 돋보이는 기능이 싸움을 하거나 남의 흉내를 다시 흉내 내는 데에 있지 않다는 점을 일깨워 준다. 우리는 노래참새에게서는 새가 자신의 소리를 그대로 똑같이 흉내 낸 소리에 아주 공격적이라는 사실을 알았고, 흉내지빠귀로부터는 새가 자신의 소리를 왜곡하여 모방자 자신의 노래와 엮어 부르는 노래엔 경의를 표한다는 교훈을 얻지 않았는가.

나는 진짜 살아 있는 새와 함께 하는 연주 기회를 더 갖고 싶었다. 이번에는 자연 상태에서 말이다. 지구 반대편에서 메시앙이 겪은 모험에 관한 글을 읽어서 그런지 오스트레일리아가 최적지인 듯싶었다. 어쩌면 시드 커티스가 내게도 도움을 줄지 몰라…. 처음에 시드는 시큰둥한 반응을 보였다. "제가 알버트거문고새에게 테이프로 자신의 노래를 들려줬을 때 일을 말씀드려야겠군요." 녹음 재생실험을 통한 종간의 의사소통이 실패한 과정은 이랬다.

장면 1 (0:0~2:11) 숲의 경계신호음. 위협신호음과 경계신호음이 장황하게 반복적으로 울림. 거문고새 자신의 신호음 외에 다른 종의 것도 있음. 여기엔 작은 개구리 한 마리의 울음소리와 농부가 개를 부르는 휘파람도 포함됨.

장면 2 (2:12~2:38) 위협과 공포. 1분 30초 동안 거문고새가 숲 속에서 가장 무시무시한 포식자인 흰참매grey goshawk, Accipiter novaehollandiae의 날카로운 울음소리를 흉내낸 소리만 남. 기분 나쁜 침묵이 흐름. 별안간 이유를 알 수 없는 비명소리가 남.

장면 3 (3:26~4:52) 재앙. 장면 1에 등장했던 여러 종이 내는 위협신호음이 한 차례 되풀이된 뒤 귀에 거슬리는 경계신호음이 점점 세지고 커지면서 거문고새의 불안이 극도에 달함.

"모르면 모를까. 이런 사실을 아는데 어떻게 거문고새에게 그런 스트레스를 주겠어요? 거문고새에게 자신의 노래를 들려주는 일은 다시는 하지 않으렵니다. 1977년 당시 퀸즐랜드 국립공원관리국Queensland Park Service의 부국장 자리에 있을 때 제가 퀸즐랜드 국립공원에서 거문고새의 노래가 담긴 테이프를 트는 걸 불법화한 법규도 기안했죠." 지구 반대편에서 통상적인 녹음 재생실험을 실시할 기회는 없겠군….

"알겠습니다. 하지만 전 녀석의 노래를 그대로 모방해서 들려주지는 않을 겁니다. 제 음악을 들려줄 테니까요. 도전장을 던지는 게 아니라 선물을 안긴다고나 할까요?"

시드는 잠시 생각에 잠긴 듯 했다. "모르겠습니다. 전례가 없는 일이라서… 힘은 돼드리지 못하겠군요."

"메시앙 씨에게 그랬던 것처럼 저와 페스텔을 알버트거문고새의 노래를 들을 수 있게 안내해 주실 수는 있죠?"

"물론입니다. 언제 오실 건가요?"

"내달 1일이 좋겠습니다. 우리가 연주하는 데 별 문제 없겠지요?"

"글쎄요…." 시드는 다시 생각에 잠겼다가 말을 이었다. "전 은퇴했습니다. 두 분을 신고하지 않겠습니다."

CHAPTER 10

새가 되기

"마이클, 우리가 원하던 새를 찾았어요. 겨우 1만 6천 킬로미터 떨어진 곳에 있었어요." 마이클 페스텔도 자연 상태에서 거문고새와 함께 연주하길 고대하던 참이었다. "시드 커티스 씨가 우릴 보고 도망치지 않을 새가 딱 한 마리 있다더군요. 이름이 조지인데 퀸즐랜드 주에 있는 래밍턴 국립공원Lamington National Park에서 산답니다. 짝짓기 철이 끝나기 전에 서둘러야겠어요." 나는 채텀 대학Chatham College에 있는 토끼장 같은 사무실에서 페스텔을 구해낸 셈이었다. 페스텔은 여름 방학을 맞아 작업실을 정리하느라 정신없었다. 저 거대한 회전식 목재 음향조형물로 뭘 하려는 걸까? 피아노 내부의 녹슨 장치들은 또 뭐지? 나사와 연필, 잔가지로 '조합된' 먼지투성이 피아노줄들은 어디에 쓰려는 걸까? 페스텔이 단호하게 말했다. "아, 이것들은 대충 픽업트럭 뒷칸에 쑤셔 놓아야겠군요. 돌아와서 처리해야겠어요."

우리는 새 한 마리와 협연할 시일과 장소를 정하러 지구 반대편으로 날아갔다. 페스텔과 나는 꼭 조지란 이름의 그 알버트거문고새를 찾아야 했다. 조심성이 많아 모습을 잘 드러내지 않는 이 종에 속한 새들 중에서 인간의 모습과 소리에 아랑곳하지 않는 새는 조지뿐이었으니까. 무리 내 다른 일원은 클라리넷이나 플루트의 소리를 듣자마자 덤불 속으로 소리 없이 줄행랑을 놓았다. 하지만 조지라면 얘기가 달랐다. 녀석은 자연 상태에서 25년 동안 두 사람, 즉 조류학자와 사진사의 연구 대상이었던 까닭에 별별 괴상한 녹음장비와 촬영기구에도 익숙했다. 우리 인간의 음악에 대해 녀석은 어떻게 생각할까? 지금까지 녀석에게 이 같은 질문을 던진 사람은 없었다.

비행기로 지구 절반을 도느라 하루를 보내다 보면 길동무가 털어놓는 별의별 얘기를 듣게 되기 마련이다. 페스텔이 16살 적의 얘기를 했다. 당시 그는 신발 몇 켤레를 사러 1967년 몬트리올 엑스포에 다녀오겠다고 엄마에게 말했지만 결국 히치하이크로 캐나다를 넘고 말았다. 프레드 니체Fred Nietzsche란 이름의 독일 학생 행세를 내며 '베를린발 샌프란시스코행'이라고 적힌 간판을 들고 있는데 마침 밴쿠버에서 출발해 남쪽 방향으로 I-5번 도로를 지나는 차가 있어 얻어 탈 수 있었던 것이다. 그런데 하필 차 주인이 워싱턴 대학교University of Washington의 독일어학과장이 아닌가! 아뿔사, 볼짱 다 봤군. 하지만 그는 결코 다시 집으로 되돌아가지는 않았다.

우리가 이륙한 지 24시간 만에 도착한 곳은 브리즈번 공항이었다. 76살의 고령에도 여전히 정정한 시드 커티스가 우리를 맞았다. 탬 어샌터tam o' shanter(스코틀랜드인들이 쓰는 큰 두건형 모자. 스코틀랜드의 민족시인 로버트 번스Robert

Burns(1759~1796)의 시 〈탬 어샌터 'Tam o' Shanter' (1791)에서 항상 이 모자를 쓴 주인공 농부 탬 어샌터의 이름에서 유래했다.-옮긴이)를 쓰고 커다란 파라볼라 마이크로폰이 얹혀 있는 삼각대를 든 모습은 꺽다리가 되어버린 레프리콘leprechaun(아일랜드 전설에 등장하는 장난을 좋아하는 작은 노인 모습의 요정-옮긴이)을 보는 듯했다. 시드의 눈에 빛 한 줄기가 번쩍였다. 두 명의 이방인이 4반세기 동안 추적해온 특별한 거문고새에 자신처럼 심취해 있는 걸 알고 반가워하는 눈치였다. 시드는 1988년 새벽 5시에 호텔에 들러 메시앙을 차에 태워 알버트거문고새의 소리를 들을 수 있는 곳까지 데려다 준 사람이었다. 당시 그 위대한 작곡가이며 새소리 채록가는 80살이었다. 우리는 음악사를 거슬러 올라간 셈이었다.

브리즈번에 위치한 시드의 집에는 벽에 거문고새 수컷을 찍어 놓은 사진이 한 장 걸려 있었다. 그런데 수컷 주위로 동그라미가 그려져 있고 사선斜線 하나가 그 동그라미를 관통하면서 새의 얼굴 바로 위를 지나가도록 그려져 있었다. '싫어No'라는 뜻으로 통하는 국제 기호였다. 난 시드의 아내인 앤에게 사연을 물었다. 그녀가 웃으며 말했다. "제가 거문고새를 아주 싫어한답니다. 어쩔 수 없어요. 저라도 싫어해야지 그렇지 않으면 저기 있는 우리 남편이 매사를 너무 안이하게 대할 테니까요."

불혹의 나이에 시드는 알버트거문고새 수컷들이 좀 더 흔히 볼 수 있고 조심성이 덜한 큰거문고새가 선호하는 탁 트인 둥근 흙더미 대신, 낮게 늘어진 덩굴 위에서 춤을 춘다는 사실을 알고 흥분하여 이 사실을 알리려 어머니께 달려갔다. 당시 시드의 어머니는 탬보린 산Mt. Tamborine 근처에 살고 계셨는데, 그 산은 시드가 자란 곳이기도 했다. "어머니, 알버트거문고새들이 짝짓기 춤을 추는 곳을 발견했어요. 제가 제일 처음 봤다구요." 시드의 어머니는 한숨을 내쉬었다. "아, 크고 작은 가지들 위에서 춤추고 있지? 그래, 나도 몇 년 전에 봤단다." 시드는 멋쩍어 웃어 버렸다. 시드의 어머니는 하트숀의 지인이었고 당신 자신이 저명한 조류학자이신 분이셨다. 그런 분에게 이 정도의 발견은 굳이 남에게 알릴 만큼 흥미로운 것이 아니었던 모양이다.

우리는 구불구불한 길을 오랫동안 몇 시간 달렸다. 중간에 포도원과 마을도 여럿 지났다. 숲은 올라갈수록 더욱 울창했다. 이윽고 길은 몇 년째 시드가 관할하고 있는 국립공원으로 접어들었고, 오렐리 산장O'Reilly's Rainforest Guesthouse에서 끝났다. 이 건물은 수십 년간 관광객들에게 이곳의 멋진 풍광을 소개한 유명한 롯지lodge(산악인이나 관광객이 일시적으로 체재하기 위해 이용하는 산중 숙소-옮긴이)였다. 여기서 사진사 글렌 스렐포Glen Threlfo를 만날 수 있었다. 이 롯지에서 자연연구 주임인 그는 이곳의 야생생물과 폭포를 촬영한 슬라이드와 비디오를 밤마다 상영하는 일을 맡아 봤다. 수십 년간 숲에서 조지의 뒤를 밟은 사진사가 바로 그였다. 때로는 덤불에 잠복장소를 마련해 놓고 거기서 몰래 녀석을 촬영하기도 하고 또 어떤 때는 살금살금 다가가 귀를 기울이기도 한 글렌은 늘 조지와 친구가 되려고 애썼다.

다음날 동트기 한 시간 전, 부스스한 눈을 비비며 잠자리에서 일어난 우리는 조지의 세력권으로 통하는 험한 숲길을 걷기 시작했다. 조지의 소리를 처음 듣는 순간 나는 그 소리가 오렐리 산장을 바로 벗어난 곳에 사는 온순한 새들 중 한 마리가 내는 것이라고 여겼다. 실제로 조지의 세력권은 호텔에서 수 킬로미터 떨어진 사람 눈에 띄지 않는 길에 자리하고 있었다. 녀석이 처음부터 인간에게 익숙했던 것은 아니었다. 녀석도 동료들처럼 조심성이 많았다. 하지만 시간이 지나면서 인간에게 익숙해져, 사진기가 찰칵하는 소리를 내도 테이프 레코더가 윙윙거리는 소리를 내도 도망치지 않게 되었다. 글렌과 시드가 처음 조지를 발견했을 때 이미 완전히 자란 성체였으니까 녀석은 적어도 30은 된 셈이었다. 조지는 이처럼 자연 상태에서 추적을 당한 적이 있는 거문고새 중에서 제일 나이가 많은데도 여전히 왕성한 기력을 자랑했다.

쓰러진 나무를 넘고 무성한 덤불을 헤쳐 가며 조심스럽게 나아가던 우리 앞에 어두컴컴한 길이 나타났다. 우리의 새가 지배하는 구역으로 접어든 것이다. 처음에는 쥐죽은 듯 조용했다. 그때였다. 하늘 높은 곳에서 소리가 울렸다. *브립, 부우아, 브위, 바 부우 푸 티! 브리압 부아 브위 바 부우 푸 티!* 속도가 살짝 빨라지며 하행하다가 클로드 아실 드뷔시Claude Achille Debussy(1862~1918. 프랑스의 작곡가)의 유명한 플루트 독주곡 '시링크스Syrinx'(1913)에 어울릴 만한 프레이즈로 상행하며 끝나는 이 소리는, 세력권을 선언하는 노래임이 분명했다. 우리는 메시앙이 숲 속에서 웅크리고 앉아 새의 노래를 꼼꼼히 채보하면서 휘파람이나 노래를 부르고 싶은 충동, 혹은 일종의 휴대용 오르간이나 하모늄harmonium(페달식 오르간. 학교·교회 등 한정된 장소에서 오르간 대신 쓰도록 만들어진 리드오르간족 건반악기—옮긴이)으로 연주하여 숨이 막힐 듯한 새소리의 아름다움을 더하고 싶은 강한 충동을 느끼지 않았을까 싶었다. 나는 자연을 외경하는 마음이 메시앙의 머리에서 그런 생각을 떨쳐냈으리라 본다. 하지만 우리는 자신의 마음과 다르게 행동할 필요가 없었다. 나는 가만히 딸깍 소리를 내며 케이스의 걸쇠를 벗겨 열대우림 나무 재질의 클라리넷 부속품들을 꺼냈다.

시드가 예상한 그대로, 약 15분이 지나자 조지가 나무에서 내려왔다. 녀석은 나뭇가지로 꾸며진 자신의 무대 중 한 군데 위로 올라가 숲 속 새들의 노래를 흉내 내기 시작했다. 이 지역에서 사는 모든 알버트거문고새가 활용하며, 꼼꼼하게 다듬어졌고, 다른 개체군과는 상이한, 그런 질서와 형식을 갖춘 소리가 나기 시작했다. 나는 내 행운을 믿을 수 없었다. 녀석이 테이프 레코더에서 불과 몇 미터 떨어진 곳에 있었다. 희귀한 샤마지빠귀의 노래를 처음으로 녹음한 루트비히 코흐의 기분이 어땠을지 알 듯했다. 조지는 아른아른 반짝이는 수금 모양의 꽁지깃을 활처럼 머리 바로 위로 구부러뜨려 얇은 적갈색 천으로 만든 둥근 지붕을 형성했다. 녀석의 뒤쪽에서는, 등에 돋은 하나뿐인 붉은 깃털이 수직으로 섰다. 주변이 확 밝아졌다. 과시행동이 시작되면서 이 숲에 사는 다른 모든 새들의 소리로 구성된 사운드트랙이 들렸다. 때는 겨울, 대부분의 새들이 침묵하는 계절이었다. 이 계절에 우리에게 숲 속 새들의 소개해 줄 새는 조지뿐이었다.

이 사운드트랙의 첫 곡은 심홍장미앵무의 스닙 하는 소리이었다. 그 뒤를 자그마한 동부노랑지빠귀eastern yellow robin, Eopsaltria australis의 플린크 치 치 치 치 하는 소리가 잇고, 계속해서 녹색괭이소리집짓기새green catbird, Ailuroedus crassirostris가 부르는 높은 음조의 핀크 하는 소리, 비늘풍조paradise riflebird, Ptiloris paradiseus의 귀에 거슬리는 *브라아아* 하는 소리가 났다. 그런 후, 파란색에 환장하는 푸른정원사새가 부르는 그 하행하는 날카로운 울음소리와 득득 긁는 듯한 소리로 이루어진 프레이즈가 울렸다. *바 보 디 푸우 트라아아아 테테 푸 트라아아아 아아아르*. 인간의 말로 표현하면 무의미한 듯해도 조지의 음성으로는 엄격하게 통제된 소리도 났다. *칙. 아르*. 이 왕앵무Australian king parrot, Alisterus scapularis의 소리에 이어 다시 심홍장미앵무의 울음소리가 난 뒤엔 푸른정원사새의 좀 더 경쾌한 곡으로 연결되었다. *아 에르으 아 에 아 이에르르*. 웃음물총새가 부리로 나뭇가지를 가볍게 톡톡 두드리는 소리를 음성으로 재생한 *브로 아 하 하* 하는 소리에 이어 레위니 꿀빨이새Lewin's Honeyeater, Meliphaga lewinii의 *크리*, 다시 동무노랑울새의 플린크 *치 치 치 치* 하는 소리가 났다. 푸른정원사새의 *아아아르르*에 이어 왕앵무의 *칙* 하는 소리가 연이어 울렸다. 세리코르니스 프론탈리스white-browed scrubwren, Sericornis frontalis가 날개를 퍼덕거려 노랫소리를 흉내 낸 희미한 재잘대는 소리에 이어 비늘풍조의 *브라아아* 하는 소리가 났다. 짧은 침묵이 흐르고 나면 조지가 세력권을 선언하는 소리가 울렸다. *브리압 부아 브위 바 부우 푸 티!* 그리고 다시 처음으로 돌아가 심홍장미앵무 *스닙* 하는 소리부터 시작되었다. 약간의 변화만 있을 뿐 조지의 사운드트랙은 거의 이런 식으로 계속 반복되었다.

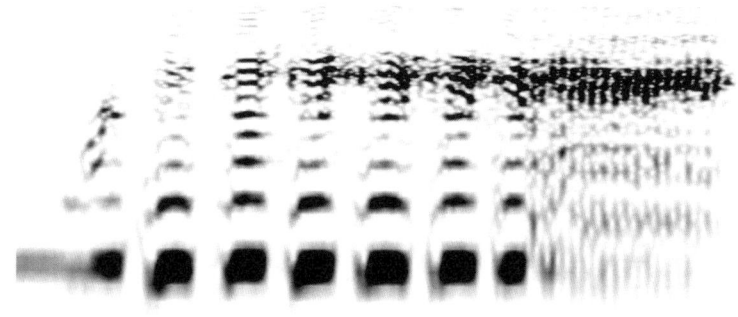

요란한 푸른정원사새의 소리를 0.5초간 표현한 조지의 연주

이것은 조직화된 흐름이고 명백한 음악 작품이었다. 하지만 이 작품은 처음부터 듣기 편한 소리에서 비롯된 것이 아니라 스쿱이나 *브라압* 따위의 귀에 거슬리는 소리에서 유래했다. 거문고새는 이런 소리를 대략 5년

에 걸쳐 다듬어 세련된 노래를 완성하는, 노래 학습의 시기인 민감기가 가장 긴 새이다. 거문고새에 관한 저서를 세 권이나 낸 스미스L. H. Smith는 큰거문고새가 마음에 드는 자신만의 작품이 나올 때까지 다른 새의 노래들을 세련되게 다듬기를 몇 번이고 되풀이하던 모습을 저서에서 이렇게 회상했다. "예전에 난 녀석이 어째서 포기하지 않는지 궁금했다. 아무래도 좋은 소리와 나쁜 소리의 차이를 알고 있지 않고서야 끊임없이 연습할 이유가 있겠는가?"(주1) 시행착오를 통해 거문고새는 심홍장미앵무든 채찍새whipbird, Psophodes sp.든 아니면, 웃음물총새든 모델이 되어준 새의 노래를 완벽하게 표현한다. 그런데 이 새는 자신이 제대로 표현했는지 어떻게 알까? 거문고새는 다른 새의 노래에서 특별한 단편을 골라 그걸 변형하여 자신의 것으로 만든다. 기억력이 좋을 뿐 아니라 미적 감각이 남달라 다른 새의 노래에서 자신이 원하는 부분이 어떤 부분인지 정확히 안다.

조지의 노래는 온갖 이상한 소리로 이루어진 생소한 음악으로 작곡된 작품임에 분명했다. 특히 푸른정원사새의 울음소리에서 비롯된 귀에 거슬리는 이에르르르eerrrrrrrhhh는 우리가 지금까지 새에게서 들어본 소리 중 가장 복잡한 소리에 속했다. 낭랑한 상음上音에서 요란한 소리로 이어지는 이 0.5초짜리 음절을 소노그램으로 나타낸 것이 윗그림이다. 조지가 자유자재로 펼치는 공연을 구경하고 있던 페스텔이 한 마디 했다. "이번엔 쉽지 않겠군요. 조지가 우리한테서 필요한 게 있을까요? 녀석의 음악은 그 자체로 완벽하잖아요." 마이클 페스텔은 은색 플루트를 꺼냈다. 이 플루트에는 별별 새소리를 다 내는 경목(활엽수에서 얻은 목재-옮긴이) 재질의 갖가지 버드콜이 정성스럽게 고무줄로 묶여 있어서 조지만큼이나 재빨리 어떤 새소리에서 다른 새소리로 바꾸기가 용이했다. 나는 그에 비해 훨씬 간단한 클라리넷의 부속품들을 이어 맞췄다. 우리는 각자 악기를 손에 쥐고 우리가 끼어들 만한 적당한 순간을 숨을 죽이며 기다렸다.

지금 이 자리에 있기까지 그 긴 과정이 주마등처럼 스쳐 갔다. 몇 년 전 나는 피츠버그 소재의 국립조류동물원에서 흰웃는지빠귀가 보인 음악적 반응에 고무되어 이 프로젝트를 시작했다. 당시 그 사건은 내게 놀라움과 함께 호기심도 불러일으켰다. 여러 종의 계통을 넘나드는 음악을 만들고 싶었다. 영혼과 형식만이 문제였다.

나는 지난 5년 동안 정말 많은 책을 탐독했다. 역사와 시를 속속들이 파헤쳤을 뿐 아니라 과학적 탐구라는 전혀 새로운 언어도 익혔다. 이 체계에서는 모든 진술이 수많은 통계와 인용, 복잡한 계산 외에, "우리는 결코 확신하지 않는다"나 "사실 우리는 알 수 없다" 따위의 잠정적인 정직함으로 드러낸 결론으로 뒷받침되어야 한다. 과학적 탐구에는 변수가 너무 많으며 우리는 그중 빙산의 일각만 다루기 때문이다. 새의 노래에 대한 탐구라고 예외일 리 없다. 우리가 듣는 모든 새소리에 관한 대담한 일반법칙들이 제시되어도 이를 뒷받침할 데이터가 그다지 많지 않은 것이 현실이다.

나는 생물학과 씨름하고 머리를 싸매며 동물행동학에 몰입할수록 이 멋진 분야들이 객관적 확실성보다 예술적 우아함에 가깝다는 인상을 받았다. 새들만이 개성 있는 존재이고 제각각 우리가 전혀 못한 일을 기꺼이 하는 존재가 아니다. 과학자들도 그렇다. 아니, 상상력의 비약이라는 점에서는 과학자들이 새들을 앞선다. 그들 자신마저 놀랄 정도다. 경계를 발하거나 먹을 것을 달라고 조를 때 선천적인 신호음을 내는 경우에서 보듯 새의 노래보다 신호음이 언어와 유사한 기능을 발휘한다는 사실을 발견한 피터 말러가 그랬고, 덤불을 향해 귀를 기울인 채 늪개개비가 벨기에에서 시작하여 튀니지를 거쳐 아프리카 남동부를 흐르는 잠베지 강까지 이주하면서 익힌 장황한 노래의 단편들을 해독한 프랑수아즈 도셋 르메르가 그랬으며, 세 종류의 소리로 구성된 숲타이란트새의 노래에서 우주의 조화를 들은 월리스 크레이그가 그랬다. 이 모두가 청취의 비약이며 멋진 꿈의 비약이다. 이들 과학자는 부지런하고 꼼꼼할 뿐 아니라 상상력도 풍부했다. 그들은 새의 노래를 아름다운 그림으로 그려냈다. 노트봄이 카나리아 연구를 통해 신경발생을 발견했던 것과 마찬가지로 그들 모두는 새로운 자연의 모습을 드러내는 데 일조했다.

이 프로젝트를 시작하면서 나는 불가사의한 새소리에 담긴 인간적인 의미를 완벽하게 이해하려면 우리는 도구상자를 활짝 열어 그 속에 담긴 인간의 재능을 모조리 활용해야 한다고 믿었다. 새의 강렬한 감정과 세력권에 대한 애착을 표현하려면 시로 언어를 극단적으로 해석해야 한다. 새소리의 즉시성과 필연성을 드러내는 데 시만한 것은 없다. 음악은 일련의 소리들이 아무런 메시지를 갖고 있지는 않지만 우리 귀에 익숙한 구조를 형성해 아름다움을 전달할 수 있다는 사실을 알고 있다. 새소리에 담긴 명확한 리듬과 형태를 보여주는 것이 바로 음악이다. 새의 세상이 어떻게 생겼고 어떤 소리를 내는지에 관해 과학은 어떤 개인의 의견도 무색하리만큼 진실되고 흔들리지 않는 강력한 모습을 보이길 원한다. 0.5초짜리 거문고새의 소리를 소노그램으로 나타냈듯 과학은 우리가 갈기갈기 찢어 살펴볼 수 있도록 새의 노래를 엄밀한 형태로 나타낸다. 기술이 우리를 감각보다 분석 도구를 더 신뢰하게끔 이끌면서 순식간에 소리는 누구나 들을 수 있는 이상의 것이 되어 버린다.

새의 노래에 관한 예술에서처럼 새의 노래에 관한 과학에서는 가설만 무성하고 결론을 찾아보기 힘들다. 대부분이 "새의 노래는 이런저런 이유에서 발달했을 것이다"든가 "새의 노래는 짝짓기나 싸움이 한창 진행 중일 때 이런저런 기능을 발휘할 수 있다"든가 하는 식이다. 현대의 이론들은 무작위적으로 특정 형질들이 선택적으로 발현된다는 변덕스러운 성선택설에 의해 지탱되고 있을 뿐이다. 이들 이론이 공헌하는 것이라고 해봐야, 특정 새의 노래가 얼마나 복잡한지, 모티브는 몇 개나 되는지, 길이는 얼마나 되는지, 변화는 얼마만큼 일어나는지를 측정하여 모두 도표로 작성하는 정도다. 그렇게 분석된 결과는 이들 수치가 처음엔 급속히 증가하다 나중엔 일정한 숫자에 수렴하는 양상을 띤다는 사실을 보여준다. "더 이상 새로운 음절은 없군. 이게 내가 찾아낸 전부야. 숲타이란트새는 3종, 노래참새는 20종, 붉은꼬리지빠귀는 50종, 나이팅게일은 100종, 흉내지빠귀는 200종, 갈색지빠귀사촌은 2000종." 어쩌구저쩌구…. "그런데 말이지, 음절 간의 관계를 알고 싶어 환장하지 않은 다음에야 음절 2,000종으로 그런 연구를 할 엄두가 나겠어? 안톤 폰 베베른Anton von Webern(1883~1945, 오스트리아의 작곡가·음악학자)의 곡이라면 40초에 끝나고, 대중가요도 보통 3분이고, 모차르트의 곡도 20분이야. 하물며 베토벤의 곡도 1시간이면 끝난다구. 새는 시계도 안 보나?"

이런 다방면에 걸친 새소리 접근법은 과학과 예술이 건설적으로 화해하는 길을 찾는 보다 큰 프로젝트의 일환이다. 저명한 곤충학자이며 자연보호론자이기도 한 자연작가 에드워드 윌슨Edward O. Wilson만큼 이 일에 열성적인 과학자도 없다. 윌슨은 최근에 저서 「Consilience: The Unity of Knowledge」(1998)(한국에는 「통섭 : 지식의 대통합」(최재천·장대익 옮김, 2005, 서울 : 사이언스북스)으로 번역·출간되었다.-옮긴이)에서 인간의 모든 지식이 과학의 확고한 기반 위에 통합시켜야 한다고 제안했다. 그럼으로써 결국엔 우리의 좀 더 광범위한 창조적인 모든 노력이 명백하게 드러날 것으로 전망한다. 이 책에서 그는 복잡한 것을 이해하기 위해서는 과학이 그것을 가장 단순한 구성요소로 환원할 필요가 있다고 아주 열성적으로 주장한다. 환원주의還元主義(복잡하고 추상적인 사상事象이나 개념을 최하위 계층의 법칙과 개념으로 설명하려는 입장-옮긴이)는 여전히 아주 실제적이고 중요한 과학 도구이지만 윌슨은 이것을 아주 시적으로 묘사했다. "당신의 마음이 그 체계 주위를 돌도록 놔두라. 그에 대한 흥미로운 문제를 제기하라. (중략) 그 체계에 사로잡혀라. 세부사항을 사랑하고 그것에 대한 느낌 그 자체를 사랑하라. 그 결과가 어떻든 간에 질문에 대한 답이 수긍이 가도록 실험을 설계하라."[주2]

하지만 윌슨은 환원주의 없이 복잡성을 추구하면 자연의 풍요로움을 더 없는 찬양으로 드러내는 예술이 탄생한다고 주장한다. 그는 예술은 감정을 전하는 반면, 과학은 그것을 이해하길 원한다고 말한다. 윌슨은 과학이 예술인 것도 예술이 과학인 것도 원하지 않는다. 하지만 그는 과학이 우리가 예술에 마음을 빼앗기는 이유를 곧 설명해줄 수 있을 것으로 믿는다. 윌슨은 예술이 우리에게 끼치고 있는 영향이 무엇인지 정확히 알 정도로 우리가 뇌의 활성을 정확히 이해할 날이 올 것이라고 생각한다. 현재 진행 중인 새의 뇌에 관한 선구적인 연구가 길잡이 역할을 할 것이라고 말이다. 과학은 정서적으로 우리를 감동시키지는 못할지 몰라도 과학의 엄격한 방식으로만 우리의 심오한 감정의 원인을 찾을 수 있다. 새와 마찬가지로 우리는 우리의 반응의 일부만을 가지고 태어났으며 따라서 나머지는 학습해야 한다. 인간의 뇌는 "대상과 속성 간의 연결, 의식을 가로지르며 영원한 존재에 관한 정보를 제공하는 바로 그 연결을 위해 계속해서 의미를 추구한다. (중략) 인간 조건을 이해하려면 유전자와 문화를 모두 이해해야 한다. 하지만 전통적인 방식으로 과학과 인문학을 분리한 채 이해해서는 안 되고 인간 진화의 실재성을 인식하면서 그 둘을 함께 묶어 이해해야 한다."[주3]

윌슨은 최고의 예술은 우리의 생물학적 기원에 조금도 어긋나지 않는 것이라고 여긴다. 그는 우리가 동물 세계에서 유일하게 우리만이 지닌 자기반성의 의식으로 우리와 우리의 뿌리의 환희에 찬 재회가 가능한 것은 예술이 발달한 덕분일지 모른다고 생각한다. 예술의 질은 인간의 본성에 대한 충실도, 즉 우리의 본질과 자연에서의 우리의 위치를 드러내는 능력으로 매겨져야 한다. 필연성이 창작의 목표이므로 예술에는 아름다움이 담겨 있어야 하는 것이다.

이런 주장에는 어딘지 모르게 진척 없이 원점을 맴도는 면이 있다. 예술가나 예술 애호가 중에 이 주장에 동의하는 사람은 거의 없을 것이다. 예술품이 훌륭하다는 데 의견의 일치가 이루어진 다음에야 우리는 그 물건이 훌륭한 이유를 찾게 되지 않느냐는 논리다. 그런데 이런 진정성에 대한 추구는 내가 믿고 있는 새가 노래하는 이유를 상기시킨다. 음악은 우리의 본질을 드러내듯 새의 본질도 드러낸다. 우리는 가끔 자제력을 잃고 필요 이상의 음악을 들을 수 있는 종이다. 베토벤과 모차르트는 새의 음악적 재능을 일종의 농담이라고 생각하여 그들의 노래를 가벼운 마음으로 장난치듯 다루었다. 이에 반해, 메시앙은 새의 노래가 지닌 진정한 야성을 아주 진지하게 받아들이는 한편, 고대 그리스의 리듬과 인도의 리듬 그리고 불협화음에 토대를 둔 독특한 화음 체계와 그 소리를 혼합하여 자신의 것으로 만들었다. 페스텔과 나는 이 숲 속에 머무르며 음악과 비음악을 가르는 경계선을 바꿔 놓으며 새들과 함께 연주하고 싶었다.

모든 휴머니스트들이 과학이 우리의 미학과 문화의 가치를 입증해내리라는 윌슨의 전망에 달가워하는 것은 아니다. 농부이며 시인인 웬델 베리 Wendell Berry(1934~)는 저서 「삶은 기적이다 Life Is a Miracle」에서 윌슨이 기적과 체험보다 환원과 설명을 높이 평가했다고 생각되는 부분에 대해 이의를 제기한다. "우리는 우리가 말할 수 있는 것 이상을 알고 있다. (중략) 과학의 언어가 다른 언어들보다 덜 제한적인 언어라고 볼 이유는 없다."[주4] 왜 과학자들에게 우리의 모든 설명에 우선하는 본능과 애정, 기쁨, 슬픔이 어우러진 세계로의 참여를 좀 더 진지하게 받아들이도록 독려하지 않는가? 한 번은 강연이 끝난 윌슨에게 내가 정말로 자연을 기계라고 생각하는지 물은 적이 있다. 그의 대답은 이러했다. "아, 아닙니다. 그보다 훨씬 적절한 은유가 있죠. 하지만 일반 대중이 이해하기엔 너무 어렵죠."

어느 전문가나 자신의 전문분야가 모든 분야를 망라하고 있다고 믿는 경향이 있다. 나는 학창시절 '철학은 학문의 여왕'이라고 배웠다. 윌슨은 과학이 모든 현상을 설명하기를 바란다. 베리는 예술과 과학이 모두 자체의 전문적인 기준보다 큰 관심사에 종속될 수 있지 않을까 하고 생각했다. 이제 이곳 퀸즐랜드의 열대우림에서 새벽빛을 받으며 서 있노라니 내 머리엔 새의 노래가 자연에 대한 인간의 숙고에 관련된 온갖 패러독스를 담고 있다는 생각이 스쳐 지나갔다.

예술은 설령 수백만 년의 길이를 가진 자연의 경로에서 직접 비롯된 것이더라도 그것의 힘에 대한 어떤 분석에도 자리를 내줄 수 없다. 카나리아 뇌 속의 노래체계가 카나리아의 노래를 대신하지는 못한다. 새와 달리 새의 노래체계는 우리에게 노래를 부르는 법을 알려주지 않는다. 그래서 아야나 알렉산더는 지금도 새의 육체에서 분리된 울대로 매일 연습하며 자신에게 인간의 호흡과 통제에서 벗어나 노래 부르는 것이 어떤 느낌인지 알려줄 데이터를 얻으려 하고 있다. 베리가 보기에는 생명의 힘이 그 대부분이 분명하게 드러나지 않도록 의도되어 있다. "나는 피조물을 설명하는 것이 불가능한 일이라고 생각한다. 삶 역시 설명될 수 없는 것이라고 생각한다. 우리가 피조물과 삶에 관해 알고 있는 바는 그림이나 이야기 혹은 노래나 춤으로 표현되어야 한다."[주5]

과학은 분명 예술과 다른 것이라고들 여기지만 새의 노래에 관한 한 과학의 결과물은 이상하게도 시적이다. 새의 노래를 다루는 논문은 어떤 결론으로도 끝나지 않는다. 명백한 답이 보이지 않는 "새는 왜 노래하는가?"라는 질문에 추가적인 공상과 추측으로 일관할 뿐이다. 과학자들이 연구 막바지에 이르러 종종 시에 의지하는 것은 놀랄 일이 아니다. 예는 얼마든지 있다. 경시가를 쓴 가스탱이 그랬고, 야생세계를 하나로 결합시킬 우주의 조화를 열망한 스컷치가 그랬다. 저명한 고래 전문연구가 로저 페인Roger Payne은 어느 날 오후 메시앙의 곡과 혹등고래humpback whale, Megaptera novaeangliae의 울음소리 그리고 새의 노래에 귀기울이다 소리와 구조, 감동이 하나가 되어 소용돌이치는 공상에 빠졌다. 이 과학자는 자신의 저서에서 주저하지 않고 대담한 질문을 던졌다. "우주가 노래 부르는 것이 가능한 일인가? 신이 우주의 노래인 것이 가능한 얘기인가?"[주6]

우리는 예술가나 과학자이기 전에 인간이다. 인간은 새의 노래처럼 불가사의하고 집요한 현상(본질이나 본체의 바깥으로 나타나는 관찰 가능한 사물의 모든 형상—옮긴이)에 맞닥뜨린 경우 자신이 가지고 있는 어떠한 한 가지 능력만으로는 그것을 파악할 수 없다. 새의 아름다운 노래는 어떤 인간의 조상보다도 오래되었으며 모든 인간의 음악이 사라진 후에도 오랫동안 지속될 것이다. 신의 뜻이 지상에서 들리기로 예정되어 있다면 그것을 발견할 만한 곳으로, 복잡하기 이를 데 없는 불가해한 새소리만한 것도 없다. 거기에 신을 개입시키고 싶지 않다면 그렇게 하라. 달팽이 걸음만큼이나 느린 진화로도 이 모든 무익한 아름다움은 물론, 우리가 그 모든 현상의 이면에 지적인 이유가 있다고 상상하고 싶은 욕구까지 충분히 만들어낼 것이다. 지금도 나는 새의 노래를 듣기 위해 내가 알아낸 것과 애초 믿고 있던 것을 모두 활용하고 있다. 새들이 어떤 노래를 부르는지 그리고 왜 부르는지 알고 싶어서이기도 하지만 무엇보다도 새들과 함께 연주하고픈 마음이 절실하기 때문이다.

과학과 시 그리고 음악은 새의 노래에 관해 제각기 다른 의견을 갖고 있지만 "새는 왜 노래하는가?"라는 질문에 대한 궁극적인 해답을 찾는 경우엔 의견 차이가 모호해진다. 존 클레어는 시의 리듬에 관한 자신의 완전한 시각을 정의하기 위해 '웨-웨 웨-웨 처-처 처-처'를 활용했다. 과학이 다윈이 서로 연관되어 있는 자연의 소리들을 목적과 욕망에 연관 짓는 통찰력을 보인 이후에야 비로소 이 수준을 뛰어넘었다. 음악도 다양한 소리가 지닌 가치를 수용할 준비를 어느 정도 갖춘 후에야 나이팅게일의 리듬을 음악으로 인정하였다.

따라서 새의 노래는 과학과 예술 모두에게 이해의 범위를 확장할 것을 요구한다. 우리는 여전히 이해 과정에 있다. 현재 우리가 알고 있는 바로는 가능성이 희박하긴 해도, 꿀벌의 꼬리춤처럼 새의 노래에도 갖가지 특정 정보가 담겨 있으며 언젠가 해독될 날이 올 것이다. 비록 조지의 노래가 다른 새의 소리로 이루어져 있다고는 하지만, 끝없이 노래 부르려는 엄청난 의지로 오래 전부터 포함되어 있는 이유들 때문에 녀석의 노래는 정해진 시각에 정확히 맞춰 이 숲에서 그 전체로서 불릴 때만 의미가 있다. 위대한 음악이 모두 그렇듯 조지의 노래를 묘사하려는 모든 시도는 수포로 돌아간다. 그렇지만 시는 결코 그런 시도를 멈추지 않을 것이다. 나는 거문고새를 다룬 유명한 시에 대해 아는 바 없다. 하지만 이 문제와 관련해서 내 머리에 떠오른 시가 한 편이 있었다. 빅토리아 시대 후기(1870~1901)에 쓰인 조지 메러디스George Meredith(1828~1909, 영국의 소설가 · 시인)가 지은 '종달새의 비상Lark Ascending' (1895)이 그것이었다.

(전략)

날카롭고, 분별없이, 억제되지 않게,
기쁨이 가득하고, 지속적으로 분출하며, 요란하게 울려퍼지게,
중단도 낮아짐도 없이,
감미롭고도 낭랑하며, 더없이 감상적으로,
영원히, 떨리는 목소리로 화음을 노래하는데서.
몸을 흔들어 그 영롱한 빛을 발하고 반짝이는 은가루를 흩뿌리는
양지바른 풀밭에 맺힌 무수한 이슬처럼.

(중략)

우리가 원하는 것은
아름다운 소리를 내는 목구멍 속의 있는 그대로의 야생의 가락.
들춰낼 오점 하나 없는
맑고 깨끗한 노래.
너무나 깨끗한 나머지 태양에
일반 대중을 대변한 그 목소리에 경의를 표하는 노래.
민중이 하나 된 영원의 목소리를 내는데
기뻐하는 노래.

(후략)

오스트레일리아를 탐험한 영국인들은 이 시를 마음에 아로새겼을 것이다. 그들이 이 새를 빅토리아 여왕(1819-1901)의 부군 알버트 공Prince Albert(1819-1861)의 이름을 따서 알버트거문고새라고 지었다. 물론 알버트 공은 이 새를 한 번도 접한 적이 없었다. 새의 욕망을 잘 알고 있었던 메러디스는 이 시의 다른 곳에서 종달새가 "오직 노래만 원한다"고 적어 놓았다. 명금은 음악이 최고의 욕망이어서 노래 부르기를 끝없이 갈망한다.

"정신 차려요. 데이비드. 조지가 우릴 기다리잖아요." 페스텔의 재촉에 나는 상념에서 깨어나 현실로 돌아왔다. 숲 위로 떠오르는 태양의 강렬한 빛에 열대우림이 반짝이고 있었다. 작은 캥거루의 일종인 붉은목숲왈라비red-necked pademelon, Thylogale thetis 한 마리가 요란한 소리를 내며 오른쪽 덤불로 사라졌다. 그러자 조지가 다른 덩굴 무대로 달아났다. 거기서 공연이 재개되었다.

알버트거문고새는 일단 이웃 새들의 소리를 흉내 내기 시작하면 쉽게 멈출 수 없다. 눈부시게 빛나는 꽁지깃을 활처럼 머리 바로 위로 구부린 채 녀석이 덩굴 위에서 앞뒤로 몸을 흔들면 숲 전체가 전율한다. 이 새는 어째서 겨울 번식기가 끝나 번쩍거리는 꽁지깃을 늘어뜨리며 남의 이목을 피해 돌아다니면서 먹을 것을 찾는 계절이 될 때까지 여러 달에 걸쳐 일련의 소리를 동일한 순서로 끝없이 반복하는 걸까? 프리츠 스탈은 저서에서 이런 진언이 올바르게 행해져야 한다고 밝힌 바 있다.

거문고새는 실로 학습을 위해 태어난 새라 할 만하다. 5년이나 걸려 노래를 완성한다. 자신이 흉내 내고 있는 새들의 이름을 죄다 알 필요는 없다. 녀석의 앞에 선 음악가인 나도 마찬가지였다. 듣는다는 것은 들리는 소리의 이름을 잊어버리는 것이다.(주7) 이 말은 정보를 경시한다는 뜻이 아니다. 철저함과 세부적임의 무한한 가치는 과소평가되어서는 안 된다. 하지만 우리가 새로운 음악에 들어설 자리를 마련하려는 경우에는 얘기가 다르다. 모든 예상을 버리고 모든 축적된 경험을 믿어야 한다. 새가 노래하는 동안 자신도 새가 되지 않으면 안 된다. 조지가 우리를 향해 고개를 움직이며 갈고리 발톱으로 나뭇가지를 흔들었다. 인간이 끼어들 시간이 된 것이다.

푸우. 투웃. 페-붐, 브리어룸프! 우리의 음악은 이처럼 이상한 말로 진행된 것이 아니다. 단지 연상으로만 새소리 같이 들리는 멜로디로 진행되었다. 처음에 조지는 이 생소한 소리에 당황한 모양이었다. 하지만 녀석은 그리 오래 자신의 연주를 중단하지 않았다. 겨우 0.5초 만에 재개했다. 어쩌면 이렇게 생각하고 있는지도 몰랐다. '날 방해하고 있는 이 기묘한 소리들은 대체 뭐지? 저들은 무슨 권리로 이 시기에 그것도 이 시각에 소란을 피우는 거야? 이건 내 단독 연주회란 말이야. 누구도 간섭 말라구. 이 세상이 그렇게 설계되었다구.'

이 열대우림은 울림이 멋졌다. 연주회장에서처럼 또렷한 느낌은 들지 않지만 싱싱한 초록빛 나뭇잎들에 감싸인 공간에서나 가능한 섬세한 느낌을 주는 울림이었다. 후우우들레드레드. 부르데레아랍. 마이클 페스텔이 세력권을 선언하는 소리였다. 어디서든 그 플루트로 연주하는 리프를 알 수 있었다. 목에 한껏 힘을 줘 높은 B음을 불었다. 핑. 핑. 그러자 머리 위에서 웬 조그마한 산새가 호응을 보였다. 조지는 멈출 수는 없었지만 나와 페스텔의 음악에 반응하여 아주 조금씩 미세하게나마 곡에 변화를 줬다.

우리가 기대한 그 이상의 반응이었다. 나는 인간이 자신의 멋진 춤과 노래를 보기 위해 다가오는 것을 허락하는 세상에 단 한 마리뿐인 알버트 거문고새에게서 6미터쯤 떨어져 있었다. 뭘 하지? 나는 그 자리에 서서 이 새의 멋진 연주를 감상하는 따위의 예를 차리고 있을 수 없었다. 연주에 동참하지 않고는 배길 수 없었다. 나의 높은 B음들은 금세 프레이즈로 확장되어 급하게 상행하다 하향했다. 조지의 소리를 흉내 낸 것이다. 그러니까 남이 흉내 낸 걸 다시 내가 흉내 낸 것이다. 나는 내가 이 숲에 들어설 자리를 마련하기에는 언제나 그렇듯 내 연주가 너무 튄다는 사실을 알고 있었다. 그래서 조지의 음악이 지닌 균형감에서 흥분을 가라앉히는 법과 내 표현기법을 연마하는 법을 배우려 했다.

서로 관련성이 없는 프레이즈들을 모방한 소리를 다시 모방한 것. 주워 듣고 익힌 모든 소리의 작은 파편을 여기저기 끼워 맞춘 것. 이것이 바로 우리에게 작용할 수 있는 음악이며, 우리의 삶이 규정지어진 방식이다. 거문고새가 세상에 알려진 초기에 이 새에 대한 글을 썼던 오스트레일리아의 작가 알렉산더 휴 치섬Alexander Hugh Chisholm(1890~1977, 오스트레일리아의 언론가이며 작가, 아마추어 조류학자)은 어째서 노래 과시행동의 장소 어디에서도 암컷을 보기 힘든지 궁금했다. 수년 간 시드니 근방의 공원들을 돌아다니며 큰거문고새를 관찰한 휴 치섬은 이 새가 '삶의 더없는 기쁨'을 누리기 위해 노래를 부른다고 확신했다.(주8) 그런 이유가 아니라면 거문고새 수컷이 그처럼 피할 수 없는 운명인 양 어떤 방해에도 굴하지 않으며 노래 부르겠는가? 오스트레일리아의 시인이며 공연예술가인 크리스 만Chris Mann(1949~)은 빅토리아 주州에 농장을 소유하고 있다. 그런데 이 농장에서는 폴란드어로 욕을 하는 큰거문새를 쉽게 볼 수 있다(농장의 전前주인이 큰거문고새들에게 물려준 유산이다). 그는 이 새의 노래가 미학보다 정치학에 관한 것이라고 믿고 있다. "그것은 아름다운 것이 아니라 실제적이다. 새들은 음악을 통해 공동체 생활을 규정한다." 만은 새의 삶을 오스트레일리아 대륙에 거주해 왔던 원주민들이 본래 누리던 삶에 비유한다. "그들은 일하는 시간보다 노래 부르고 춤추는 시간이 더 많았다. 영국 식민지 개척자들의 가혹한 노동 윤리가 그보다 낫다고 감히 말할 수 있는가?"

이중창을 부르는 긴팔원숭이뿐 아니라 원시음악이랄 수 있는 갓난아이의 옹알거림까지 연구한 스웨덴의 과학자 비에른 메르케르는 테크노 레이브(벌판에서 심야에 주로 테크노 계열의 음악을 크게 틀어놓고 열광적으로 춤추는 이벤트-옮긴이)에서 몽골의 의식에 쓰이는 다중화성multiphonic(한 번에 여러 음을 내는 기법-옮긴이)으로 소리를 내는 악단에서 공연을 해왔다. 메르케르는 내게 이렇게 경고했다. "음악이 여러 감정을 표출한다는 그런 터무니없는 생각을 경계하세요. 음악이 표현하는 유일한 감정은 노래하고자 하는 충동입니다." 거문고새가 되고 싶다면 올바른 노래를 익혀야 한다. 그 노래는 위조가 불가능하다. 메르케르는 이렇게 주장했다. "노래가 거문고새에 걸맞은 노래라야 거문고새라고 규정됩니다. 노래가 중요한 순간이 바로 그 때이죠. 일단 거문고새가 되고 나면 거문고새로 지내는 데 필요한 것만 합니다. 그것이 운명입니다." 한 인간으로서 이 계획을 방해하는 것은 벌 받을 짓인 것 같다. 조지는 내 연주에 경청할 필요도, 나와 장난칠 필요도 없다. 그런 것이 녀석에게 무슨 의미가 있겠는가?

    동이 트고 정오가 다 되도록 거문고새 암컷은 한 마리도 나타나지 않았다. 저 멀리에서 다른 수컷들만이 세력권을 선언할 때 내는 특유의 그 짧은 울음소리에 아주 분명한 반응을 보였다. 조지는 그 울음소리를 우리와 공연을 처음 가질 때 이후 노래 중간중간에 가끔씩 냈다. 그렇다면 굳이 이웃 새들의 소리를 흉내 낸 노래를 반복해서 부를 필요가 있을까? 조지는 노래를 불러야 하기 때문에 부르는 것이 아니라 부르고 싶어서 부르는 것이었다. 바로 이 순간 오랜 세월에 걸쳐 이루어진 자연선택은 이 궁극적인 새의 공연을 '요구' 하는 것이 아니라 단순히 '허용' 하는 것일 뿐이었다. 조지라는 거문고새가 노래에 사로잡혀 있는 것은 호르몬이나 설계 때문일 수도, 환경이나 계절의 탓일 수도 있었다. 그 사유는 무엇이든 될 수 있었다. 조지가 무시할 수 없는 그 노래 부르는 목적은 일정하지 않았다.

조지는 몇 번이고 노래를 반복하다 어느 순간 우렁찬 목소리를 내며 절정으로 달려가고 있었다. 그롱크로 잘 알려져 있는 일련의 귀에 거슬리는 소리를 냈다. 이 소리에 동반한, 발톱으로 땅바닥을 긁는 듯한 새로운 리듬이 덩굴 무대의 나뭇가지들을 흔들어 덩굴 무대 위쪽으로 치켜 올려 위쪽에 있는 흰부용나무white booyong, Heritiera trifiolata를 부르르 떨게 한다. 그룬크 그룬크, 드크드트드클트드크트드크, 그룬크, 그룬크. 여기에 올 기회가 있었다면 쿠르트 슈비터스는 이 소리가 아주 마음에 들었을 것이다. 조지의 울대에서 전류가 이동하는 듯한 나지막한 소리가 들렸다. 그룬크 그룬크 프즈즈즈 프즈즈즈 프즈즈즈 프즈즈즈. 녀석은 아른아른 반짝이는 꽁지깃을 다시 한 번 활처럼 앞으로 구부려 흔들다가 강하게 내리쬐는 찬란한 겨울 햇살을 받자마자 그 자세로 얼어붙은 듯 꼼짝하지 않았다.

바람이 불자 오스트레일리아의 덤불 전체가 번쩍였다. 오스트레일리아 원주민의 예술이 투영된 그 작은 밝은 점들은 이 순간의 자연이 품은 모든 시각에너지를 세차게 고동치게 만들고 있는 춤추는 거문고새에서 빛나는 이 반짝거리는 점들과 아주 흡사하다. 허브 패튼Herb Patten과 같은 동시대인인 오스트레일리아 원주민 출신의 음악가들은 유칼리나뭇잎을 불어 거문고새들처럼 다양한 새소리를 흉내 낸다. 오스트레일리아 원주민들은 거문고새를 불렌 불렌bulen bulen이라고 불렀는데, 이는 이란과 아프가니스탄에서 나이팅게일을 지칭하는 볼볼과 이상하리만치 비슷하게 발음된다. 오스트레일리아 원주민에게는 호피족의 흉내지빠귀 이야기와 유사한 전설이 전해 내려온다. 이 전설에 의하면 거문고새는 모든 동물에게 각자의 목소리를 부여하여 언어의 혼란을 헤쳐 나갔다. 세계 도처에서 이와 같은 신화에는 종은 달라도 새의 노래가 등장하기 마련이다.

그롱크는 짝 없는 암컷에게 짝짓기 할 시간이 되었다는 것을 알리는 신호다. 하지만 조지가 암컷의 유인에 성공할 가능성은 희박했다. 대부분의 암컷은 협곡 아래, 좀 더 조심성 많은 수컷들과 가까이 있었다. 그에 반해, 조지의 세력권은 상대적으로 높은 언덕 중턱이었다. 먹이를 구하기엔 좋은 위치지만 암컷들의 왕래가 드문 쓸쓸한 곳이었다. 글렌 스렐포는 조지가 노래를 멈추고 성난 동물들이 내는 소리를 엄청나게 쏟아낸 적이 있다고 말했다. 쿠스쿠스(오스트레일리아산産 유대동물―옮긴이)의 날카로운 울음소리와 붉은목숲왈라비가 싸우며 내는 소리, 일반적인 비명 따위 말이다. 글렌이 기억을 떠올리며 말했다. "맞아요. 욕구 불만이 폭발하며 내는 소리였어요."

알버트거문고새가 짝짓기하는 모습을 목격했다는 사람은 거의 없다. 모습을 잘 드러내지 않는 이 새의 소리를 30여 년 간 연구한 시드조차 딱 한 번 봤을 정도다. 그는 알버트거문고새 수컷이 탬보린 산에서 낮게 늘어져 있는 덩굴 위에 앉아 내뱉는 모든 소리를 녹음하기로 마음먹고 녀석이 알버트거문고새라면 모두 익혀야 할 일련의 소리들을 끊임없이 그러면서도 정확하게 반복하는 소리에 귀기울이고 있었다. 얼마 후 리드미컬한 그롱크 소리가 들렸다. 녀석이 암컷이 금방이라도 본격적인 짝짓기를 시작할 수 있도록 채비를 갖췄다는 신호를 보낸 것이다. 그때였다. 바스락거리는 소리가 났다. 시드는 돌아섰다. 알버트거문고새 암컷이 덤불을 헤치며 곧장 수컷을 향해 오고 있었다. 문제는 시드가 앉아 있는 곳이 암컷이 수컷에게 다가가는 길 복판이었다는 것이다. 암컷은 시드 같은 인간을 본 적이 없어 어찌해야 할지 몰랐다. 암컷은 수컷에게 다가가야 했다. 하지만 이 괴상한 장애물에 전혀 대비가 되어 있지 않았다. 더구나 마이크와 전선, 헤드폰 따위의 최첨단 장식품은 수컷의 깃털에 못지않게 아주 화려하고 기이했다.

거문고새 암컷들이 노래 부르는 경우는 드물다. 하지만 많은 명금이 그렇듯 거문고새 암컷은 그래야 할 상황에서는 노래를 부른다. 시드가 본 암컷은 수컷에게 무슨 말이라도 해야 했다. 암컷은 알버트거문고새의 소리를 내기 시작했다. 처음엔 긁는 듯한 소리가 났다. 연습이 부족한 탓이었다. 푸른정원사새의 울음소리가 시끄럽게 울렸다. 심홍장미앵무의 소리는 정말 제대로 된 소리가 아니었다. 금세 진척을 보였다. 감이 온 모양이었다. 한평생 다른 수컷들로부터 들었던 소리가 아닌가. 곧 그런 사실이 분명하게 드러났다. 암컷은 그 노래를 아주 잘 알고 있었다. 단지 조류학자가 자신이 짝에 이르는 길을 막고 있는 상황이 오기 전까지는 노래를 부를 이유가 없었을 뿐이다. 다소 성차별적으로 보이는 이 거문고새에 얽힌 이야기에서 암컷도 노래를 부를 수 있다는 것이 밝혀진 셈이다. 물론 어쩔 수 없는 상황에 몰려야 그렇게 하지만 말이다.

글렌은 조지가 짝짓기하는 모습을 본 적은 딱 한 번뿐이었다. "모두들 틀린 그림이라고 말하는 그런 고화古畫들에서처럼 녀석의 꽁지가 공중으로 올라가 있었죠." 한창 열정을 불태우고 있는 때에만 거문고새의 꽁지는 수금 모양으로 치켜 올라간다. 글렌이 빙그레 웃으며 말했다. "아. 녀석이 스스로 억제가 안 됐던 모양이군요."

"아마 이 새는 그 행위를 꿈꾸는 것이 그 행위 자체보다 훨씬 많은 것을 의미한다는 걸 알고 있는지도 모르죠. 녀석이 거기에 훨씬 많은 시간을 들인다는 점은 분명해요." 페스텔이 말했다.

우리는 조지가 다른 덩굴 무대에서 부르는 노랫소리를 듣고 황급히 덤불을 헤치고 그쪽으로 다가갔다. 여기저기 파란색 플라스틱 숟가락이 흩어져 있는 푸른정원사새의 '정자'를 지나다 말고 녀석이 옆으로 돌아 자신의 꽁지를 머리 위로 휙 쳐들고서 글렌이 우리에게 경고했던 쿠스쿠스의 날카로운 울음소리를 연속적으로 냈다. 어쩌면 조지의 욕구 불만은 자신의 단독 연주회를 방해하고 있는 우리와 관련되어 있는지도 몰랐다. 녀석은 총총걸음으로 인간의 발자국을 지나 먹을 것이 있는 세력권의 북쪽 끝 지점으로 사라졌다. 한 동안 녀석에게서 소리가 들리지 않았다. 저 멀리서 주로 땅 위에서 활동하는 비둘기 한 마리가 내는 소리가 사운드스케이프에 비트를 하나 보탰다. 후움 후움 후움.

1시간 동안 우리는 하늘 높은 곳에서 울리는 작은 새들의 지저귐에 귀를 기울였다. 그 모든 새들이 미묘한 리드미컬한 생태학적 교향곡을 이루는 희미한 소리들을 주고받았다. 나는 일련의 피아노곡에서 한 지역의 모든 조류 환경을 재현하려한 메시앙의 시도를 생각해 봤다. 얼마나 대담한 시도인가! 음악의 구조를 확립하는 것은 고착된 자연의 흐름이다. 하늘에서 정한 불변의 패턴이 아니라 이러한 뿌리 깊은 패턴이 시작되고 멈춤에 따라 사실상의 리듬이 결정되는 것이다.

잠깐! 저 언덕 아래… 파데멜론 록 Pademelon Rock으로 이어진 오솔길 바로 위쪽의 덩굴을 봐야. 조지의 세력권 가장자리 말입니다…. 녀석이 돌아왔어요. 우리는 조용히 숲을 헤치며 빠른 걸음으로 나아갔다. 조지가 과시행동을 펼치기 시작했다. 조지의 반복적인 노래에 심홍장미앵무의 *브라아암프*와 푸른정원사새의 *휘이오오흡*이 정확히 결합되어 있었다. 우리 머리 위에 덩치 큰 녹색괭이소리집짓기새 네 마리가 보였다. 이 모든 광경을 볼 수 있는 새는 이들뿐이었다. 그중 한 마리가 클라리넷을 입술에 댄 날 빤히 쳐다봤다. 그러고 나서 녀석은 고개를 움직여 코끼리 두 대에 코에 대고 있는 마이클 페스텔과 조지를 차례로 봤다. 이런 광경이 처음인 모양이었다. 녹색괭이소리집짓기새들이 숲 속의 다른 새들을 향해 야옹 하고 울어댔다. 주변을 가장 잘 볼 수 있는 곳에 위치해 있기는 회색고양이새이나 녹색괭이소리집짓기새이나 같다.(회색고양이새gray catbird, Dumetella carolinensis는 흉내지빠귀와 더불어 흉내지빠귀과科Mimidae에 속하고 중남미에서 서식하는 반면, 녹색괭이소리집짓기새green catbird, Ailuroedus crassirostris는 푸른정원사새와 함께 정원사새과科에 속하며 오스트레일리아에 분포한다.-옮긴이)

나는 끼어들기에 앞서 조지의 노래를 처음부터 끝까지 경청했다. 이 새가 받아들일 가치가 있는 음악을 연주하고 싶었다. 깃털과 춤. 노래에 묻힌 채 뉴기니에 사는 카룰리족의 연주자들처럼 나도 새가 되려고 했다. 가상의 깃털들이 커다란 수금이 되어 내 소리를 에워싸고 위로 휘어지며 아주 멋진 음악으로 내 마음을 휘감았다. 독자에게 그들은 새이겠지만 나에게 그들은 늘 한결 같은 노래를 부르는 음악가였다. 지금 페스텔과 나는 숲을 진동하는 우렁찬 목소리의 주인공들인 이들 세계에 고유의 위치를 마련하려는 거였다.

시끄러운 소리와 맑은 소리가 어우러지는 날카로운 음 몇 개가 울렸다. 녀석이 세력권을 선언하러 내는, 하행하다 끝에서 한 옥타브 도약하는 노래를 내가 반음계(반음만으로 이루어진 음계-옮긴이)로 살짝 속도를 높여 부른 곡이었다. A′ G# G F# F E D# A A′! 조지의 귀에 이 소리는 자신의 세력권 선언과 방어를 위한 노래와 유사한 소리로 들렸을지 여부는 확실하지 않다. 상대음감이 아닌 절대음감을 가진 새들에게 자신의 노래를 부르고 있다는 확신을 주려면 새소리를 정확히 모방해야 한다. 하지만 그건 녹음

재생실험이다. 이종 간의 음악을 만드는 경우 모방보다 연주와 고조의 기법을 쓰는 것이 좋다. 새를 모델이 아닌 안내자로 여긴 메시앙의 경우처럼 나는 자신의 땅에서 기꺼이 인간의 음악과 대면한 조지와 가까이서 연주하려 애쓰고 있었다.

마침내 완성된 이종 간의 음악

이 소노그램에서 조지의 노래는 검게, 내 음악은 회색으로 처리되어 있다. 양쪽 귀 부분이 양모로 감싸인 헤드폰을 머리에 쓰고 거대한 파라볼라 반사판에 연결된 디지털 레코더를 작동시키면서 우리의 연주에 귀를 기울이고 있던 시드가 중얼거리듯 말했다. "녀석에게 다가가고 있군요. 전 20년간 조지의 소리를 녹음했습니다만 오늘 녀석의 노래는 좀 다르군요. 심홍장미앵무의 날카로운 울음소리와 푸른정원사새의 세차게 휘몰아치는 듯한 소리에 집착을 보이고 웃음물총새와 레위니 꿀빨이새, 동부노랑울새의 소리는 거의 내지 않는군요. 계속 노래를 반복하고 있지만 끝낼 조짐은 안 보여요. 전엔 이런 일이 없었습니다. 녀석이 평소 부르던 소리에 변화를 일으키고 있는 중이거나 녀석에게 낯선 새로 보일 두 분께서 녀석의 태도에 뭔가 변화를 주고 있는 모양입니다."

노래는 계속 이어졌다. 나는 조지의 음악이 잠깐 중단되는 시간에 맞춰 클라리넷을 연주하려 애썼다. 나는 덤불에서 춤을 추고, 나뭇가지를 밟아 탁탁 소리 내며 부러뜨리고, 껑충껑충 뛰고 어깨를 구부려 아른아른 반짝이는 기다란 녀석의 깃털을 흉내 냈다. 다시는 스윙(재즈 특유의 경쾌하고 역동적인 리듬, 또는 그 음악에 맞춰 추는 춤—옮긴이) 따윈 하지 않겠어! 클라리넷의 재질인 나무들이 자신의 고향으로 돌아오기라도 한 듯, 열대우림에 청아한 클라리넷의 음색이 우렁차게 울려 퍼졌다. 그렇지만 이곳에서 난 조지와 달리 침입자였다. 내 음악은 이곳에 뿌리를 두고 있지 않았다. 난 철새였고, 방랑객이었으며, 이주 중에 무슨 소리든 익히는 한 마리 늦개개비였다.

조지의 음악은 결코 도를 넘지 않았다. 녀석의 노래는 이곳 덩굴 무대에서 연주되어야 한다. 말하자면 장소 특이적 음악이다. 겨울철 조지의 노래는 울창한 숲을 지나 1천 미터 먼 곳에 있는 새들에까지 들려야 한다. 글렌이 우쭐거리며 말했다. "조지는 동물세계에서 가장 출중한 연주자지요. 목청도 상당히 좋고 흉내도 완벽하죠. 그뿐인가요? 춤 실력은 또 어떻고요. 조지에 비하면 숫공작의 노래는 그저 농아가 부르는 노래죠." 사진사 글렌은 제작기간 5년을 들여 조지를 주인공으로 한 영화 〈알버트거문고새: 열대우림의 군주The Albert Lyrebird: Prince of the Rainforest〉(주)를 찍었으면서도 여전히 자신의 피사체를 경외와 감탄이 실린 시선으로 바라봤다.

이 '함께 연주하기' 실험은 변수나 지배인자를 찾아내지 못하면 그 결과를 분석할 수 없다. 이 실험에서 페스텔과 나는 어떤 음악으로 새의 노래에 호응할지 궁리하며 사려 깊은 청취를 바탕으로 음악을 구성해 갔다. 물론 우리의 음악과 새의 노래가 무성한 나뭇잎 수풀 속을 울려 퍼지길 바라면서 말이다. 대개의 실험은 도표나 결론의 형태로 결과가 나타나지만 새와 함께 한. 그래서 인간의 음악이 새의 영향을 받은 이 실험에서 결과물은 새와 자연 그리고 인간이 어우러진 아름다운 음악이었다. 이는 내가 이처럼 다른 종의 새의 울음소리를 흉내 내거나 세력권을 유지하기 위해 부르는 새의 노래를 익혀온 방식. 즉 그 각각의 기능을 따지며 익히지 않고 음악적인 아름다움에 이끌려 따라 부르다가 자연스레 터득한 방식과도 맥을 같이 했다. 이들 소리로 구성된 거문고새의 노래가 이 숲을 청각적 방식으로 정의하는 것은 (오스트레일리아와 스웨덴 출신의 고생물학자들의 말이 사실이라면) 지구에서 가장 오래된 명금인 이 새의 음악적 전통의 상징적인 의미를 띤다. 약 1억 년 전. 명금이 곤드와나(남아메리카·아프리카·인도·오스트레일리아·남극대륙이 하나의 대륙이었다는 고생대 말기의 가상대륙—옮긴이)에서 세계 전역으로 퍼져나가면서 일반적으로 슈퍼버드superbird로 인정받는 거문고새와 같은 새가 아마 명금의 조상이 되었을 것이다.[주10] 바로 그 새가 나뭇가지에 앉아 있다 소리 없이 내려와 노래하고 춤추고 화려한 깃털을 자랑하고 있었다. 동틀녘의 하늘로 뛰어오르는 조지의 실루엣은 공룡과 조류의 연결하며 잠시 머물다 사라진 그 유명한 시조새가 노래하는 유령이 되어 우리 시대까지 이어져 온 듯했다.

커다란 꽁지를 아래로 툭 떨어뜨린 조지가 숲 속으로 사라지자 페스텔은 그 자리에 못 박힌 듯 꼼짝도 하지 않았다. "다시는 하찮은 참새 따위와는 함께 연주를 못할 것 같군요."

집에 돌아온 나는 다시 인간의 음악에 귀를 기울여봤지만 어쩐지 제대로 된 음악으로 들리지 않았다. 너무 오랫동안 거문고새들과 지낸 탓이야. 음악을 그들의 방식으로 듣기 시작한 모양이군. 이 세상에 새소리는 무한하지는 않지만 배울 점은 오히려 그들 노래에 더 많다. 생물은 자신의 종을 위해서만 노래를 부른다고들 하는데, 난 새의 노래를 들으면 들을수록 그런 확신이 무너진다. 어제 관목 숲에서도 민무늬지빠귀와 붉은꼬리지빠귀, 숲지빠귀의 노래가 완전히 하나의 노래로 들렸다.

새소리의 주인공들 이름을 잊지 말자. 하지만 단순히 소리로 새를 식별하는 것으로 충분하다고 생각해서는 안 된다. 한 마리 한 마리의 새소리를 사랑하는 마음으로 듣자. 새의 노래는 우리가 사는 세상을 활기차고 생명력이 넘치는 세계로 만든다. 40년 전 레이첼 카슨Rachel Carson(1907~1964, 미국의 동물학자이며 해양생물학자)이 '침묵의 봄'을 경고한 것만으로 전 세계가 공포에 휩싸이고 환경운동이 촉발되었다.(레이첼 여사의 1962년도 저서 『침묵의 봄Silent Spring』은 전세계적인 환경운동을 촉발한 명저로 평가받고 있다.-옮긴이) 그 후 우리는 세심한 주의를 기울이게 되었고 이제 우리네 봄 하늘에는 천상의 아름다운 소리가 울려 퍼지고 있다. 그렇다면 새의 노래는 더 이상 위험에 놓여 있지 않을까? 인간이 만드는 무절제한 소음이 그 소리를 몰아내고 있지 않을까?

물론 과학은 어떤 결론도 내리고 있지 않다. 하지만 분명한 사실은 북미에서 새 번식지뿐 아니라 새들이 겨울을 날 열대우림까지 점점 줄어들고 있다는 점이다. 그 여파로 개간이 안 된 넓은 숲에서 서식하는 새들의 개체수가 줄어들고 있다. 현재 1천4백만 마리에 달하는 숲지빠귀도 40년 전에 비하면 절반 수준이다.(주11) 반면에, 작은 공터에서 서식하는 종 혹은 숲 속의 작은 땅이나 숲속 잔디밭에서 번성하는 종은 예전보다 개체수가 오히려 늘고 있다.(주12) 예를 들어, 식민지시대(제임스타운Jamestown에 최초의 영국인 개척 식민지가 건설된 1607년부터 독립선언이 공식 승인된 1776년까지의 기간-옮긴이) 전까지만 해도 아메리카붉은가슴울새American robin, Turdus migratorius는 아주 희귀한 새였지만 이 새의 노래는 도시만 벗어나면 집마당에서 아주 흔히 들을 수 있는 소리다. 그런데도 굳이 이 새의 노래를 연구하겠다고 나서는 사람이 한 명도 없다. 아메리카붉은가슴울새의 노래는 어디서든 들을 수 있는 만큼 누구든 기꺼이 귀기울여 들을 마음만 있다면 이 프로젝트를 시작할 수 있다. 이 새의 소리를 들어보라. 번뜩이는 아이디어가 마구 솟을 것이다. 모든 아메리카붉은가슴울새는 그 종의 노래임을 알 수 있는 경쾌하면서 단조로운 한 가지 소리를 내지만 각각의 개체는 변형된 소리를 낸다. 어떻게? 왜? 이 새의 소리를 들어보면 답이 보일 것이다. 더구나 이 새와 함께 연주까지 한다면? 아메리카붉은가슴울새가 될 것이다.

영국에서 미국으로 건너온 찌르레기와 집참새를 비롯해 도입종이 동부유리새나 보라큰털발제비purple martin, Progne subis와 같은 토착종을 밀어낸 건 사실이다. 이 점령자들은 들새관찰자들을 포함해 주변 환경이 본래의 모습 그대로 유지되길 바라는 사람들에게 비난의 대상이 되고 있다. 물론 여기저기에서 출몰하는 찌르레기가 귀찮게만 여겨질 수도 있겠지만 이 점만은 명심하자. 찌르레기의 노래가 바로 우리의 이해력이 미치는 범위의 가장자리에 위치해 있다는 점, 그리고 이 새가 부르는 "웨이 다운 어펀 더 스와…"가 다른 종의 새들에게도 특별한 미적 감각이 있을 수 있다는 가능성을 제시하는 단적인 예라는 사실 말이다.

이 여정을 통해 그저 새의 음악을 더욱 경탄하게 된 것에 만족하지 않기 바란다. 자연이 사방에서 공격을 받고 있는 것은 분명한 사실이므로 우리가 자연에 주의를 기울일수록 우리를 둘러싼 그 넓은 세계에서 인간의 자리를 지킬 가능성은 더 커질 것이다. 에드워드 윌슨은 과학이 우리의 문화감각을 비웃길 바라면서도 인류가 그 대의를 위해 모여야 할 이유를 윤리에서 찾았다. 생물다양성 보존은 단순히 하나의 선善에 지나지 않다. 종이 놀라운 속도로 사라지고 있다.(주13) 가뜩이나 희귀한 노래들이 더욱 희귀해지고 있다. 우리에게 알려진 거라곤 거의 없는 새들이 우리가 시간을 내어 노래를 듣기도 전에 사라져 가고 있다. 윌슨은 저서에서, 우리는 연구할 것이 더 필요해서가 아니라 그것이 옳은 일이기에 숲을 비롯한 새들의 주요 서식지를 보호해야 한다는 점을 깨닫게 될 것이라고 말했다. 과학은 세상을 구하려면 윤리가 필요하다. 카룰리족의 말이 옳다. 새들의 노래는 '숲의 목소리'이다. 새들은 우리가 앞으로 알아낼 수 있는 것보다 많은 것을 알려줄 수 있다.

새가 왜 노래하느냐고? 새는 우리와 같은 이유에서 노래 부른다. 우리는 부를 수 있으니까, 순수한 소리세계에서 살고 싶으니까 노래를 부른다. 게다가 노래를 부르지 않으려야 않을 수도 없다. 그렇게 우리는 순수한 소리형상들 속으로 춤추며 들어가게끔 설계되어 있기 때문이다. 우리는 자신에 대해 정의 내리기와 자신의 자리를 지키기, 사랑하는 이를 큰 소리로 부르기 따위의 더없이 중요한 일들에서 이 능력을 찬양한다. 하지만 형식이 기능보다 오래 남는 법이다. 우리는 평생 이 다양한 창조물에 빠져 지낸다. 교향곡이나 나이팅게일의 가장歌章을 '해석해 보라'. 두 경우 모두 그것이 무엇을 묘사하고 있는지에 대해 우리는 영원히 적절한 답을 제시할 수 없을 것이다. 다만 그 어떤 설명도 영원히 노래하고자 하는 욕구만을 인정할 뿐이다.

새의 음악이 노래하고 연주하고자 하는 우리 인간의 욕구가 어디까지 미치는지 시험할 때는 옛 것이 새 것으로 된다. 우리의 의식儀式은 새의 음악에 바탕을 두었을 것이고 우리의 선율도 새의 음악에서 비롯되었을 텐데도 우리는 여전히 어떤 인간도 연습하거나 개량할 수 없을 정도로 기나긴 세월 동안 발달한 운율론으로 지어진 자연의 프레이즈를 속도를 줄여 기록한 것에 더 가깝도록 맞추어보라는 도전을 받는다. "그래… 아직도 새와 함께 하는 연주에 심취해 있나요?" 사람들이 이렇게 물어오면 나는 새의 음악이야말로 우리가 상상해낼 수 있는 가장 진지하고 심오하며 영원한 음악이라고 대답한다. "굳이 그런 음악을 추구하는 이유라도 있나요?" 나는 세력권을 지키고 숭배자들을 얻고 싶기도 하지만 무엇보다도 아주 본질적이고 영원한 생명의 소리에 가까이 다가가고 싶은 것이다. 세월이 꽤 흐르고 나면 노래의 이유와 기능을 초월해 내 리듬과 가락이 인간의 선율과 동떨어져 버려 어쩌면 새들만이 나와 함께 연주할지도 모르겠다.

내가 배운 것이 무엇이든 그리고 내가 알고 있는 것이 얼마나 보잘 것 없는 것이든, 나는 새와 더불어 음악을 만들 기회를 결코 포기하지 않을 것이다. 이를 테면, 날개를 달아 음악을 띄워 보내고 그것에 화답하여 어떤 것이 짹짹거려줄까를 기다리는 식으로 말이다. 모든 예술이 그렇듯, 새의 노래는 우리가 있는 그대로 받아들여야 가장 잘 만끽할 수 있는 대상이다. 그리고 과학에서 흔히 그렇듯, 그것은 지금까지 끝없이 이어온 음악 위에 지어졌으며 지금도 새로운 소리로 진화하고 있다. 새의 음악은 여러 의문을 불러일으켰지만, 그에 대한 어떤 대답도 노래라는 선물, 인간이 동물에게 바치고 다시 돌려받은 바로 그 소박한 선물을 없던 일로 만들지는 못하리라.

감사의 말

「새는 왜 노래하는가?」에 실린 과학자와 음악가들 모두에게 내 인터뷰에 기꺼이 응해준 데 대해 감사한다. 특히 피터 말러와 페르난도 노트봄, 파르타 미트라, 프랑수아즈 도셋 르메르, 에릭 자비스, 더글러스 퀸, 마그누스 롭, 그리고 비에른 메르케르에게 고마움을 전하는 바이다.

에이전트인 캐슬린 앤더슨Kathleen Anderson은 처음부터 이 프로젝트가 이뤄질 때까지 힘써줬고, 베이직 북스Basic Books의 기획 편집자 어맨더 쿡Amanda Cook과 편집이사 윌리엄 프룩트William Frucht 그리고 펭귄 출판사 Penguin Press의 존 터니Jon Turney는 사려 깊은 조언을 해줬다. 그들에게도 고마움을 전한다. 특히 초고를 면밀히 읽고 매끄럽게 다듬어준 완디 프라이어Wandee Pryor에게 심심한 사의를 표하는 바이다.

그 후 존 호건John Horgan과 에릭 샐즈만Eric Salzman, 에번 아이젠버그Evan Eisenberg, 조앤 말루프Joan Maloof가 전문가의 눈으로 초고를 읽어줬다. 신경과학과 관련된 장은 린다 빌브레히트Linda Wilbrecht가 검토했다. 그들은 길을 잘못 들어섰거나 명백한 실수를 저지른 대목을 지적해줬다. 그럼에도 혹시 어떤 실수가 있다면 그건 입장을 굽히지 않으려는 내 고집이 반영된 경우이다.

성가시게 느껴지고 때로는 품이 많이 드는 일일 텐데도 희귀한 외국의 새노래 서적을 구해달라는 요청을 묵묵히 받아준 뉴저지 공과대학New Jersey Institute of Technology 반 호텐 도서관Van Houten Library의 상호대차(당해 도서관이 소장하고 있지 않은 자료를 국내 다른 소장기관에서 빌려와 이용자에게 대출해주는 서비스—옮긴이 주) 담당사서 론다 그린Rhonda Greene에게 감사의 마음을 전한다. 그린은 모든 자료를 찾아줬다.

피츠버그 소재의 국립조류동물원에서 시작해 지구 반대편에서 막을 내릴 때까지 수 년에 걸쳐 이루어진 그 이종 간의 음악적인 만남을 함께 해준 마이클 페스텔에게 감사한다. 오스트레일리아에서 케이트 리그비Kate Rigby, 비키 포위스Vicki Powys, 로빈 라이언Robin Ryan, 기젤라 카플란Gisela Kaplan, 배리 크레이그Barry Craig, 얀 인콜Jan Incoll, 알렉스 메이지Alex Maisey 그리고 고령에도 여전히 정정한 시드 커티스가 있었기에 우리 여행은 대성공을 거둘 수 있었다. 우리는 거문고새와 다시는 그처럼 하나가 될 수 없을 것이다.

데이비드 에이브럼David Abram, 페데르 앙커Peder Anker, 팀 버크헤드Tim Birkhead, 칩 블레이크Chip Blake, 팀 블렁크Tim Blunk, 패트리샤 클리블랜드펙Patricia Cleveland-Peck, 존 코클리John Coakley, 짐 키밍스Jim Cummings, 레베카 다니엘손 드로슈Rebecca Danielsson-DeRoche, 에밀리 둘리틀Emily Doolittle, 데이비드 던David Dunn, 랭 엘리엇Lang Elliot, 온드레아 파레스Aundrea Fares, 제이 그리피스Jay Griffiths, 데이비드 힌들리David Hindley, 사빈 흐레치다키안Sabine Hrechdakian, 게일 존슨Gayle

Johnson, 프레드 주시Fred Jussi, 제이 카프라프Jay Kappraff, 캐럴 크럼한슬 Carol Krumhansl, 마지드 라바프Majid Labbaf, 매슈 레너드Matthew Leonard, 애니어 록우드Annea Lockwood, 데이비드 럼스데인David Lumsdaine, 다리오 마르티넬리Dario Martinelli, 스티브 메르시에Steve Mercier, 짐 메츠너Jim Metzner, 짐 놀먼Jim Nollman, 리처드 넌스Richard Nunns, 제프리 오브라이언Geoffrey O'Brien, 존 오그레디John P. O'Grady, 케티 페인Katy Payne, 리처드 파워스Richard Powers, 데이비드 로버트슨 David Robertson, 대니얼 로텐버그Daniel Rothenberg, 벤 아미 샬프스타인 Ben-Ami Sharfstein, 그랜트 소넥스Grant Sonnex, 프리츠 스탈Frits Staal, 샬럿 스트릭Charlotte Strick, 앨런 토머스Allan Thomas, 데이비드 툽David Toop, 마르타 울바에우스Marta Ulvaeus, 르네 반 피어Rene van Peer, 마야 워드Maya Ward, 로렌스 웨슐러Lawrence Weschler, 리사 웨스트버그Lisa Westberg도 수년 간 인간의 음악 그 이상의 것을 규명하는 내게 전문적인 조언과 도움을 아낌없이 준 고마운 분들이다.

인간의 말로 들리는 대신 새의 노래처럼 들리게 하는 방법을 가르쳐준 우리 아들 움루Umru와, 도통 알아듣지 못할 다른 종의 소리에 점점 집착하는 나를 덤덤히 지켜봐준 아내 자니카Jaanika에게 고마움을 전한다. 끝으로 이 프로젝트의 성공을 믿어 의심치 않고 나의 '학습 민감기' 내내 용기를 북돋워 주신 아버지께 감사드린다.

추가 읽을거리

「새는 왜 노래하는가?」는 과학과 음악, 시를 넘나들며 새의 노래를 이야기한다. 따라서 이 책을 여러 방면에서 좀 더 깊이 있는 탐구를 하기 위한 출발점으로 삼아도 좋을 것이다. 과학논문을 비롯해 본문에서 언급된 학문적 전거는 미주를 참고하면 될 것이고, 여기선 내가 다루려 했던 여러 분야에서 최고의 서적으로 손꼽히는 책 몇 권을 소개하고자 한다.

과학계에선 약 10년에 한 번씩 새의 노래에 관해 당시에 알려진 모든 내용을 다룬 개론서가 출간된다. 가장 최근에 출간되었으며 가장 포괄적으로 다룬 책은 피터 말러와 한스 슬라베코른이 편집한 책이다.[Peter Marler and Hans Slabbekoorn, eds., Nature's Music: The Science of Birdsong (London: Elsevier, 2004)], 「새는 왜 노래하는가?」에서 다룬 과학자들 중 상당수가 기고한 글들이 실려 있으며 새의 노래 몇 곡을 담은 오디오 CD도 부록으로 딸려 있다. 좀 더 전문적인 내용을 다룬 최근의 서적을 원한다면 필립 지글러Phillip Zeigler

와 피터 말러가 편집한 서적이 있다.[Phillip Zeigler and Peter Marler, eds., "Behavioral Neurobiology of Birdsong," Annals of the New York Academy of Sciences 1016 (2004)] 새가 왜 그리고 어떻게 노래를 부르는지의 의문과 관련해 현재 과학이 어디까지 왔는지 궁금하다면 이 두 권의 책만으로도 속 시원한 답을 얻게 될 것이다.

그 외에 수 년 간에 걸쳐 이뤄진 과학적 성과를 개관한 서적으로 다음과 같은 책이 주목할 만하다.

Clive Catchpole and Peter Slater, *Bird Song: Themes and Variations*(Cambridge: Cambridge University Press, 1995)

Donald Kroodsma and Edward Miller, eds., *Ecology and Evolution of Acoustic Communication in Birds*(Ithaca: Cornell University Press, 1996)

Donald Kroodsma and Edward Miller, eds., *Acoustic Communication in Birds*, 2 vols. (New York: Academic Press, 1982)

Rosemary Jellis, *Bird Sounds and Their Meaning* (Ithaca: Cornell University Press, 1977)

R. A Hinde, ed., *Bird Vocalizations* (Cambridge: Cambridge University Press, 1969)

Edward Armstrong, *A Study of bird song* (London: Oxford University Press, 1963; Dover reprint, 1973)

특히 에드워드 암스트롱의 저서는 새노래를 둘러싼 행동학적 의문을 다룬 (물론 아주 오래되긴 했지만) 여전히 가장 훌륭한 개관서이다.

새의 노래는 문학작품 속에서도 등장한다. 존 클레어와 월트 휘트먼의 시를 모아놓은 시집에서 풍부한 예를 찾을 수 있다. 문학 전반에 걸쳐 새를 언급한 부분을 찾아 놓은 모음집들도 있다. 예를 들어 에드워드 암스트롱의 저서는 글과 그림을 잘 정리해 놓았고[Edward Armstrong, The Life and Lore of the Bird In Nature, Art, Myth and Literature (New York: Crown, 1975)], 젠 힐의 저서는 1600년대부터 1900년대 초에 걸친 문학작품에 나오는 짧은 인용구들을 감칠나게 보여주며[Jen Hill, ed., An Exhilaration of Wings: The Literature of Birdwatching (New York: Viking, 1999)], 딜런 넬슨과 켄트 넬슨이 함께 편집한 책은 현대의 작품들을 실은 훌륭한 모음집이다.[Dylan Nelson and Kent Nelson, eds., Bird in the Hand: Fiction and Poetry About Birds (New York: North Point Press, 2004)] 커피 테이블에 올려놓고 보아도 좋을 랭 엘리엇의 책에는 사진이 많이 실려 있으며 통찰력이 뛰어난 에세이 한 편이 시와 과학을 연결 짓고 있고 놀라운 노래 76곡이 수록된 CD도 흠잡을 데 없다.[Lang Elliot, Music of the Birds: A Celebration of Bird Song (Boston: Houghton Mifflin, 1999)] 월터 가스탱의 〈새들의 노래〉도 그 나름대로 시 장르에 속한다고 볼 수 있다.[Walter Garstang, Songs of the Birds (London: Bodley Head, 1923)]

자연의 소리를 음악의 차원에서 다룬 문헌은 놀랄 만큼 빈약하다. 이 주제에 가장 철학적으로 접근한 서적을 꼽으라면 찰스 하트숀의 「타고난 가수」일 것이다.[Charles Hartshorne, Born to Sing: An Interpretation and World Survey of Bird Song (Bloomington: University of Indiana Press, 1973)] 자연의 소리에서 음악성을 탐구한 서적으로는 다리오 마르티넬리의 책이 있다.[Dario Martinelli, How musical Is a Whale? Towards a Theory of

Zoomusicology (Imatra: Semiotic Society of Finland, 2002)] 이 책의 구입과 관련된 자세한 사항은 www.umweb.org/dm/act.htm를 참고하기 바란다. 그 외에 닐스 발린과 비에른 메르케르 그리고 스티븐 브라운이 편집한 방대한 모음집은 인간의 진화에 기반하여 이 문제를 다룬다.[Nils Wallin, Bjorn Merker, and Stephen Brown, eds., The Origins of Music (Cambridge: MIT Press, 2000)]

자연의 소리와 음악의 관련성에 관한 음악가의 시각을 개관한 서적으로는 내 저서인 「음악과 자연의 서書」와 「갑작스런 음악: 즉흥연주, 소리, 자연」를 추천하는 바이다.[David Rothenberg and Marta Ulvaeus, eds., The Book of Music and Nature (Middletown: Wesleyan University Press, 2001); David Rothenberg, Sudden Music: Improvisation, Sound, Nature (Athens: University of Georgia Press, 2002)] 특히 이 주제에 대한 내 개인적인 관점을 알고 싶다면 후자를 읽어보기 바란다. 새의 노래를 음악으로서 채보하는 문제를 다룬 책으로는 본문에서도 소개된 슈일러 매슈스의 「야생조류 및 그들 음악의 필드북」이 고전이다.[F. Schuyler Mathews, Field Book of Wild Birds and Their Music ((New York: Putnam, 1921)] 이 책은 몇 년에 한 번씩 판을 거듭하고 있지만 예전 판이 더 완벽하다. 80년 후, 메시앙이 직접 야외로 나가 자세히 채록한 새의 노래를 다룬 600쪽짜리 책 두 권은 전례를 찾기 어려울 만큼 대단한 자원이다. 내가 9장에서 언급한 작곡가 대부분의 음악은 CD에서 쉽게 접할 수 있다.

자연의 미학에 대한 우리의 이해가 변화하는 데 진화가 어떤 역할을 했는지를 아는 것은 역사적 시각에서 볼 때 중요하다. 찰스 다윈의 「인간의 유래」와 종종 간과되고 있는 자매편 「인간과 동물의 감정 표현」은 새에 대해 놀라우리만치 많은 자료를 제공한다.[Charles Darwin, The Descent of Man (1871); Charles Darwin, The Expression of Emotions in Man and Animals (1872) 성선택의 현대사를 가장 알기 쉽게 쓴 책은 헬레나 크로닌의 「개미와 공작」이다.[Helena Cronin, The Ant and the Peacock (Cambridge: Cambridge University Press, 1991)]

그다지 알려지진 않았지만 다윈의 시대에 쓰인 아름다운 책이 한 권 있다. 쥘 미슐레의 「새」가 그것이다.[Jules Michelet, The Bird (London: Wildwood House, 1981 [1879])] 이 책은 당시 프랑스에 분 자연문학의 열풍을 잘 보여준다. 「새와 시」를 비롯해[John Burroughs, Birds and Poets (Boston: Houghton Mifflin, 1904)] 존 버로스의 걸작들 외에 새에 관한 지식을 다룬 19세기 후반의 주요작품으로는 월슨 플랙의 「새들과 함께 한 일 년」과 브래드퍼드 토리의 「덤불 속의 새」, 시메온 피스 체니의 「야생의 새소리」를 들 수 있다.[Wilson Flagg, A Year with the Birds (Boston: Estes and Lauriat, 1881); Bradford Torrey, Birds in the Bush (Boston: Houghton Mifflin, 1893); Simeon Pease Cheney, Wood Notes Wild (Boston: Lee and Shepard, 1891)] 특히 이전의 채보곡들이 싣고 있을 뿐 아니라 새의 노래가 지닌 의미의 결론들을 요약해놓은 체니의 저서가 유용하다.

자연연구자의 접근법과 과학적 접근법을 연결해 주는 20세기 초의 다리는 엘리엇 하워드의 저서에서 발견된다.[Elliot Howard, Territory in Bird Life (London: William Collins, 1920)] 물론 오랫동안 새를 관찰한 내용을 가장 자세하게 보고하고 있는 마거릿 모스 나이스 여사의 책에서도 그 다리를 볼 수 있다.[Margaret Morse Nice, Studies in the Life History of the Song Sparrow, 2 vols. (New York: Dover, 1964[1937])] 새가 등장하는 에세이 중에

자연연구자의 전통을 이은 가장 훌륭한 책으로는 알렉산더 스컷치와 캘빈 시몬즈의 저서들이다.[Alexander Skutch, The Minds of Birds (College Station: Texas A&M University Press, 1996); Calvin Simonds, Private Lives of Garden Birds (North Adams: Storey Press, 2002)]

일반화를 모색한 학술문헌이 방대하지만 그런 일반화를 피하고 인간이 특정동물과 겪는 경험에 초점을 맞춘 문헌도 있다는 사실에 주목할 필요가 있다. 렌 하워드의 저서는 이 장르의 고전으로 통한다.[Len Howard, Birds as Individuals (Garden City: Doubleday, 1953)] 새들은 서로 다르므로 모든 새가 연구 대상이어야 하며 경청의 대상이라는 것이다. 에드워드 그레이 경의 책은 첫 페이지에서 이렇게 주장하기까지 한다. "내 책은 과학적 가치가 전혀 없을 것이다." [Viscount Grey of Fallodon in The Charm of Birds (New York: Frederick Stokes, 1927)] 개별적인 경험은 일반화하기엔 표본의 크기가 너무 작다. 그렇지만 단 한 마리의 새를 대상으로 8년간이나 연구하여 책으로 펴낸 과학자가 있다.[Irene Pepperberg, The Alex Studies: Cognitive and Communicative Abilities of Grey Parrots (Cambridge: Harvard University Press, 2000)] 결국 과학이 개체로서의 새를 인정하는 방법을 찾아낸 셈이다.

끝으로 본문에서 특정 종의 새를 다룬 주요 서적 몇 권을 소개한다. 유럽의 명금류를 다룬 가장 유명한 책은 리처드 마비의 「나이팅게일의 서書」이다.[Richard Mabey, The Book of Nightingales (London: Sinclair-Stevenson, 1997)] 그리고 세 종류의 소리만으로 구성된 숲타이란트새의 노래를 200쪽에 걸쳐 다룬 월리스 크레이그의 논문은 본문에서도 여러 번 언급한 바 있다.[Wallace Craig, The Song of the Wood Pewee: A Study of Bird Music, New York State Museum Bulletin, no. 334 (Albany: June 1943)] 이 논문은 한 권의 책으로 엮

여 www.abe.com에 올라오기도 한다. 거문고새를 보려면 오스트레일리아로 건너가야겠지만, 그곳에는 이 놀라운 동물에 관한 책이 한 권도 출판되어 있지 않을 것이다. 하지만 도서관에서는 거문고새에 관한 서적 몇 권을 발견할 수 있다. 그 중에서 스미스의 「거문고새의 삶〉이 가장 훌륭한 책이다.[L. H. Smith, The Life of the Lyre-bird (Richmond, Victoria: W. Heinemann, 1988)] 글렌과 시드가 조지에 관한 책을 낼 준비를 하고 있지만 말이다. 적어도 아직까지는 흉내쟁이지빠귀나 늪개개비만을 다룬 괜찮은 책은 나오지 않았다.

다양한 새소리를 듣고 싶거나 클라리넷 연주자와 흰웃는지빠귀의 협연 장면을 찍은 비디오를 보고 싶다면 www.whybirdssing.com을 방문하기 바란다.

주

이 책에서 중요하게 취급된 새들을 소재로 한 여섯 점의 판화의 출처는 독일어 원서의 스웨덴어 번역본이다.(A. E. Brehm, Foglarnes Liv, translated by J. E. Wahlström (Stockholm: Girons Forlag, 1875)) 서적의 연령을 감안하면 이들 삽화는 오늘날의 야외 관찰도감이 요구하는 수준의 정확성에 부합하지 않을지 모르며 본문에서 서술한 내용과 다소 차이가 나는 부분도 없지 않을 것이다. 그렇지만 이들 가수의 영혼을 파악하는 데는 무리가 없을 줄 안다.

서문

1. 자주 인용되는 전미오두본협회의 이 통계는 www.colszoo.org/news/beastban/bbnov03/feathered.htm를 참고했다.

2. Michel André and Cees Kamminga, "Rhythmic dimension in the echolocation click trains of sperm whales," Journal of the Marine Biological Association of the United Kingdom 82 (2000): 163-69.

1장

1. Thomas Nagel, "What Is It Like to Be a Bat?" Philosophical Review 83, no. 4 (1974): 435-50.

2. John Cage, Silence (Middletown: Wesleyan University Press, 1964), 15.

2장

1. chup-chup-zeeee!: 새소리 기억술에 관해서는 다음 세 사이트 참조. www.elwas.org/birding/birdsongs2, www.geocities.com/Yosemite/2965/mnemon-ic.htm, www.1000p1us.com/BirdSong/birdsngv.html

2. Lucretius, "De Rarum Natura," translated by Creech, 1685.

3. Kim Addonizio, "The Singing," in Birds in the Hand, ed. Dylan Nelson and Kent Nelson (New York: Farrar, Straus & Giroux, 2004), 142.

4. Steven Feld, Sound and Sentiment (Philadelphia: University of Pennsylvania Press, 1990), 45.

5. Marina Roseman, Healing Sounds from the Malaysian Rainforest (Berkeley: University of California Press, 1993), 172.

6. H. R. Voth, The Traditions of the Hopi, Field Museum Anthropological Series, 1905. 다음 사이트 참고. www.earthbow.com/native/hopi/underworld.htm

7. David Guss, ed., The Language of the Birds (San Francisco: North Point Press, 1985), 202.

8. Paul Shepard, The Others (Washington: Island Press, 1997), 130.

9. Athanasius Kircher (1650). 원서는 다음의 책으로 재판되었다. Simeon Pease Cheney, Wood Notes Wild (Boston: Lee and Shepard, 1891), 218. 라틴어 원서의 번역가는 다리오 마르티넬리(Dario Martinelli).

10. Daines Barrington. 다음 책에서 인용. The Bird Fancyers Delight, ed. Stanley Godman (London: Schott, 1954 [1717]), iv.

11. H. G. Adams. 다음 논문에서 인용. W. H. Thorpe, "Comments on 'Bird Fancyer's Delight,'" Ibis 97 (1955): 250.

12. Immanuel Kant, The Critique of Judgment, trans. James Creed Meredith (Oxford: Clarendon Press, 1928), 89.

3장

1. Charles Darwin, The Descent of Man (Chicago: Brittanica, 1952 [1871]), 451.
2. Geoffrey Miller, "Evolution of Human Music Through Sexual Selection," in The Origins of Music, ed. Nils Wallin et al. (Cambridge, MA: MIT Press, 2000), 331.
3. Charles Darwin, The Expression of the Emotions in Man and Animals (New York: Philosophical Library, 1955 [1872]), 87.
4. Ibid., 89-90.

5. Darwin, Descent of Man, pt. 2, chap. 13, 457.

6. Ibid., pt. 1, chap. 3, 302.

7. 피셔의 이론을 소개한 이 부분의 출처는 다음과 같다. Helena Cronin, The Ant and the Peacock: Altruism and Sexual Selection from Darwin to Today (New York: Cambridge University Press, 1991) 이 책은 성선택론과 자연선택론의 차이를 역사적 맥락에서 해석한 명저다.

8. 짝짓기 성공과 노래 부르는 소질과의 상관관계를 보여주는 다양한 통계의 출처는 다음과 같다. William Searcy and Malte Andersson, "Sexual Selection and the Evolution of Song," Annual Review of Ecology and Systematics 17 (1986): 507-33.

9. Robert Thomas, "The costs of singing in nightingales," Animal Behaviour 63 (2002): 959-66.

10. John Burroughs, "Bird Songs," in Ways of Nature (1905), reprinted in The Complete Writings of John Burroughs, vol. 11 (New York: Wise, 1924), 35.

11. Wilson Flagg, A Year with the Birds (Boston: Estes & Lauriat, 1881), 214.

12. 플락젝. 다음 책에서 인용. Simeon Pease Cheney, Wood Notes Wild (Boston: Lee and Shepard, 1891), 139. 이 책은 새의 노래에 관한 평론과 채보를 다룬 초기 작품으로 주목할 만하다. 특히 같은 주제에 관한 이전의 이야기가 오래된 웹사이트에서처럼 잘 요약되어 있어 유익하다.

13. Bradford Torrey, Birds in the Bush (Boston: Houghton Mifflin, 1893), 33-34를 알기 쉽게 바꿔 표현했다.

14. Walter Garstang, Songs of the Birds, 2d ed. (London: Bodley Head, 1923), 11.

15. Ibid., 43.

16. Ibid., 36, 38.

17. Ibid., 103-4.

18. F. Schuyler Mathews, Field Book of Wild Birds and Their Music, 2d ed. (New York: Putnam, 1921), xxii.

19. Ibid., 261.

20. Pauline Reilly, The Lyrebird (Kensington: New South Wales University Press, 1988), 47.

4장

1. Ludwig Koch, Memoirs of a Birdman (London: Country Book Club, 1956), 106.
2. Ibid., 180.
3. 2004년 3월 캘리포니아 주 데이비스 시에서 필자와 나눈 인터뷰에서 피터 말러가.
4. Ibid.
5. 특히 새소리를 분석하는 데 적당한 전문가용 소리분석 소프트웨어는 레이븐(Raven, 갈까마귀)이다. 코넬대학 조류학 연구소(Cornell Laboratory of Ornithology, www.birds.cornell.edu/brp/Raven/Raven.html)에서 구할 수 있다. 프리웨어 중에도 꽤 훌륭한 소노그램을 만들어 내는 것들이 있다. 그중 하나인 아마데우스(Amadeus)를 알게 된 것은 나에겐 행운이었다.(www.hairersoft.com/Amad-eus.html)
6. 2004년 3월 캘리포니아 주 데이비스 시에서 필자와 나눈 인터뷰에서 피터 말러가.
7. W. H. Thorpe, Bird-Song: The Biology of Vocal Communication and Expression in Birds (Cambridge: Cambridge University Press, 1961), 11.
8. Albertine Leitão and Katharina Riebel, "Are good ornaments bad armaments?" Animal Behaviour 66 (2003): 161-67.

9. Clive Catchpole and Peter Slater, Bird Song: Biological Themes and Variations (Cambridge: Cambridge University Press, 1983), 191. Peter Marler and Hans Slabbekoorn, eds., Nature's Music: The Science of Birdsong (London: Elsevier, 2004)도 참조.

10. W. H. Thorpe, Animal Nature and Human Nature (New York: Doubleday 1974), 307.

11. W. H. Thorpe, Duetting and Antiphonal Song in Birds, Behaviour. Supplement 18 (Leiden: E. J. Brill, 1972), 160.

12. 필자와 나눈 인터뷰에서 피터 말러가.

13. Ibid.

14. Eugene Morton and Jake Page, Animal Talk (New York: Random House, 1992), 179.

15. Henry David Thoreau, Journals, 22 June 1853.

16. John Burroughs, Wake-Robin (New York: Hurd and Houghton, 1871), 52.

17. Arthur Cleveland Bent, Life Histories of Familiar North American Birds (New York: Harper, 1960), 271. www.birdsbybent.netfirms.com/ch91-100/hermthrush.html을 통해 관련 정보를 얻을 수 있다.

18. T. S. Eliot, "The Waste Land," II. 345-58.

19. P. Szöke, W. H. Gunn, and M. Filip, "The Musical Microcosm of the Hermit Thrush," Studia Musicologica Academiae Scientarum Hungaricae 11 (1969): 431.

20. Robert Dooling et al., "Auditory Temporal Resolution in Birds," Journal of the Acoustical Society of America 112, no. 2 (2002): 748-59.

21. Daniel Weary, Robert Lemon, and Elizabeth Date, "Acoustic features used in song discrimination by the veery," Ethology 72 (1986): 199-213.

22. W. H. Thorpe and Joan Hall-Craggs, "Sound Production and Perception in Birds as Related to the General Principles of Pattern Perception," in Growing Points in Ethology, ed. Gregory Bateson and Robert Hinde (Cambridge: Cambridge University Press, 1976), 187.

23. Peter Galison, "Judgment Against Objectivity," in Picturing Science, Producing Art, ed. Caroline Jones and Peter Galison (New York: Routledge, 2001), 327-59.

24. Jules Michelet, The Bird (London: Nelson and Sons, 1879), 286.

5장

1. 2004년 2~4월에 필자와 나눈 인터뷰에서 프랑수아즈 도셋 르메르가.

2. Fran?oise Dowsett-Lemaire, "The imitative range of the song of the marsh warbler Acrocephalus palustris," Ibis 121 (1979): 453-68. Françoise Dowsett-Lemaire, "Vocal behaviour of the marsh warbler," Le Gerfaut 69 (1979): 475-502도 참조.

3. Pliny, Natural History, vol. 10, ix.

4. Charles Witchell, The Evolution of Bird-Song (London: Adam and Charles Black, 1896), 229.

5. Ibid., 220.

6. Marcel Eens, "Understanding the complex song of the European starling," Advances in the Study of Behaviour 26 (1997): 358.

7. Meredith West, Andrew King, and Michael Goldstein, "Singing, socializing, and the music effect," in Nature's Music: The Science of Bird Song, ed. Peter Marler

and Hans Slabbekoorn.

8. Marianne Engle and Meredith West, "Interspecies interaction: A tool for study of mimicry and species-typical birdsong," in Crossing Interspecies Boundaries, ed. D. L. Herzing (Philadelphia: Temple University Press, in press).

9. Samuel Harper, Twelve Months with the Birds and Poets (Chicago: Ralph Fletcher Seymour, 1917), 83-84.

10. Richard Wilbur, "Some Notes on 'Lying,'" in The Catbird's Song: Prose Pieces 1963-1995 (New York: Harcourt, 1997), 137.

11. Andrew King and Meredith West, "The effect of female cowbirds on vocal imitation and improvisation in males," Journal of Comparative Psychology 103 (1989): 39-44.

12. Charles Harthorne, Born to Sing (Bloomington: University of Indiana Press, 1973), 123.

13. Ibid., 54-55.

14. Calvin Simonds, The Private Lives of Garden Birds (Williamstown, MA: Storey Books, 2003), 18.

15. Arthur Cleveland Bent, "The Brown Thrasher," in Life Histories of North American Birds (New York: Harper, 1960). www.birdsbybent.netfirms.com/ch31-40/thrasher.html을 통해 관련 정보를 얻을 수 있다.

6장

1. Margaret Morse Nice, Studies in the Life History of the Song Sparrow, vol. 2.

(New York: Dover, 1964 [1937]), 121-22.

2. Ibid., 145.

3. Ibid., 148.

4. 이 나이스 여사의 보고 중 일부는 Joseph Kastner, A World of Watchers (New York: Knopf, 1986), 153-54에서 빌려왔다.

5. Jeffrey Podos et al., "The organization of song repertoires in song sparrows," Ethology 90 (1992): 89-106.

6. Wallace Craig, "The Song of the Wood Pewee Myochanes virens linnaeus: A Study of Bird Music," New York State Museum Bulletin, no. 334 (June 1943).

7. Ibid., 175.

8. Wallace Craig, "Appetites and Aversions as Constituents of Instincts," Biological Bulletin 34 (1918): 91-107.

9. Craig, "Song of the Wood Pewee," 161-62.

10. Olavi Sotavalta, "The flight-sounds of insects," Acoustic Behaviour of Animals, ed. R. G. Busnel (Amsterdam: Elsevier 1963), 374-90.

11. Olavi Sotavalta, "Song patterns of two Sprosser nightingales," Annals of the Finnish Zoological Society "Vanamo" 17, no. 4 (1956): 5.

12. John Baily, "Afghan Perceptions of Birdsong," The World of Music 39, no. 2 (1997): 51-59.

13. www.open.ac.uk/Arts/music/mscd/baily.html을 통해 이 아시아 종간음악의 일부분을 듣고 전체 이야기를 접할 수 있다.

14. Mahdi Noormohammadi, Some Memories About Musicians (Tehran: Obeyd Zakani, 1996), 115; in Persian. Personal communication from Iranian scholar Majid Labbaf.

15. Attar, The Conference of the Birds, trans. S. C. Nott (London: Continuum, 2000 [1954]), 26.

16. Henrike Hultsch and 137 Todt, "Memorization and reproduction of songs in nightingales," Journal of Comparative Physiology A, no. 165 (1989): 202.

17. Marc Naguib et al., "Responses to playback of whistle songs and normal songs in male nightingales: effects of song category, whistle pitch, and distance," Behavioral Ecology and Sociobiology 52 (2002): 216.

18. Lord Grey of Fallodon, The Charm of Birds (New York: Frederick Stokes, 1927), 72, 76.

19. Nicholas Thompson, "The Many Perils of Ejective Anthropomorphism," Behavior and Philosophy 22, no. 2 (1994): 59-70.

20. Oscar Wilde, "The Nightingale and the Rose," Oscar Wilde: Complete Shorter Fiction (Oxford: Oxford University Press, 1979 [1890]), 104.

21. Many fine nightingale recordings, along with excerpts from some of 비어트리스 해리슨의 콘서트 일부와 전시 중 나이팅게일과 폭격기간의 이중창 외에도 수많은 멋진 나이팅게일의 노래가 CD <나이팅게일: 축전(Nightingales: A Celebration)>에 모두 담겨 있다. 이 CD는 영국조류학협회(British Trust for Ornithology)(www.bto.org/appeals/nightingale.htm)에서 구할 수 있다.

7장

1. Masakazu Konishi, "Effects of deafening on song development in American robins and black-headed grosbeaks," Zeitschrift für Tierpsychologie 22 (1965): 584-99.

2. Masakazu Konishi. 다음 논문에서 인용. Marler and Slabbekoorn, eds., Nature's Music: The Science of Birdsong, 25.

3. Claudio Mello and David Clayton, "Song-induced ZENK gene expression in the auditory pathways of the songbird brain," Journal of Neuroscience 15 (1995): 6919-25.

4. Erich Jarvis, "Brains and Birdsong," in Marler and Slabbekoorn, Nature's Music, 241.

5. Fernando Nottebohm, "Why Are Some Neurons Replaced in the Adult Brain?" Journal of Neuroscience 22, no. 3 (2002): 624-28.

6. Fernando Nottebohm. 다음 책에서 인용. Michael Specter, "Rethinking the Brain," The New Yorker, 23 July 2001, 53.

7. Nottebohm, "Why Are Some Neurons Replaced," 627.

8. Jarvis, "Brains and Birdsong," 271.

9. 2004년 4월 필자와 나눈 인터뷰에서 에릭 자비스가.

10. Martine Hausberger et al., "Neuronal bases of categorization in starling song," Behavioural Brain Research 114 (2000): 94.

11. Aniruddh Patel and Evan Balaban, "Temporal patterns of human cortical activity reflect tone sequence structure," Nature 404 (2000): 80-84.

12. William Benzon, Beethoven's Anvil (New York: Basic Books, 2001), 182.

13. Ofer Tchernichovski et al., "Studying the Song Development Process," Behavioural Neurobiology of Birdsong, Annals of the New York Academy of Sciences 1016 (2004): 348-63.

8장

1. Michael Remson, Septimus Winner: Two Lives in Music (Lanham, MD: Scarecrow Press, 2002), 69.

2. G. R. Mayfield, "The mockingbird's imitation of other birds," Migrant 5 (1934): 17-19. Jeffrey Baylis, "Avian vocal mimicry: its function and evolution," in Acoustic Communication in Birds, vol. 2, ed. Donald Kroodsma (New York: Academic Press, 1982), 51-83도 참조.

3. Peter Merritt, "Song Function and the Evolution of Song Repertoires in the Northern Mockingbird," unpublished Ph.D. diss., University of Miami, 1985, 17.

4. Roderick Suthers, "How birds sing and why it matters," in Nature's Music, ed. Peter Marler and Hans Slabbekoorn, 285.

5. D'Arcy Thompson, On Growth and Form, 2d ed. (Cambridge: Cambridge University Press, 1942), 1094.

6. Alexander Skutch, Harmony and Conflict in the Living World (Norman: University of Oklahoma Press, 2000), 138.

7. Frits Staal, Ritual and Mantras: Rules Without Meaning (New York: Peter Lang, 1990), 305.

8. Alexander Skutch, Origins of Nature's Beauty (Austin: University of Texas Press, 1992), 268.

9. 파르타 미트라 개발. 다음 사이트 참고. www.ofer.sci.ccny.cuny.edu/html/soun-d_analysis.html이나 www.talkbank.org/animal/sa.html

9장

1. Meredith West and Andrew King, "Mozart's Starling," American Scientist 78 (1990): 114

2. George Grove, Beethoven and His Symphonies (New York: Dover, 1962 [1898]), 208.

3. Rebecca Rischin, For the End of Time: The Story of the Messiaen Quartet (Ithaca: Cornell University Press, 2004), 10-11.

4. Olivier Messiaen, in Le Guide du Concert, 2 April 1959. 다음 책에서 인용. Robert Sherlaw Johnson, Messiaen (Berkeley: University of California Press, 1975), 117.

5. Olivier Messiaen, Music and Color: Conversations with Claude Samuel, trans. Thomas Glasow (Portland, OR: Amadeus Press, 1994), 95.

6. François-Bernard Mâche, "Syntagms and paradigms in zoomusicology," Contemporary Music Review 16, no. 3 (1997): 77.

7. Fredric Vencl and Branko Soucek, "Structure and Control of Duet Singing in the White-Crested Laughing Thrush," Behaviour 57, nos. 3-4 (1976): 221.

10장

1. L. H. Smith, The Life of the Lyrebird (Richmond, Victoria: W. Heinemann, 1988), 101-2.

2. Edward O. Wilson, Consilience: The Unity of Knowledge (New York: Knopf,

1998), 54.

3. Ibid., 163.

4. Wendell Berry, Life Is a Miracle (Washington, DC: Counterpoint, 2000), 45.

5. Ibid., 113.

6. Roger Payne, Among Whales (New York: Scribners, 1995), 167.

7. 로버트 어윈(Robert Irwin. 1928~. 미국의 환경조각작가)의 말 "본다는 것은 보이는 것의 이름을 잊어버리는 것이다"를 바꿔 표현한 것이다. 로런스 웨슬러(Lawrence Weschler. 1952~)가 자신의 저서 <Seeing is forgetting the name of the thing one sees (Berkeley: University of California Press, 1983)>에서 제목으로 삼으면서 세간을 알려진 이 말은 일종의 직접적 직관인 에드문트 후설(Edmund Husserl. 1859~1938. 독일의 철학자)의 현상학적 철학을 예술적 측면으로 추구한 것이다.

8. Alec Chisholm, "Lyrebird Revels," in Birds of Paradox (Melbourne: Landsdowne Press, 1968), 106.

9. 이 감동적인 영화는 관람가능하다.(www.oreillys.com.au)

10. Per Ericson, Les Christidis, et al., "Systematic affinities of the lyrebirds with a novel classification of the major groups of passerine birds," Molecular Phylogenetics and Evolution 25 (2002): 53-62.

11. Audubon Magazine State of the Bird Report, October 2004 (www.audubon2.org/webapp/watchlist/viewSpecies.jsp?id =222)

12. 명금류 집단의 건전성에 관한 공정한 논평에 대해선 다음 사이트 참고. Scott Weidensaul, Living on the Wind: Across the Hemisphere with Migratory Birds (New York: North Point Press, 1997), 345-70.

13. Edward O. Wilson, The Future of Life (New York: Knopf, 2002), 186.

이 책에 소개된 새소리는 대부분 웹사이트 www.whybirdssing.com을 통해서도 감상할 수 있다. 이 사이트에선 자연세계의 최신 합작품들을 수록하여 이 책과 함께 발매 중인 CD- 'Why Birds Sing' (Terra Nova Music TN-051)의 구입도 가능하다.

새는 왜 노래하는가?

1판 1쇄 인쇄 2007년 8월 10일
1판 1쇄 발행 2007년 8월 15일

지은이 | 데이비드 로텐버그
옮긴이 | 신두석
펴낸이 | 방광석
펴낸곳 | 범양사
출판등록 | 1978년 11월 10일 제2-25호
주소 | 경기도 고양시 일산서구 구산동 142-4
e-mail | yespy7711@hanmail.net
전화 | 031-921-7711~2
팩스 | 031-923-0054

ISBN | 978-89-7167-170-2 03490
값 23,000원

ⓒ범양사 2007